普通高等教育"十二五"规划教材

电路分析实用教程

主　编　窦建华
副主编　杨学志
参　编　王　玫　郭铭铭　方　静
　　　　赵　烨　潘　敏
主　审　王志功

机械工业出版社

本书是依据电子电气基础课程教学指导分委员会制订的"电路分析基础"课程教学基本要求编写的。主要内容有：电路的基本概念与定律、电路的等效变换、电路的基本分析方法、电路的基本定理、动态电路分析、正弦稳态电路分析、耦合电感和理想变压器、二端口网络、三相电路和 PSpice 软件使用简介。本书内容简明扼要、难易适中、通俗易懂。书中包含了许多工程和生活中的电路应用实例，有利于加深学生对理论知识的理解。本书可供高等学校计算机、电子、通信等专业的学生和教师使用，也可供专业技术人员使用和参考。

　　本书配有免费电子课件，欢迎选用本书作教材的老师登录 www.cmpedu.com 注册下载。

图书在版编目（CIP）数据

电路分析实用教程/窦建华主编 . —北京：机械工业出版社，2012. 5
（2025.1 重印）
普通高等教育"十二五"规划教材
ISBN 978-7-111-37727-6

Ⅰ.①电…　Ⅱ.①窦…　Ⅲ.①电路分析–高等学校–教材
Ⅳ.①TM133

中国版本图书馆 CIP 数据核字（2012）第 044279 号

机械工业出版社（北京市百万庄大街22号　邮政编码100037）
策划编辑：贡克勤　责任编辑：贡克勤　卢若薇
版式设计：霍永明　责任校对：张　媛
封面设计：赵颖喆　责任印制：邓　博
北京盛通数码印刷有限公司印刷
2025 年 1 月第 1 版第 7 次印刷
184mm×260mm · 14.25 印张 · 353 千字
标准书号：ISBN 978-7-111-37727-6
定价：39.00 元

电话服务　　　　　　　　　网络服务
客服电话：010-88361066　　机　工　官　网：www.cmpbook.com
　　　　　010-88379833　　机　工　官　博：weibo.com/cmp1952
　　　　　010-68326294　　金　书　网：www.golden-book.com
封底无防伪标均为盗版　　机工教育服务网：www.cmpedu.com

前　言

为了适应当前教育与教学改革的需要，培养知识面宽、能力强、有创新精神的高素质应用型人才，根据教育部最新颁布的高等学校电气与电子信息类专业"电路分析基础"和"电路理论基础"课程的基本要求以及新的课程体系和教学内容，充分应用现代电子科技发展所取得的最新成果，结合编者多年的教学实践经验特编写了本书。

"电路分析基础"课程是电气与电子信息类专业的重要专业基础课，不仅要为后续课程的学习打下扎实的电路理论基础，同时还要通过本课程的学习，培养学生应用所学理论提高分析问题和解决问题的能力。本书编写的基本思路是：突出知识重点；在内容的深度与广度、传统内容与现代内容的关系上合理取舍；在不影响教学体系完整的前提下，省去繁杂的数学推导；强调概念内涵的发掘及其应用；扩大知识面，注重电路理论的实际工程应用；力争内容准确清楚，简明扼要，通俗易懂；在每个章节后配有一定数量、难易适当、紧扣教学内容的习题，并给出了参考答案以供读者参考。附录介绍了 PSpice 软件在电路分析中的应用。

全书涵盖了本学科的基本内容，分为电阻电路分析、动态电路分析和正弦稳态电路分析三部分。可供普通高等院校电子、通信、计算机等专业的本科生和大专学生选用，也可作为有关工程技术人员的参考书。

本书共 9 章，其中南京工程学院王玫老师编写了第 1、2 章，合肥工业大学郭铭铭老师编写了第 3 章，窦建华老师编写了第 4、6、7、8 章，方静、赵烨老师编写了第 5 章，杨学志老师编写了第 9 章，潘敏老师编写了附录。窦建华老师任主编，负责全书的统稿，杨学志老师为副主编。东南大学王志功教授任主审，对全书进行了认真细致的审阅，并提出了许多宝贵的意见和建议。在编写的过程中编者参考了许多专家和学者的著作，为本书的编写带来了很大的帮助，在此表示诚挚的谢意。

由于编者的水平和经验有限，书中难免存在不足和错漏之处，敬请读者批评指正。意见请寄：合肥工业大学计算机学院（邮编230009）E-mail：jsjtxdjh @hfut.edu.cn

编　者

目　　录

第 1 章 电路的基本概念与定律

电路的基本概念和基本定律是电路分析的基础，本章主要介绍电路模型、电路的基本变量、电路的基本元件以及电路的基尔霍夫定律。

1.1 电路与电路模型

1.1.1 电路

电路(Circuit)是由各种电气器件和设备相互连接而形成的电流通路。人们使用不同的电路来完成各种任务。电路具有传输、变换、处理信号和存储能量等功能。例如，供电电路用来转换、传输电能；整流电路可以将交流电变换成直流电；放大电路能把微弱的信号变成强信号；滤波电路能通过有用的信号，滤除无用的信号；计算机中的存储器电路可用来存放数据等。根据电路的实际几何尺寸和电路的工作信号波长，电路可分为集中参数电路和分布参数电路。根据电路元件的性质，电路又分为线性电路和非线性电路。

1. 集中参数电路

如果实际电路的几何尺寸远小于其工作信号的波长时，称为集中参数电路。集中参数电路的特点是电路中任意两点间的电压和任意支路上的电流是完全确定的，与器件的几何尺寸和空间位置无关。

以常见的收音机电路为例，如某广播电台的工作频率 $f = 97.1\text{MHz}$，传播速度为光速 $c = 3 \times 10^8\text{m/s}$，则信号频率的波长 λ 为

$$\lambda = \frac{c}{f} = \frac{3 \times 10^8\text{m/s}}{97.1 \times 10^6\text{Hz}} \approx 3.09\text{m}$$

可见收音机电路的尺寸远小于其工作频率的波长，所以在该条件下的电路是集中参数电路。又如，某一计算机 CPU 芯片的尺寸为 $3.5\text{cm} \times 3.5\text{cm}$，工作频率为 $f = 200\text{MHz}$，则相应的波长 $\lambda = 1.5\text{m}$，可见芯片的尺寸也远小于工作频率的波长，因此该芯片也视为集中参数电路。

从以上两例可看出，工作信号频率越低，波长越长。所以，工作信号频率较低的电路，它的实际电路尺寸越远小于其工作频率的波长。本书中所讨论的电路和电路元件均满足集中参数电路的条件，为叙述方便把集中参数电路简称为电路。

2. 分布参数电路

如果实际电路的几何尺寸大于其工作信号的波长时，称为分布参数电路。分布参数电路的特点是电路中的电压和电流不仅是时间的函数，还与器件的几何尺寸和空间位置有关。

在电力系统中，远距离的高压电力传输线是典型的分布参数电路，因为 50Hz 电压的波长虽然有 6000km，但输电线路长达几百甚至几千千米(公里)，电路的尺寸远大于工作信号的波长。

在通信系统中发射天线的实际尺寸虽不太大，但发射信号的频率很高，波长很短，也应作为分布参数电路处理。

分布参数电路与集中参数电路的分析方法完全不同，分布参数电路将在其他课程中讨论。

3. 线性电路与非线性电路

由线性代数方程或线性微积分方程描述的电路称为线性电路(Linear Circuit)。线性电路由独立源、线性受控源、线性无源元件构成。其中，线性无源元件主要是指电阻(Resister)、电容(Capacitor)、电感(Inductance)等基本线性元件。而含有二极管(Diode)、晶体管(Transistor)等非线性元件的电路称为非线性电路(Nonlinear Circuit)，它在工程应用中颇为重要。线性电路可以作为非线性电路的近似模型。本书主要研究线性电路的理论和定理，为后续课程研究非线性电路奠定基础。

1.1.2 电路模型

1. 实际电路

实际电路都是由各种电器元件，如电阻器、电容器、电感线圈、变压器、晶体管、电源等连接而成。手电筒电路就是一个简单的例子，如图 1-1a 所示，它是由电池、灯泡、手电筒体(相当于导线)、开关组成。

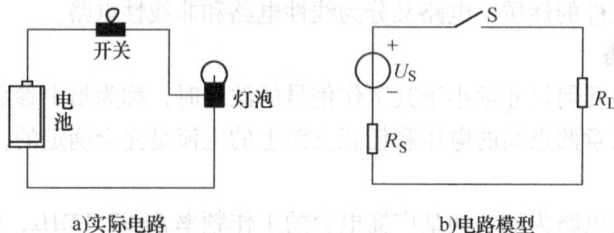

a)实际电路　　　　　　　　　　b)电路模型

图 1-1　手电筒电路

2. 电路模型

为了对实际电路进行分析和用数学公式描述，常将实际元件理想化，即在一定的条件下突出实际元件的主要性质，忽略其次要性质，把它近似地看做理想电路元件。例如，一个实际的电阻中有电流流过时，它除了对电流呈现阻力的性质外，还会产生磁场，即电感的性质，但由于产生的电感量极小，可忽略不计，所以可以把它看成是一个理想的电阻元件。一个实际的电源可以看成是一个理想的电源和一个理想的电阻的串联组合，电阻就代替了电源中的内阻。诸如此类的例子很多，不一一列举。

由理想电路元件组成的电路就是实际电路的电路模型。图 1-1b 所示为手电筒电路的电路模型，其中，灯泡是电阻元件，参数为电阻 R_L；电池是电源元件，参数为电压源 U_S 和内阻 R_S；筒体是连接电池与灯泡的导线，可认为是一个无电阻的导体。

本课程研究的电路就是指从实际电路中抽象出来的理想电路模型。

1.2　电路的基本变量

电路的特性由电流、电压、功率等物理量来描述，电路分析的任务就是研究电路中的电流、电压和功率以及它们之间的关系。

1.2.1　电流及其参考方向

电流产生的必要条件是电路必须是闭合路径。在图 1-1b 电路中，当开关闭合时，电路中才有电流。电流是由电荷有规则的定向运动形成的，单位时间内通过导体横截面的电荷量称为电流。即

$$i(t) = \frac{dq}{dt} \tag{1-1}$$

式中，q 为电荷量，单位为 C(库仑)；t 为时间，单位为 s(秒)。

在国际单位制中，电流的单位为 A(安培)，简称安。此外，电流也可以用 mA(毫安)、μA(微安)、nA(纳安)等表示，它们的关系是 $1A = 10^3 mA$，$1mA = 10^3 \mu A$，$1\mu A = 10^3 nA$。

如果电流的大小方向都不随时间变化，称其为直流电流(Direct Current)，常用大写字母 I 表示。如果电流的大小和方向都随时间变化，则称之为交流电流(Alternating Current)，常用小写字母 i 表示。

电流的实际方向为正电荷移动的方向。但在复杂电路分析中，电流的实际方向很难确定。为了解决这个问题，我们引用"参考方向"这个概念，即在求解电路中的电流时，先假设电流的参考方向。电流的参考方向可用箭头表示，也可用双下标表示。如图 1-2 所示，箭头的方向和 I_{ab} 都表示电流参考方向是由 a 点流向 b 点。然后根据假设的电流参考方向进行计算，如果计算出的电流为正值，说明假设的电流参考方向与实际电流方向相同；如果计算出的电流为负值，说明假设的电流参考方向与实际电流方向相反。

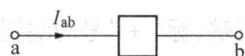

图 1-2　电流的参考方向

在测量电流时，应该把电流表串接到电路中，如图 1-3a 所示。初学者经常将电流表并在元件两端去测电流，如图 1-3b 所示，考虑一下这样接为什么不对？

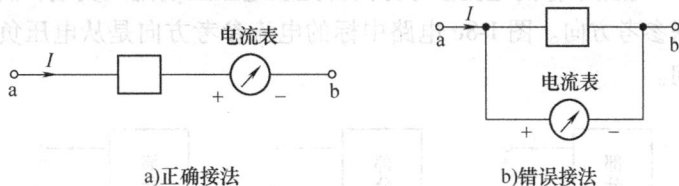

图 1-3　电流表的接法

1.2.2　电压及其参考极性

电场力把单位正电荷从 a 点移到 b 点所做的功称为 a、b 两点间的电压，可表示为

$$u(t) = \frac{dw}{dq} \tag{1-2}$$

式中，q 为由 a 点移到 b 点的电荷量，单位为 C(库仑)；w 为电荷由 a 点移到 b 点过程中获得或失去的能量，单位为 J(焦耳)。

在国际单位制中，电压的单位为 V(伏特)，简称伏。电压还可以用 kV(千伏)、mV(毫伏)、μV(微伏)、nV(纳伏)等表示，它们的关系是 $1kV = 10^3 V$，$1V = 10^3 mV$，$1mV = 10^6 nV$。

如果电压的大小和极性都不随时间变化，就称为直流电压，用符号 U 表示。如果电压

的大小和极性都随时间变化，则称为交流电压，用符号 u 表示。

图1-4　电压的参考极性

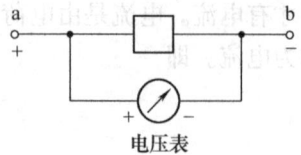

电压的真实极性为高电位指向低电位，即电压降的方向。同电流一样，需要在计算电压前为电压规定参考极性。电压的参考极性是在元件或电路两端用"＋"表示高电位，用"－"表示低电位，如图1-4所示。如果计算得到的电压为正值，则说明电压的真实极性与参考极性相同；如果计算得到的电压为负值，则说明电压的真实极性与参考极性相反。

电压表

图1-5　电压表的接法

在测量电压时，应该把电压表并接到元件或电路两端，如图1-5所示。

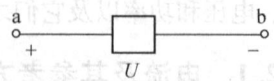

1.2.3　关联参考方向

在分析电路时，电流和电压都要假设参考方向，而且可任意假设。为了分析方便，我们常采用关联参考方向，就是将元件上的电压参考方向与电流参考方向取为一致，即电流从电压正端(标"＋"号的端钮)流入，从负端(标"－"号的端钮)流出，如图1-6所示。在采用关联参考方向后，电路图上只需标出电流的参考方向或电压的参考极性中任何一个即可。若电流、电压的参考方向取得不一致，则称为非关联参考方向，如图1-7所示。

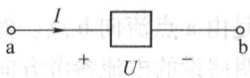

图1-6　关联参考方向　　　　　　　　　　图1-7　非关联参考方向

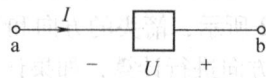

例1-1　判断图1-8部分电路的端口电压、电流的参考方向。

解　图1-8a、b电路中标的电流参考方向都是从电压正端流入负端，满足关联参考方向的规则，故为关联参考方向。图1-8c电路中标的电流参考方向是从电压负端流入正端，故为非关联参考方向。

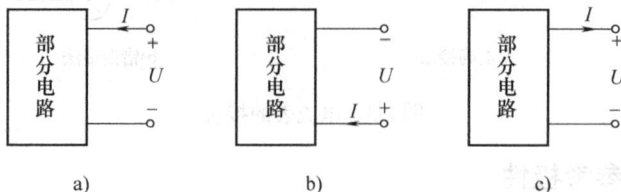

a)　　　　　　　　　　b)　　　　　　　　　　c)

图1-8　例1-1图

1.2.4　功率和效率

单位时间内吸收或产生的电能，称为功率(Power)，即

$$p(t) = \frac{dw}{dt} = \frac{dw}{dq}\frac{dq}{dt} = u(t)i(t) \tag{1-3a}$$

在直流的情况下，则为

$$P = UI \tag{1-3b}$$

当电压、电流为关联参考方向时，计算功率的公式为 $P = UI$；当电压、电流为非关联参考方向时，计算功率的公式应为 $P = -UI$。不论用哪个公式，当算得的功率 $P > 0$ 时，电路或元件吸收功率；$P < 0$ 时，电路或元件产生功率。

输出功率(P_o)与输入功率(P_i)的比率，称为效率(Efficiency)，通常用百分比表示，即

$$\eta = \frac{P_o}{P_i} \times 100\% \tag{1-4}$$

例如，如果输入功率为80W，输出功率为30W，则效率为

$$\eta = \frac{30}{80} \times 100\% = 37.5\%$$

在电路中，输出功率总是小于输入功率，因为电路内部总要消耗功率，这种内部的功率消耗叫做功率损耗。输出功率等于输入功率减去功率损耗，即

$$P_o = P_i - P_{loss} \tag{1-5}$$

例1-2　电路如图1-9所示。(1)计算各元件的功率，并指出是产生功率还是吸收功率；(2)计算元件4的效率；(3)验证电路是否满足能量守恒定律。

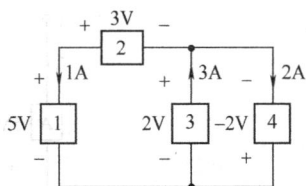

图1-9　例1-2图

解　(1)元件1上的电压、电流为关联参考方向，由 $P = UI$，得

$$P_1 = (5 \times 1)W = 5W$$

由于 $P_1 > 0$，故元件1吸收功率。

元件2上的电压、电流为非关联参考方向，由 $P = -UI$，得

$$P_2 = -(1 \times 3)W = -3W$$

由于 $P_2 < 0$，故元件2产生功率。

元件3上的电压、电流为非关联参考方向，由 $P = -UI$，得

$$P_3 = -(2 \times 3)W = -6W$$

由于 $P_3 < 0$，故元件3产生功率。

元件4上的电压、电流为非关联参考方向，由 $P = -UI$，得

$$P_4 = -[(-2) \times 2]W = 4W$$

由于 $P_4 > 0$，故元件4吸收功率。

(2)由计算结果知，元件2和元件3共产生了9W功率，相当于是电路的输入功率，元件4消耗4W功率，相当于电路的输出功率，故元件4的效率为

$$\eta = \frac{P_o}{P_i} \times 100\% = \frac{4}{9} \times 100\% = 44.4\%$$

(3)电路的总功率为 $\sum P = P_1 + P_2 + P_3 + P_4 = 0$，电路中产生功率等于吸收功率，故满足能量守恒定律。

以后我们可以利用能量守恒定律来检查整个电路中功率计算的结果是否正确。

练 习 题

1-1　电路如图1-10所示，试问：(1)端口电压和电流的参考方向是否关联？(2)计算各电路的功率，并指出是吸收功率还是产生功率。

[关联, 2W, 吸收功率; 非关联, −2W, 产生功率; 非关联, 2W, 吸收功率; 关联, −2W, 产生功率]

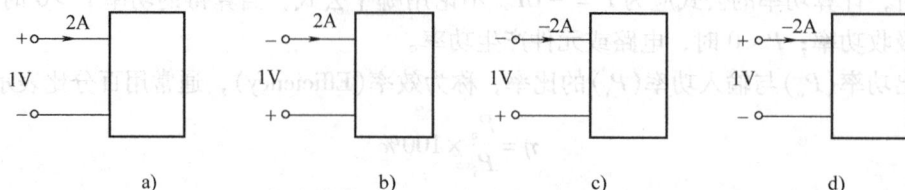

图 1-10   练习题 1-1 图

1-2   各电路的参考方向和参数如图 1-11 所示, 试回答以下问题:

(a) 元件 A 吸收功率 30W, 求电流 I_1;   (b) 元件 B 吸收功率 15W, 求电流 I_2;

(c) 元件 C 产生功率 10W, 求电压 U_1;   (d) 元件 D 产生功率 −15W, 求电压 U_2。

[6A; −3A; −2V; 3V]

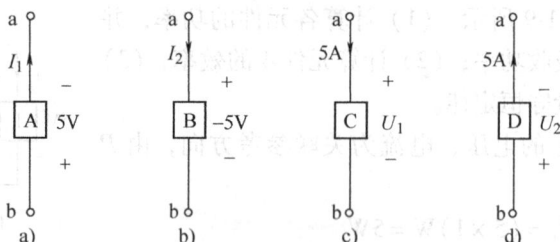

图 1-11   练习题 1-2 图

1.3   基尔霍夫定律

基尔霍夫定律(Kirchhoff's Law, KL)是电路理论的基石, 是分析电路的重要依据。许多重要的电路定理、电路的分析方法都是以基尔霍夫定律为"源"推导、证明、归纳总结得出的。为了叙述问题方便, 在讨论基尔霍夫定律之前, 先介绍几个电路中的常用术语。

1. 支路

每一个二端元件视为一条支路(Branch), 图 1-12 电路中的 1、2、3、4、5 元件, 分别为 5 条支路。流经元件的电流和元件的端电压称为支路电流和支路电压。为简便起见, 也常把流过同一个电流的各个元件的串联组合称为一条支路, 如图 1-12 中的 4 元件和 5 元件可看成是一条支路。

2. 节点

电路中两个或两个以上电路元件的连接点称为节点(Node)。图 1-12 电路中有 3 个节点。如果把 4 元件和 5元件看成是一条支路, 节点 3 就不存在了。所以, 为简便起见, 通常把 3 个或 3 个以上元件的连接点称为节点。

3. 回路

电路中任一闭合路径称为回路(Loop)。图 1-12 电路中的 1、2 元件; 2、3 元件; 3、4、5 元件; 1、3 元

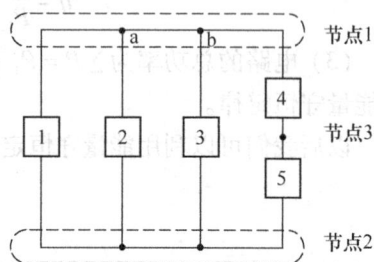

图 1-12   常用术语解释电路

件；2、4、5元件；1、4、5元件分别构成6个回路。

4. 网孔

内部不包含支路的回路称为网孔（Mesh）。图1-12电路中的1、2元件；2、3元件；3、4、5元件分别构成3个网孔。

5. 网络

网络（Network）指较多元件组成的电路。至少含有一个独立电源的网络称含源网络，不含独立电源的网络称无源网络。通常网络与电路这两个名词没有严格的区别，可以通用。

1.3.1　基尔霍夫电流定律

基尔霍夫电流定律（Kirchhoff's Current Law，KCL）是对电路中各节点上的支路电流的约束。表述为：在任一时刻，流入或流出任一节点或封闭面的所有支路电流的代数和为零。其关系式为

$$\sum_{k=1}^{b} i_k = 0 \tag{1-6a}$$

式中，i_k为流入或流出节点的第k条支路的电流；b为节点处的支路数。

在图1-13a电路中，a节点的电流分别为i_2、i_4和i_5，参考方向如图中所示。假设流入节点的电流为正，流出节点的电流为负，该节点的KCL方程为

$$i_2 + i_4 - i_5 = 0$$

对应图1-13a电路，S封闭面的电流分别为i_1、i_2和i_3，流入该封闭面的KCL方程为

$$i_1 + i_2 - i_3 = 0$$

可看出KCL不仅应用于节点，也可以应用于电路中的任一封闭面。

对应图1-13b，N_1电路和N_2电路之间只有一条支路连接，由KCL可知，$i=0$。

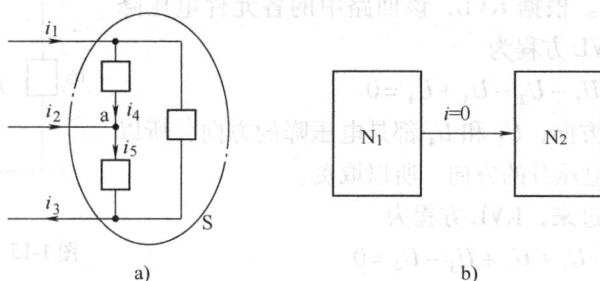

图 1-13　KCL 应用电路

KCL定律还可以表示为：流入该节点的电流，等于流出该节点的电流。其关系式为

$$\sum i_i = \sum i_o \tag{1-6b}$$

所以，在图1-13a电路中，a节点的电流方程又可写为

$$i_2 + i_4 = i_5$$

由此可知，KCL仅仅是支路电流的约束关系，它与支路元件的性质无关，因此KCL不仅适用于线性电路，也适用于非线性电路。

注意：在列写KCL方程时，应先标出所有电流的参考方向。已知电流的参考方向常是给定的，未知电流的参考方向则可以任意假设。若选流入节点的电流为正，则流出节点的电

流为负。若选流入节点的电流为负，则流出节点的电流为正。两种选取方法是等效的。

例 1-3 电路如图 1-14 所示，已知 $i_1 = 4\text{A}$，$i_4 = 2\text{A}$，$i_B = 1\text{A}$。求电路中其他未知电流的值。

解 选流入节点的电流为正，流出节点的电流就为负。图中封闭面的 KCL 方程为

$$i_A + i_4 - i_B = 0$$

则 $i_A = -i_4 + i_B = (-2 + 1)\text{A} = -1\text{A}$

图中 a 节点的 KCL 方程为

$$i_A - i_1 - i_3 = 0$$

则 $i_3 = i_A - i_1 = (-1 - 4)\text{A} = -5\text{A}$

图中 c 节点的 KCL 方程为

$$i_2 + i_3 - i_B = 0$$

则 $i_2 = i_B - i_3 = [1 - (-5)]\text{A} = 6\text{A}$

图 1-14　例 1-3 图

计算结果 i_A 和 i_3 为负值，说明 i_A 和 i_3 的实际电流方向与电路中标的参考方向相反。

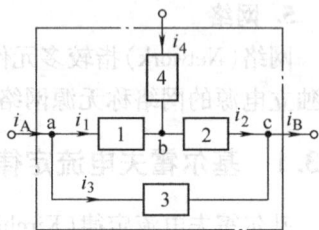

1.3.2　基尔霍夫电压定律

基尔霍夫电压定律（Kirchhoff's Voltage Law，KVL），是对电路的各个回路中电压的约束。表述为：对于电路中的任一回路，在任一时刻，沿着该回路的各元件电压降的代数和为零，其关系式为

$$\sum_{k=1}^{b} U_k = 0 \tag{1-7a}$$

式中，u_k 为回路中第 k 个元件的电压；b 为回路中的元件数。

图 1-15 所示为某个电路中的一个闭合回路，电压极性和绕行方向如图中所示。根据 KVL，该回路中的各元件电压降之和等于零。于是 KVL 方程为

$$U_1 - U_2 - U_3 + U_4 = 0$$

式中，按假设的绕行方向，U_1 和 U_4 都是电压降的方向，所以取正；U_2 和 U_3 都是电压升的方向，所以取负。

若将绕行方向反过来，KVL 方程为

$$-U_1 + U_2 + U_3 - U_4 = 0$$

可以看出，相当于在原式上乘以 -1。

图 1-15　电路中的闭合回路

因此不论按照哪种绕行方向写出的 KVL 方程，计算结果都相同。所以，列 KVL 方程前必须先规定绕行方向。

KVL 的另一表述为：在电路的任一回路中，沿着该回路的各元件电压降的总和等于电压升的总和。其关系式为

$$\sum U_{\text{down}} = \sum U_{\text{up}} \tag{1-7b}$$

根据式（1-7b），图 1-15 电路的 KVL 方程可写为

$$U_1 + U_4 = U_2 + U_3$$

可以看出，式（1-7a）和式（1-7b）是等价的。

由上可知，KVL 方程反映了任一回路中各元件的电压关系，它与元件的性质无关。因

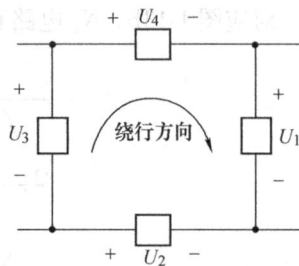

此 KVL 不仅适用于线性电路，也适用于非线性电路。

注意：在列写 KVL 方程时，应先标出绕行方向。

例 1-4 电路如图 1-16 所示，已知 $U_1 = U_6 = 2V$，$U_2 = U_3 = 3V$，$U_4 = -7V$，试求 U_5 的值。

解 设 U_5 的参考极性如图中所示。从 a 点出发，顺时针方向绕行一周，根据 KVL 可得

$$-U_1 + U_2 + U_3 + U_4 - U_5 - U_6 = 0$$

式中，参考极性所表示的电压降方向与绕行方向一致者取正号，如 U_2、U_3、U_4；否则取负号，如 U_1、U_5、U_6。

整理方程并将已知数据代入得

$$U_5 = -U_1 + U_2 + U_3 + U_4 - U_6$$
$$= [-2 + 3 + 3 + (-7) - 2]V$$
$$= -5V$$

图 1-16 例 1-4、例 1-5 图

解得 U_5 为负值，说明 U_5 的实际极性与图中所假设的极性相反。

从本题可以看出，在运用 KVL 时也需要和两套符号打交道。一套是方程中各项前的符号，其正负取决于各元件电压的参考方向与所选的绕行方向是否一致，一致取正号，反之取负号；另一套符号是每项电压本身的符号，其正负取决于电压降的实际方向与参考方向是否一致，一致取正号，反之取负号。

例 1-5 试求图 1-16 所示电路中 a、b 两点间的电压。

解 a、b 两点间的电压用 U_{ab} 表示，下标 ab 表示从 a 点到 b 点的电压降。求 U_{ab} 有两条途径。

（1）沿元件 1、2 的路径计算，根据 KVL 可得

$$U_{ab} = -U_1 + U_2 = [-2 + 3]V = 1V$$

（2）沿元件 6、5、4、3 的路径计算，根据 KVL 可得

$$U_{ab} = U_6 + U_5 - U_4 - U_3 = [2 + (-5) - (-7) - 3]V = 1V$$

从计算结果中可看出，任何两点间的电压与所选的路径无关。

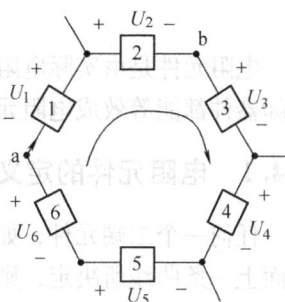

练 习 题

1-3 电路如图 1-17 所示，A、B、C 元件上的电压、电流参考方向如图所示，并知 $I_1 = 3A$，$U_1 = 12V$，$U_2 = 4V$。试求 I_2、I_3 和 U_3 的值。 $[I_2 = -3A, I_3 = 3A, U_3 = 8V]$

1-4 电路如图 1-18 所示，已知 $i_1 = 2A$，$i_3 = -1A$，$i_5 = 1.5A$，$i_6 = 0.5A$。试求流经电阻 R_2 和 R_4 上的电流。 $[1A, 2A]$

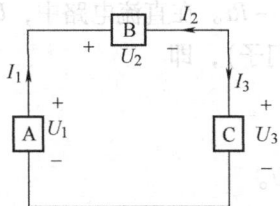

图 1-17 练习题 1-3 图

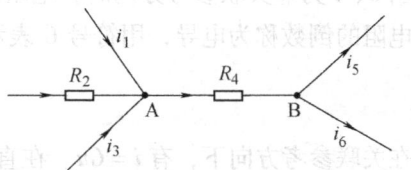

图 1-18 练习题 1-4 图

1.4　电阻元件

电阻元件是由实际电阻器抽象出来的理想化二端元件,灯泡、电炉、扬声器、电动机等实际器件都能等效成电阻元件。

1.4.1　电阻元件的定义

任何一个二端元件,如果在任一时刻的电压和电流之间存在代数关系,亦可以由 $u-i$ 平面上一条曲线所决定,则此二端元件称为电阻元件,简称电阻,用 R 表示。$u-i$ 平面上的这条曲线称为电阻元件的伏安特性曲线。如果伏安特性曲线是一条过原点的直线,如图 1-19a 所示,这样的电阻元件称为线性电阻元件,其电路符号如图 1-20a 所示。如果伏安特性曲线是一条任意曲线,如图 1-19b 所示,这样的电阻元件称为非线性电阻元件,其电路符号如图 1-20b 所示。本书主要研究线性电阻。

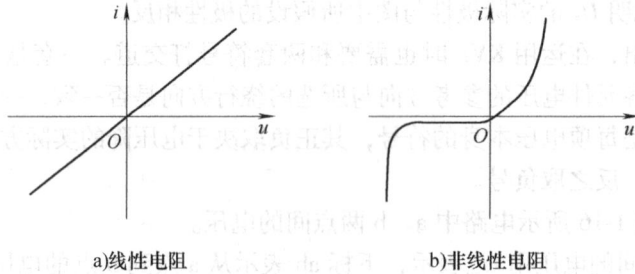

a)线性电阻　　　　　　　　　　　　　b)非线性电阻

图 1-19　电阻元件的伏安特性曲线

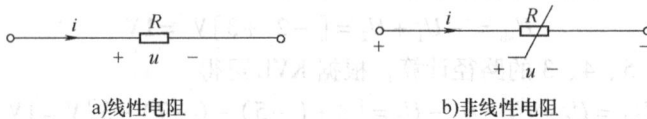

a)线性电阻　　　　　　　　　　　　　b)非线性电阻

图 1-20　电阻元件的电路模型

当 u、i 为关联参考方向时,如图 1-20a 所示,线性电阻的伏安特性符合欧姆定律,即

$$u = Ri \qquad (1-8)$$

式中,u 为该电阻两端的电压,单位为 V;i 为流过该电阻的电流,单位为 A;R 为电阻,单位为 Ω。

在直流电路中一般用大写字母表示,即 $U = RI$。

当 u、i 为非关联参考方向时,电阻的伏安关系为 $u = -Ri$。在直流电路中,$U = -RI$。

电阻的倒数称为电导,用符号 G 表示,单位是 S(西门子),即

$$G = \frac{1}{R} \qquad (1-9)$$

在关联参考方向下,有 $i = Gu$。在直流电路中,$I = GU$。

在国际单位制中,电阻的单位为 Ω(欧姆)。此外,还可用 kΩ(千欧)或 MΩ(兆欧)表示,它们的关系是,$1M\Omega = 10^3 k\Omega$,$1k\Omega = 10^3 \Omega$。

1.4.2　电阻元件的功率

电阻元件对电流具有阻碍功能，电流流过电阻时必然要消耗能量。电阻元件的功率计算是电路分析中的重要内容，当电压和电流取关联参考方向时，电阻元件的功率为

$$p = ui = Ri^2 = \frac{u^2}{R} \tag{1-10}$$

一般情况下，电阻 R 是正数，故功率恒为正值，表明电阻吸收功率。

当电压和电流取非关联参考方向时，电阻元件的功率为

$$p = -ui = -(-Ri)i = Ri^2 = \frac{u^2}{R}$$

可以看出，不论是关联参考方向还是非关联参考方向结论都相同，故电阻元件一定吸收功率并把吸收的电能转换成其他形式的能量消耗掉，因此电阻是耗能元件。

电阻元件的电压(或电流)完全取决于该时刻的电流(或电压)，而与过去时刻的电流(或电压)无关。这种性质称为无记忆性，故电阻是一种无记忆性元件。

例 1-6　已知有一只 100Ω、$1W$ 的电阻，试求它的额定电压和额定电流。

解　根据式(1-10)有

$$I = \sqrt{\frac{P}{R}} = \sqrt{\frac{1}{100}}A = 0.1A = 100mA$$

根据欧姆定律，有

$$U = IR = (0.1 \times 100)V = 10V$$

求得这只电阻的额定电压和额定电流分别为 $100mA$、$10V$。也就是说，在实际工作时，该电阻上的电压、电流都不能超过这个值，否则会被烧毁。

1.4.3　开路和短路

开路和短路的概念在分析电路中非常重要，它是线性电阻的两个特殊情况。当电阻值无穷大，即 $R = \infty$ 时，流过它的电流恒为零，它的端电压为任意值时，称为"开路"，如图 1-21a 所示。当电阻值为零，即 $R = 0$ 时，它的端电压恒为零，流过它的电流为任意值时，称为"短路"，如图 1-21b 所示。

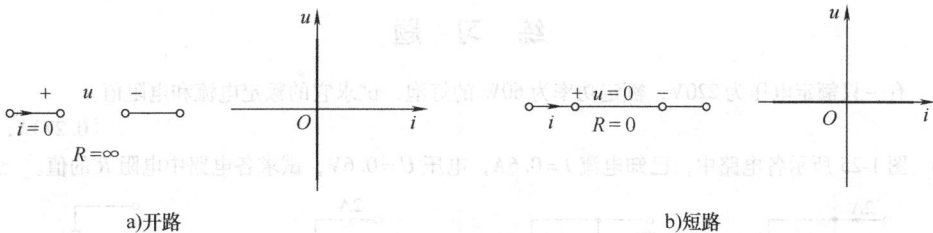

图 1-21　开路与短路

在实际应用中，如果电路中某一处断开，使电阻无穷大，电流为零，则断开处两端的电压为开路电压，开路时一般对电路无太大的损害。如果电路中某一处短路，特别是电源直接短路，使电阻为零，产生极大的短路电流，此时会因电流过大而损害电路或引起火灾，所以，在使用电路时一定要避免短路情况发生。电路中开路和短路常用图 1-22 表示。

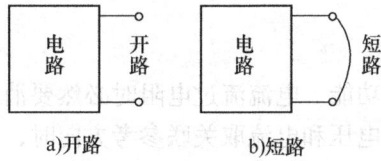

图 1-22 开路与短路

1.4.4 特殊的电阻元件

热敏电阻(Thermistor)和光敏电阻(Photoresistor)是最常见的两种特殊电阻元件，如图 1-23 所示。

热敏电阻是一种随温度变化的可变电阻，按其电阻与温度特性关系，可分为正温度系数和负温度系数，如果是负温度系数，它的电阻变化与温度成反比，如果是正温度系数，它的电阻变化与温度成正比。热敏电阻用途十分广泛，常利用电阻-温度特性来测量、控制温度，以及进行元器件和电路的温度补偿。

光敏电阻用半导体光电效应制成，它的阻值随光的强度变化而变化。光强时，电阻减小；光弱时，电阻增大。一般用于光的测量、控制和光电转换。图 1-24 是应用光敏电阻的基本电路，电路中的光敏电阻受到光照射时，阻值减小，电流增强，用电器正常工作；当光敏电阻不受光照射时，阻值增大，电流减弱，用电器停止工作。利用这一原理可以做成各种光电控制系统，如光电自动开关门、自动给水和自动停水装置、路灯和其他照明系统的自动亮灭、航标灯、机械上的自动保护装置和位置检测器、照相机自动曝光装置、光电计数器、烟雾报警器、光电跟踪系统等。

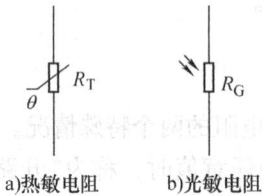

图 1-23 特殊电阻

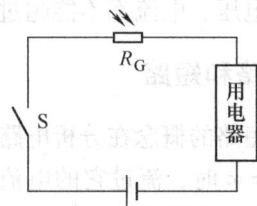

图 1-24 光敏电阻应用基本电路

练 习 题

1-5 有一只额定电压为 220V，额定功率为 60W 的灯泡，试求它的额定电流和电阻值。

$[0.273\text{A}, 807\Omega]$

1-6 图 1-25 所示各电路中，已知电流 $I = 0.6\text{A}$，电压 $U = 0.6\text{V}$，试求各电路中电阻 R 的值。

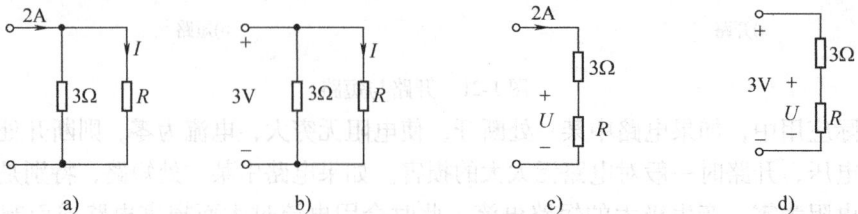

图 1-25 练习题 1-6 图

$$[7\Omega; 5\Omega; 0.3\Omega; 0.75\Omega]$$

1.5 独立电源

任何电路正常工作时都需要电源,实际的电源种类很多,最常见的电源有两大类:一类是电池、稳压电源等,在理想条件下,电源两端的电压保持恒定;另一类是光电池等,在理想条件下,电源输出的电流保持恒定。这两类电源都称为独立电源,因为它们的电压或者电流都是由本身决定,而与外电路无关。理想条件下的独立电源又分别称为理想电压源和理想电流源。

1.5.1 理想电压源

如果一个二端元件接入任一电路后,该元件两端的电压始终保持所规定的电压值,而与通过它的电流大小无关,则该二端元件称为理想电压源,简称电压源(Voltage Source),如图1-26所示。图1-26a常用来表示直流电压源特别是电池的模型,图1-26b表示电压源的一般符号,图1-26c表示电压源的伏安关系(Volt-ampere Relationship,VAR)。

理想电压源的特点是,它的端电压是由它本身确定的,定值 U_S,或是一定的时间函数 $u_S(t)$,与流过它的电流无关,流过电压源的电流由与之相连接的外电路决定。

a)直流符号 b)一般电压源符号   c)伏安关系

图1-26 理想电压源

电压源在电路中一般作为提供功率的元件,但是,有时也可能吸收功率。可以根据电压源的电压、电流参考方向,应用功率计算公式,由算得功率的正、负值来判定它是产生功率还是吸收功率。

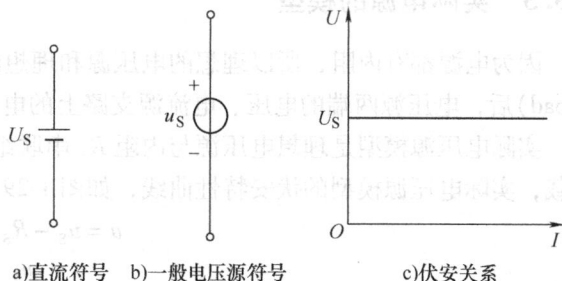

1.5.2 理想电流源

如果一个二端电源接入任一电路后,由该元件流入电路的电流总能保持规定的电流值,而与其两端的电压无关,则此二端元件称为理想电流源,简称电流源(Current Source)。理想电流源模型和特性曲线如图1-27所示。

理想电流源的特点是,它发出的电流是定值 I_S,或是一定的时间函数 $i_S(t)$,与电流源的两端的电压无关,它的端电压取决于与它相连接的外电路。

电流源可以对电路提供功率,也可以从电路中吸收功率,由具体电路而定。

例1-7 电路如图1-28所示,已知 $i_2 = 1A$,试求电流 i_1、电压 u 以及各元件的功率。

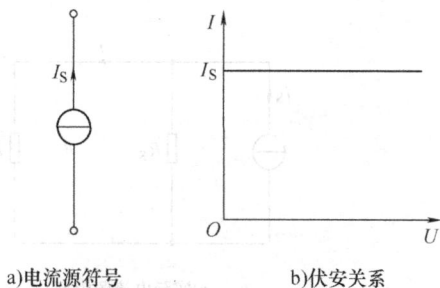

a)电流源符号   b)伏安关系

图1-27 理想电流源模型和特性曲线

解　由 KCL 知：$i_1 = i_S - i_2 = (2-1)\text{A} = 1\text{A}$

故电压为

$$u = 3i_1 + u_S = (3+5)\text{V} = 8\text{V}$$

电压源的功率为

$$P_u = u_S i_1 = (5 \times 1)\text{W} = 5\text{W}(产生 -5\text{W})$$

电流源的功率为

$$P_i = -u i_S = (-8 \times 2)\text{W} = -16\text{W}(产生 16\text{W})$$

电阻 3Ω 的功率为

$$P_{3\Omega} = Ri_1^2 = (3 \times 1^2)\text{W} = 3\text{W}(消耗 3\text{W})$$

电阻 8Ω 的功率为

$$P_{8\Omega} = Ri_2^2 = (8 \times 1^2)\text{W} = 8\text{W}(消耗 8\text{W})$$

由功率的计算结果可知，电路总功率 $\sum P = 0$，满足能量守恒定律，即计算结果正确。

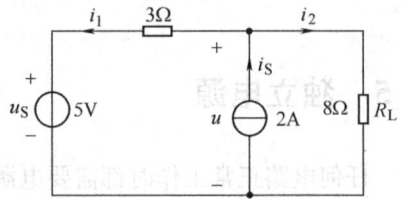

图 1-28　例 1-7 电路图

1.5.3　实际电源的模型

因为电源都有内阻，所以理想的电压源和理想的电流源并不存在。当实际电源接入负载（Load）后，电压源两端的电压、电流源支路上的电流都会有所变化。

实际电压源模型是理想电压源与内阻 R_S 串联组合，如图 1-29a 所示。电阻 R_L 是电路的负载，实际电压源模型的伏安特性曲线，如图 1-29b 所示，该特性表示为

$$u = u_S - R_S i \tag{1-11}$$

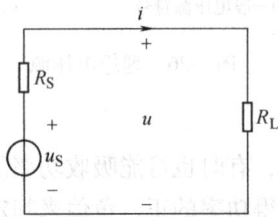

a)实际电压源模型　　　　　　　　　b)伏安特性曲线

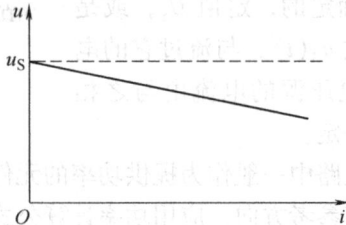

图 1-29　实际电压源模型和特性曲线

实际电流源模型是理想电流源与内阻 R_S 并联组合，如图 1-30a 所示。它的伏安特性曲线，如图 1-30b 所示，该特性表示为

$$i = i_S - \frac{u}{R_S} \tag{1-12}$$

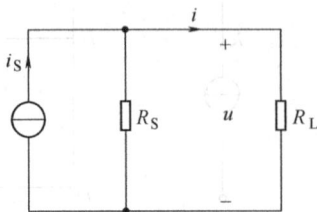

a)实际电流源模型　　　　　　　　　b)伏安特性曲线

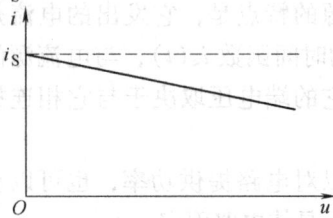

图 1-30　实际电流源模型和特性曲线

练　习　题

1-7　电路如图 1-31 所示，点画线框内为一理想电源元件，当 $R = 1\Omega$ 时，$u_{ab} = 7V$。试问：（1）若理想电源为电压源，当 $R = 2\Omega$ 及 $R = 0.5\Omega$ 时，u_{ab} 各为多少？（2）若理想电源为电流源，当 $R = 2\Omega$ 及 $R = 0.5\Omega$ 时，u_{ab} 各为多少？　　　　[7V，7V；14V，3.5V]

1-8　求图 1-32 所示各电路中电流源 I_{S1} 产生的功率 P_s。

[20W；－25W；－12W]

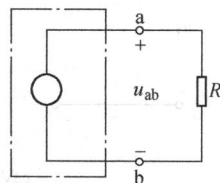

图 1-31　练习题 1-7 图

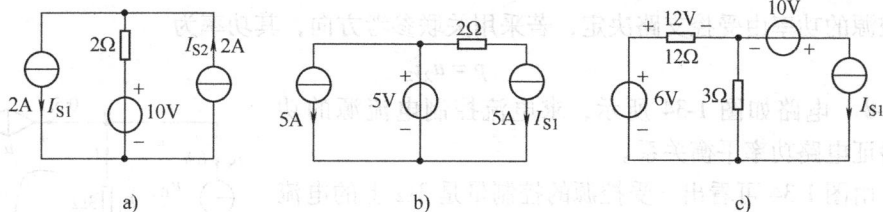

图 1-32　练习题 1-8 图

1.6　受控电源

受控源也是一种电源，但它不能独立的对外电路提供能量，只能在其他电压或电流的控制下才能对外电路提供一定的电压或电流，因此受控源被称为非独立电源。

1.6.1　受控电源的性质

受控源是一种双端口元件，它由控制支路和受控支路组成。其中，受控支路为一个电压源或电流源，它的电压或电流是受电路中其他支路（控制支路）的电压或电流控制。因此，受控源可分为 4 种类型，即电压控制电压源（Voltage Controlled Voltage Source，VCVS）；电流控制电压源（Current Controlled Voltage Source，CCVS）；电压控制电流源（VCCS）；电流控制电流源（CCCS）。为了与独立电源区别，受控源用菱形符号表示，如图 1-33 所示。图中，u_1、i_1 称为控制量；μ、r_m、g_m、β 称为控制系数；u_2、i_2 称为受控源的输出。当控制系数为常数时，为线性受控源。

由上分析，受控源不能单独存在，若控制量为零时，受控源的输出也为零。若控制量改变方向时，受控源的输出也改变方向。

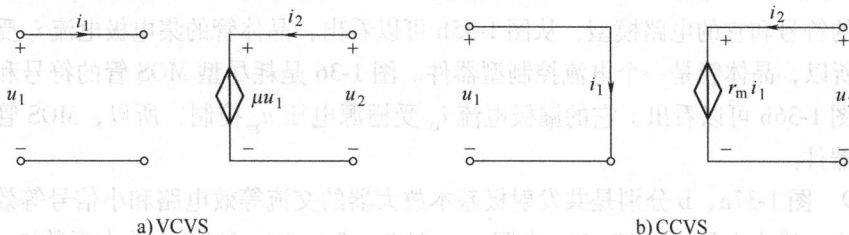

a) VCVS　　　　　　　　　　　　　　b) CCVS

图 1-33　4 种类型的受控源

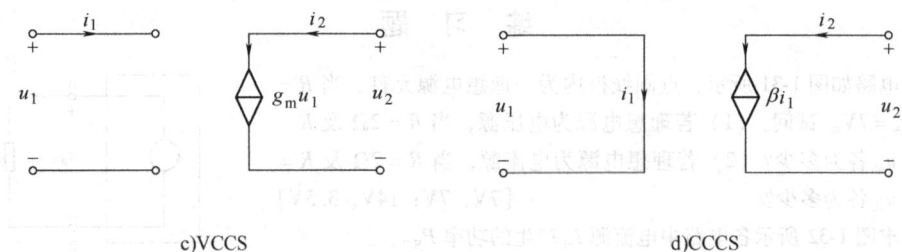

c)VCCS　　　　　　　　　　　　　　　　　　　　d)CCCS

图 1-33　（续）

受控源的功率由受控支路决定，若采用关联参考方向，其功率为

$$p = u_2 i_2 \tag{1-13}$$

例 1-8　电路如图 1-34 所示，求电流控制电流源的功率，并验证电路功率平衡关系。

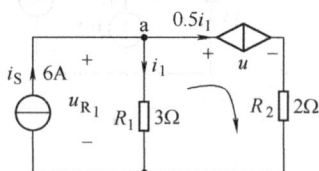

图 1-34　例 1-8 图

解　由图 1-34 可看出，受控源的控制量是 3Ω 上的电流 i_1，对于 a 点的 KCL 方程有

$$i_1 + 0.5i_1 = 6\text{A}$$

故解得控制电流为　　　　$i_1 = 4\text{A}$

右边网孔按图中的绕行方向由 KVL 方程有

$$u + 2 \times 0.5i_1 - 3i_1 = 0$$

解得受控电流源的电压为

$$u = 8\text{V}$$

故受控源的功率为

$$p_{\text{受}} = 0.5i_1 u = (0.5 \times 4 \times 8)\text{W} = 16\text{W}$$

电路中其他元件的功率分别为

$$p_{6\text{A}} = -i_S u_{R1} = (-6 \times 12)\text{W} = -72\text{W}$$
$$p_{3\Omega} = R_1 i_1^2 = (3 \times 16)\text{W} = 48\text{W}$$
$$p_{2\Omega} = R_2 \times (0.5i_1)^2 = (2 \times 4)\text{W} = 8\text{W}$$

电路的总功率满足

$$\sum p = (16 - 72 + 48 + 8)\text{W} = 0\text{W}$$

1.6.2　受控电源的应用

实际的受控源是不存在的，受控源只是用来表示某些实际器件的模型。图 1-35 是双极型晶体管的符号和它的电路模型，从图 1-35b 可以看出，晶体管的集电极电流 i_c 受基极电流 i_b 控制。所以，晶体管是一个电流控制型器件。图 1-36 是耗尽型 MOS 管的符号和它的电路模型。从图 1-36b 可以看出，它的漏极电流 i_D 受栅源电压 u_{gs} 控制，所以，MOS 管是一个电压控制型器件。

例 1-9　图 1-37a、b 分别是共发射极基本放大器的交流等效电路和小信号等效模型。电路的参数为：输入电压 $u_i = 10\text{mV}$，电阻 $r_{be} = 1\text{k}\Omega$，$R_c = R_L = 10\text{k}\Omega$，放大系数 $\beta = 50$，求输出电压 u_o 的值。

a)符号   b)电路模型   a)符号   b)电路模型

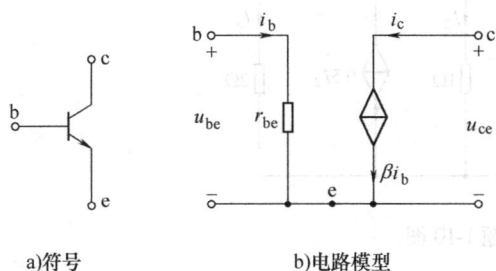

图 1-35 双极型晶体管   图 1-36 耗尽型 MOS 管

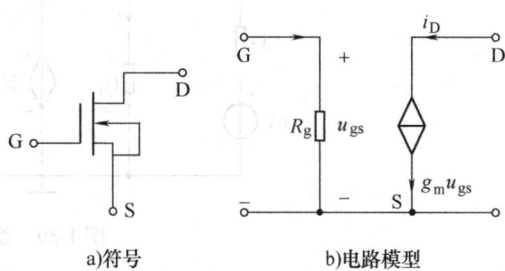

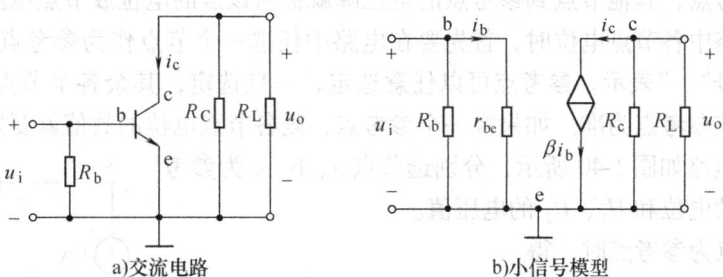

a)交流电路   b)小信号模型

图 1-37 共发射极基本放大器

解 由电路图 1-37b 知

$$i_b = \frac{u_i}{r_{be}} = \frac{10 \times 10^{-3}}{1 \times 10^3}A = 10 \times 10^{-6}A = 10\mu A$$

又知 $\quad i_c = \beta i_b = 50 \times 10 \times 10^{-6}A = 500 \times 10^{-6}A = 0.5mA$

故 $\quad u_o = -i_c(R_c /\!/ R_L) = [-0.5 \times 10^{-3}(10 \times 10^3 /\!/ 10 \times 10^3)]V = -2.5V$

输出电压为 2.5V，是输入电压的 250 倍，负号是因为输入电压与输出电压相位相反，这个性质在后续课程中再学习。

练 习 题

1-9 电路如图 1-38 所示，若流过 20Ω 的电流为 1A，图中各受控源为何值？[4A; 2A; -5V; 200V]

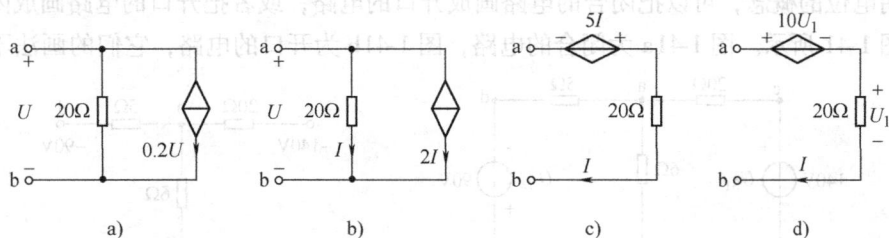

a)   b)   c)   d)

图 1-38 练习题 1-9 图

1-10 电路如图 1-39 所示，已知 $I_1 = 2A$，试求电流 I_2 和 I_3。   [4A, -2A]

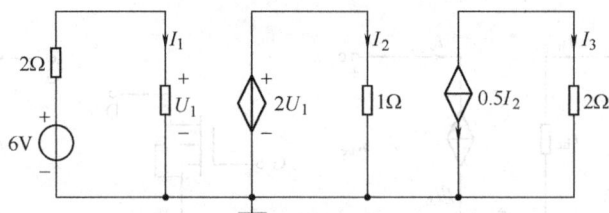

图 1-39　练习题 1-10 图

1.6.3　电位及其计算

在实际工作中，常利用电位的概念来分析电路的工作状态。电位是指在电路中以任选一个节点作为参考点，其他节点到参考点的电压降就称为该点的电位或节点电压。

在计算电路中各节点电位时，首先要在电路中任选一个节点作为参考点，在电路图中，参考点常用符号"⊥"表示。参考点可以任意选定，一旦选定，其余各个节点电位（或电压）的计算都要以该参考点为准。如果换一个参考点，则各节点电位的数值就要发生变化。

例 1-10　电路如图 1-40 所示，分别选节点 a、b、c 为参考点，求各节点的电位和 U_1、U_2 的电压值。

图 1-40　例 1-10 图

解　选 a 点为参考点时，得

$$U_a = 0,\ U_b = 10V,\ U_c = 4V$$
$$U_1 = U_b - U_c = (10-4)V = 6V$$
$$U_2 = U_c - U_a = (4-0)V = 4V$$

选 b 点为参考点时，得

$$U_a = -10V,\ U_b = 0,\ U_c = -6V$$
$$U_1 = U_b - U_c = [0-(-6)]V = 6V$$
$$U_2 = U_c - U_a = [-6-(-10)]V = 4V$$

选 c 点为参考点时，得

$$U_a = -4V,\ U_b = 6V,\ U_c = 0$$
$$U_1 = U_b - U_c = (6-0)V = 6V$$
$$U_2 = U_c - U_a = [0-(-4)]V = 4V$$

可见，参考点选取的不同，电路中各节点的电位就不同，但两点间的电压是相同的。

利用电位的概念，可以把闭合的电路画成开口的电路，或者把开口的电路画成闭合的电路，如图 1-41 所示。图 1-41a 为闭合的电路，图 1-41b 为开口的电路，它们的画法不同但电

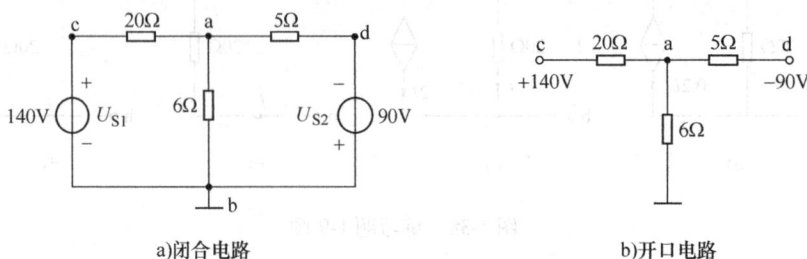

a)闭合电路　　　　　　　　　　b)开口电路

图 1-41　电路图

路的性质是相同的。

在工程上常选大地作为参考点，即认为大地电位为零。在电子电路中常选一条特定的公共线为参考点，这条公共线是很多元件的汇集处且与机壳相连，故这条线也叫"地线"，但它并不真与大地相连。在分析电路时，只有选定参考点以后，再去谈某点的电位才有意义。

例1-11　电路如图1-42a所示，分别计算开关S打开与闭合时a点和b点的电位。

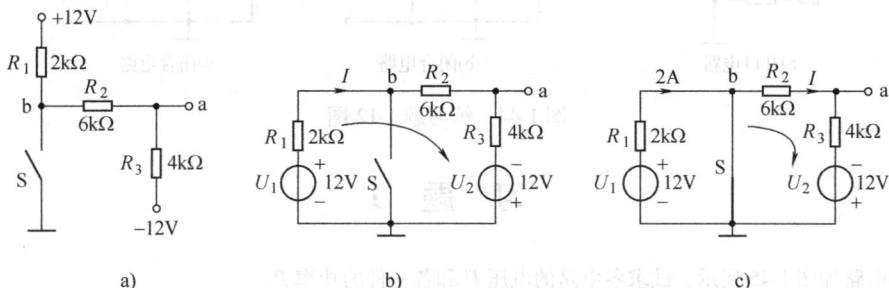

图1-42　例1-11图

解　开关S打开时的闭合电路，如图1-42b所示。根据KVL有

$$(R_1 + R_2 + R_3)I = U_2 + U_1$$

得

$$I = \frac{U_2 + U_1}{(R_1 + R_2 + R_3)} = \frac{24}{12 \times 10^3}\text{A} = 2 \times 10^{-3}\text{A} = 2\text{mA}$$

所以有

$$U_a = IR_3 - U_2 = (2 \times 10^{-3} \times 4 \times 10^3 - 12)\text{V} = -4\text{V}$$

$$U_b = -IR_1 + U_1 = (-2 \times 10^{-3} \times 2 \times 10^3 + 12)\text{V} = 8\text{V}$$

开关S闭合时的闭合电路，如图1-42c所示。从图中可看出，$U_b = 0\text{V}$，图中右边回路，根据KVL有$(R_2 + R_3)I = U_2$，得

$$I = \frac{U_2}{(R_2 + R_3)} = \frac{12}{10 \times 10^3}\text{A} = 1.2 \times 10^{-3}\text{A} = 1.2\text{mA}$$

所以有

$$U_a = IR_3 - U_2 = (1.2 \times 10^{-3} \times 4 \times 10^3 - 12)\text{V} = -7.2\text{V}$$

或

$$U_a = -IR_2 = -7.2\text{V}$$

练 习 题

1-11　电路如图1-43所示，分别求S打开时、闭合时的U_a、U_b和U_{ab}。[0, 0, 6V; 0, 0, 0; 0, 0, 4V]

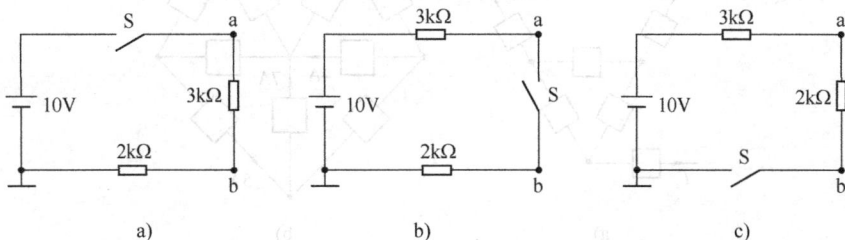

图1-43　练习题1-11图

1-12 电路如图 1-44a 所示，它的闭合电路应该是图 1-44b，还是图 1-44c？ [图 c]

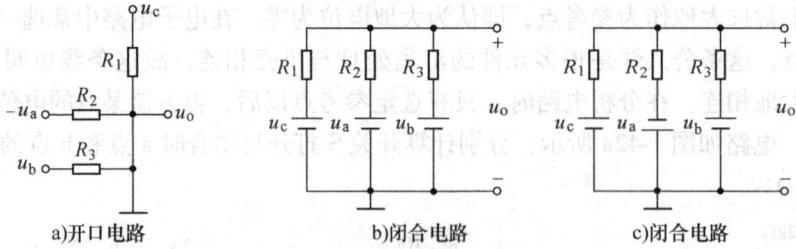

a)开口电路   b)闭合电路   c)闭合电路

图 1-44 练习题 1-12 图

习 题 1

1-1 电路如图 1-45 所示，试求各电路的电压 U 和各元件的功率 P。

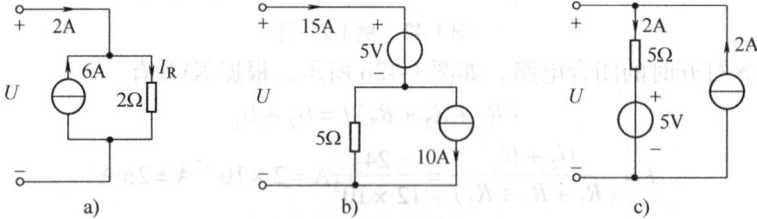

图 1-45 习题 1-1 图

1-2 电路如图 1-46 所示，计算各元件的功率，并指出是产生功率还是吸收功率。

1-3 电路如图 1-47 所示，求图中的电流 I、电压 U_1 和 U_2。

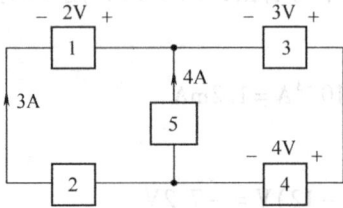

图 1-46 习题 1-2 图   图 1-47 习题 1-3 图

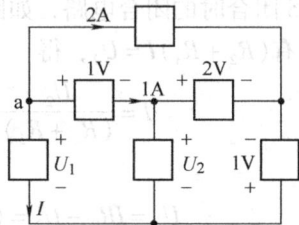

1-4 电路如图 1-48 所示，求各图中的电流 I。

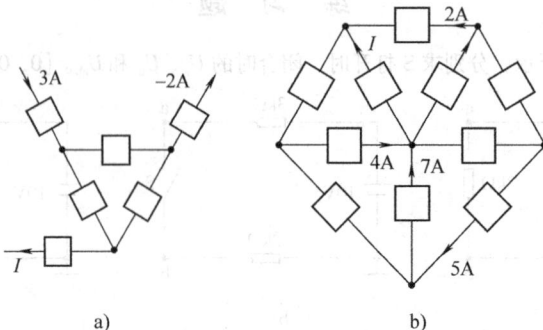

a)   b)

图 1-48 习题 1-4 图

1-5　电路如图 1-49 所示，求各图中的电流 I 和电压 U_{ab}。

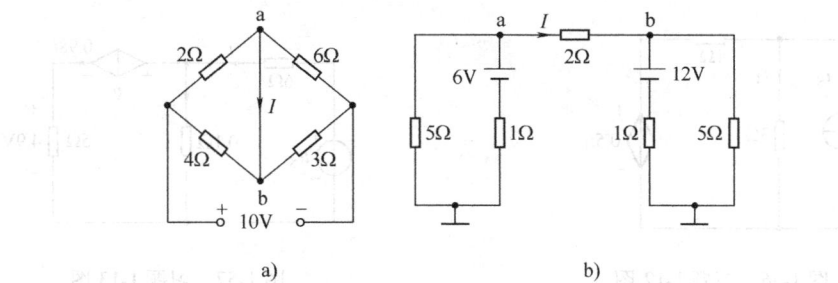

图 1-49　习题 1-5 图

1-6　电路如图 1-50 所示，求电路中的电流 I_1 和 I_2。

1-7　电路如图 1-51 所示，求图中 R 的阻值。

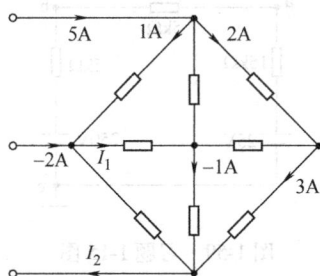

图 1-50　习题 1-6 图　　　　　　　　　　图 1-51　习题 1-7 图

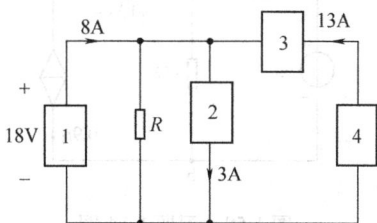

1-8　电路如图 1-52 所示，已知 $I = -2A$，$U_{AB} = 6V$，试求电阻 R_1 和 R_2。

1-9　电路如图 1-53 所示，试求电流 I 及电压 U_{ab}、U_{cd}。

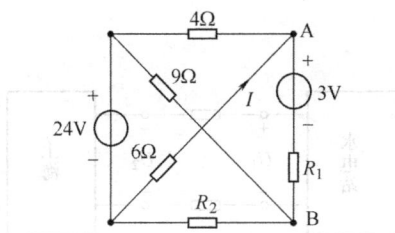

图 1-52　习题 1-8 图　　　　　　　　　　图 1-53　习题 1-9 图

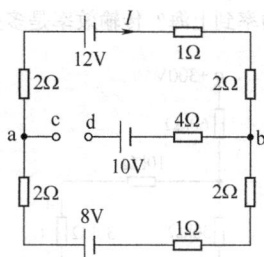

1-10　电路如图 1-54 所示，试求电压 U 及各元件上的功率。

1-11　电路如图 1-55 所示，试求电路中的 u 和 i_S。

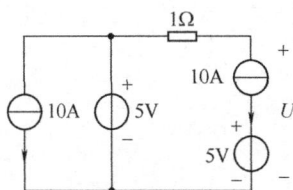

图 1-54　习题 1-10 图　　　　　　　　　　图 1-55　习题 1-11 图

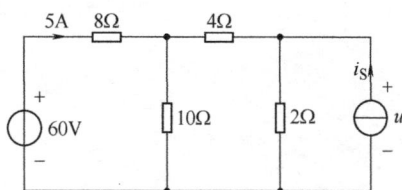

1-12　电路如图 1-56 所示，已知 $i_1 = 2A$，求 i_S。

1-13 电路如图 1-57 所示，求电源电压 u_S 及受控源的功率。

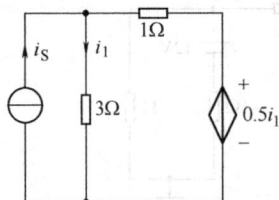

图 1-56   习题 1-12 图

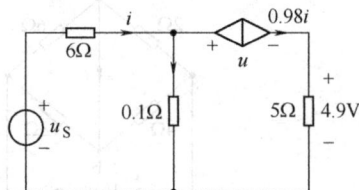

图 1-57   习题 1-13 图

1-14 电路如图 1-58 所示，试求 i_1 和 u_{ab}。

1-15 电路如图 1-59 所示，试求电路图中的 U_a、U_b 和 U_c。

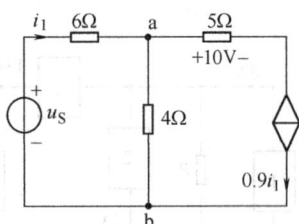

图 1-58   习题 1-14 图

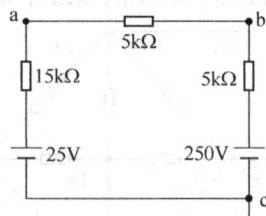

图 1-59   习题 1-15 图

1-16 电路如图 1-60 所示，图中 300V 电源不稳定，设它突然升高到 360V 时，求电压 U_o 有多大的变化？

1-17 我国自葛洲坝水电站至上海的高压直流输电线示意图如图 1-61 所示。输电线每根对地耐压为 500kV，导线容许电流为 1kA。每根导线长 1088km，电阻为 27Ω。试问当首端线间电压 U_1 为 1000kV 时，可传输多少功率到上海？传输效率是多少？

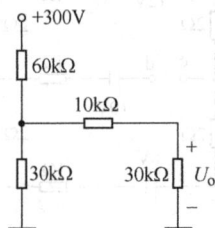

图 1-60   习题 1-16 图

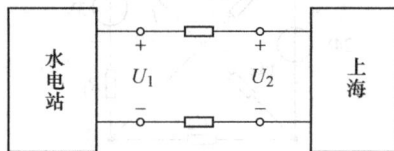

图 1-61   习题 1-17 图

第2章　电路的等效变换

电路的等效和电路定理是电路分析中非常重要的概念，应用等效概念和电路定理，可以将结构复杂的电路化简为结构简单的电路，从而使电路计算得到简化。本章将讨论简化电路的方法和电路的基本定理。

2.1　等效电路的概念

如果一个二端网络 N_1 端口的伏安关系（VAR）和另一个二端网络 N_2 端口的伏安关系完全相同，则这两个二端网络便是等效的。这两个网络可以具有完全不同的内部结构，但对任一外电路来说，它们都有完全相同的作用。也就是说，如果两个二端网络分别接到相同的某一外电路时，它们的端口电压、端口电流都相等，即满足同一伏安关系的网络不是唯一的，如图 2-1 所示。运用等效的概念，可以把一个结构复杂的二端网络用一个结构简单的二端网络去替换，从而简化电路的计算。

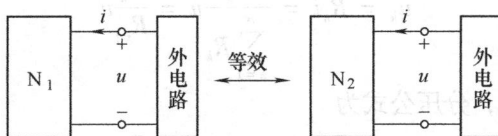

图 2-1　等效二端网络

2.2　电阻的串联和并联

2.2.1　电阻的串联

若干个电阻首尾依次连接成一个无分支的二端网络，这种连接方式称为串联。图 2-2a 为由 n 个电阻构成的串联电路。串联电路在两点之间只有一条电流通路，流过每个电阻的电流都相等。

1. 等效电阻

对于图 2-2a 所示的串联电路，由 KVL，有

$$u = u_1 + u_2 + \cdots + u_k + \cdots + u_n$$

由欧姆定律，有

$$u = R_1 i + R_2 i + \cdots + R_k i + \cdots + R_n i = (R_1 + R_2 + \cdots + R_k + \cdots + R_n) i = R_{eq} i$$

所以，串联电路的等效电阻为

$$R_{eq} = R_1 + R_2 + \cdots + R_k + \cdots + R_n = \sum_{k=1}^{n} R_k \tag{2-1}$$

因此，串联电阻所构成的二端网络 N_1 可以用二端网络 N_2 来等效，如图 2-2b 所示。

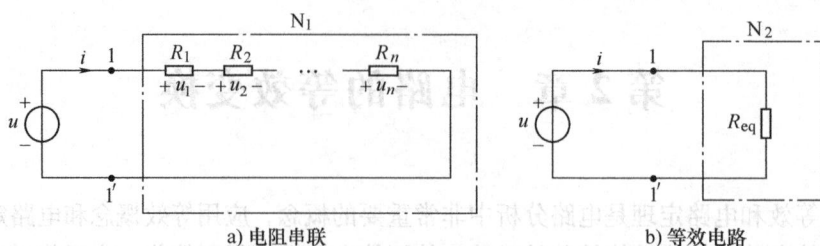

a) 电阻串联　　　　　　　　　b) 等效电路

图 2-2　电阻串联等效变换

等效电阻 R_{eq} 所消耗的功率等于各串联电阻消耗功率之和，即

$$P = P_1 + P_2 + \cdots + P_n = \sum_{k=1}^{n} P_k \qquad (2\text{-}2)$$

2. 分压公式

已知串联电阻的总电压，求各电阻上的电压，称为分压。图 2-2a 所示电路中的电流为

$$i = \frac{u}{R_1 + R_2 + \cdots + R_n} = \frac{u}{\sum\limits_{k=1}^{n} R_k} = \frac{u}{R_{eq}}$$

则第 k 个电阻上的分压公式为

$$u_k = R_k i = \frac{R_k}{\sum\limits_{k=1}^{n} R_k} u = \frac{R_k}{R_{eq}} u \qquad (2\text{-}3a)$$

若只有两个电阻串联，分压公式为

$$u_1 = \frac{R_1}{R_1 + R_2} u, \qquad u_2 = \frac{R_2}{R_1 + R_2} u \qquad (2\text{-}3b)$$

串联电路中，各电阻上的电压与其电阻值成正比，电阻值越大，分得的电压就越大。因此，串联电路可作为分压电路，在电子电路中对信号电压的大小加以控制。如收音机、电视机的音量控制等均用到分压电路。

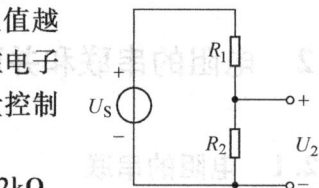

图 2-3　例 2-1 图

例 2-1　图 2-3 所示的分压电路，已知 $U_S = 20V$，$R_1 = 1.2k\Omega$，若要求输出电压 $U_2 = 12V$ 时，R_2 应选多大的阻值。

解　由分压公式

$$U_2 = \frac{R_2}{R_1 + R_2} U_S$$

解得

$$R_2 = \frac{U_2}{U_S - U_2} R_1 = \left(\frac{12}{20 - 12} \times 1.2 \times 10^3 \right) \Omega = 1.8k\Omega$$

3. 串联电路的应用

电风扇的电路原理如图 2-4 所示。图中 3 个电阻串联，连接点处与调速开关相连。当调速开关与 3 连接时，电路中的电阻为 3 个电阻之和，电阻值最大，此时电路中的电流最小，电动机的功率也最小，电动机的速度也最慢。当调速开

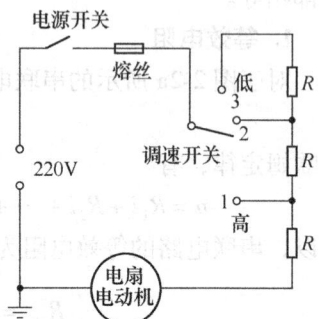

图 2-4　电风扇的电路原理

关与 2 连接时，相当于在电路中去掉一个电阻，电阻值变小，此时电路中的电流变大，电动机的功率也变大，电动机的速度也变快。同理，当调速开关与 1 连接时，电路中的电阻最小，此时电动机的速度最快。

练 习 题

2-1　电路如图 2-5 所示，求电路图中的电流 i 和电压 u。　　　　　　　　　　　　[2A，8V]

2-2　设计如图 2-6 所示的电压分压器，已知 $R_2 = 10\mathrm{k}\Omega$，分压系数 $k = u_2/u = 0.2$，试求 R_1 电阻值。

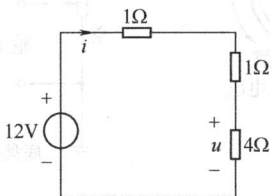

　　[50kΩ]

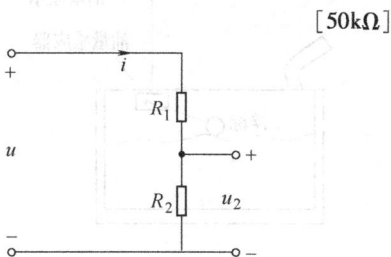

図 2-5　练习题 2-1 图　　　　　　　　　　　図 2-6　练习题 2-2 图

2.2.2　电位器及其应用

电位器可以作为可调的分压电路。电位器及电路模型如图 2-7 所示。它是一种三端器件，端口 1 和 2 之间是一个固定电阻，端口 3 为滑动头，与电刷相连。通过移动电刷，可以改变端口 1 和 3 之间的电阻，或者是端口 2 和 3 之间的电阻。

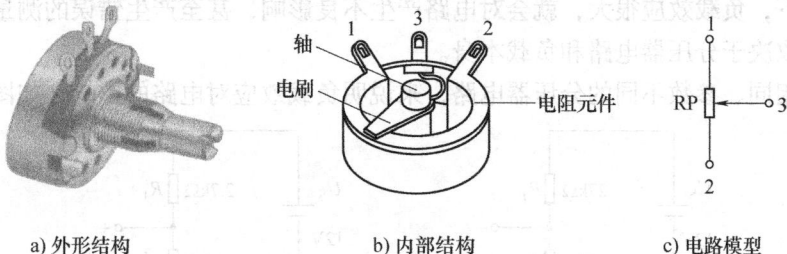

a) 外形结构　　　　　　　b) 内部结构　　　　　　　c) 电路模型

图 2-7　电位器及电路模型

电位器也称变阻器，在电路中通常有两种接法，如图 2-8 所示。一种接法是 3 个端口都接入电路，如图 2-8a 所示。另一种接法是两个端口接入电路，如图 2-8b 所示。图中，电阻 R 是防止滑动头移动到端口 2 时负载被短路所设置的。

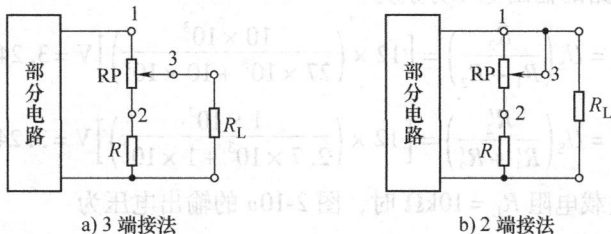

a) 3 端接法　　　　　　　　　　　　b) 2 端接法

图 2-8　电位器的接法

汽车油箱的油量传感器电路就是利用电位器作为可调分压器的例子，如图 2-9 所示。其工作原理为：加油时浮标上升，缺油时浮标下降，如图 2-9a 所示。该浮标以机械方式与电位器的电刷臂连接，如图 2-9b 所示，输出电压随电刷臂的位置按比例变化。油箱中的油减少时，感应器输出电压也下降。输出电压进入指示器电路，控制显示油量的油量表或数字输出装置。该系统的电路图如图 2-9c 所示。

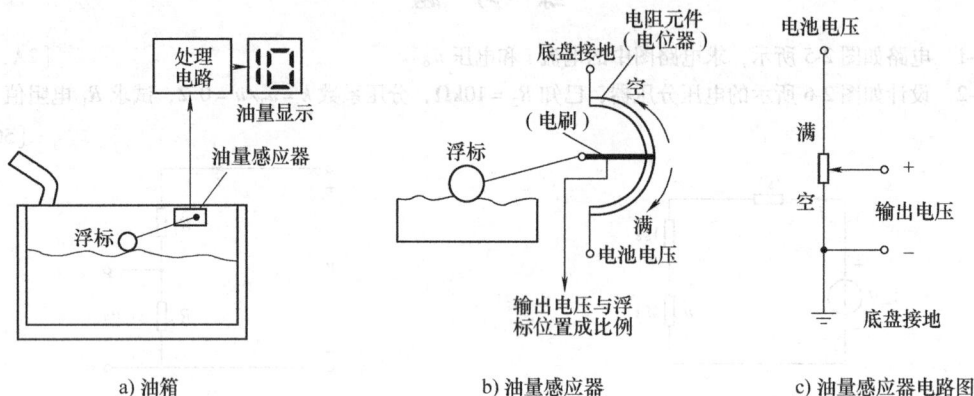

a) 油箱　　　　　　　　　　　　b) 油量感应器　　　　　　　　c) 油量感应器电路图

图 2-9　汽车油量感应器

2.2.3　分压器的负载效应

当把一个电阻性负载连接到分压器输出端时，输出电压就会降低。输出电压的改变就称为负载效应。如果输出电压改变很小，即负载效应很小，通常可以忽略负载效应的影响。但在某些情况下，负载效应很大，就会对电路产生不良影响，甚至产生错误的测量结果。负载效应的大小取决于分压器电路和负载本身。

用结构相同、参数不同的分压器电路，来说明负载效应对电路的影响，如图 2-10 所示。

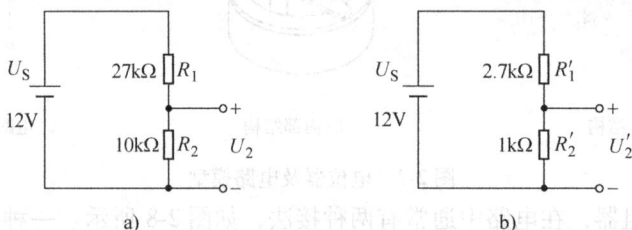

a)　　　　　　　　　　　　　　b)

图 2-10　分压电路

图 2-10a 和 b 电路的输出电压分别为

$$U_2 = U_S \left(\frac{R_2}{R_1 + R_2} \right) = \left[12 \times \left(\frac{10 \times 10^3}{27 \times 10^3 + 10 \times 10^3} \right) \right] \text{V} = 3.24 \text{V}$$

$$U_2' = U_S \left(\frac{R_2'}{R_1' + R_2'} \right) = \left[12 \times \left(\frac{1 \times 10^3}{2.7 \times 10^3 + 1 \times 10^3} \right) \right] \text{V} = 3.24 \text{V}$$

当输出端口加负载电阻 $R_L = 10\text{k}\Omega$ 时，图 2-10a 的输出电压为

$$U_L = U_S \left(\frac{R_2 // R_L}{R_1 + R_2 // R_L} \right) = \left[12 \times \left(\frac{5 \times 10^3}{27 \times 10^3 + 5 \times 10^3} \right) \right] \text{V} = 1.875 \text{V}$$

输出电压下降了

$$\frac{3.24 - 1.875}{3.24} \approx 42\%$$

此时的相对误差为

$$\delta = \frac{3.24 - 1.875}{1.875} \approx 72\%$$

同理，当负载电阻 $R_L = 10\text{k}\Omega$ 时，图 2-10b 的输出电压为

$$U'_L = U_S\left(\frac{R'_2//R_L}{R'_1 + R'_2//R_L}\right) = \left[12 \times \left(\frac{909}{2.7 \times 10^3 + 909}\right)\right]\text{V} = 3.02\text{V}$$

输出电压下降了

$$\frac{3.24 - 3.02}{3.24} \approx 6.7\%$$

此时的相对误差为

$$\delta = \frac{3.24 - 3.02}{3.02} \approx 7.3\%$$

从分析结果中可以看出，图 2-10a 和 b 在未接负载电阻时输出电压都相同。但是接入负载电阻后，输出电压却不同。图 2-10b 比图 2-10a 输出电压高、误差小，因为其负载效应小，即负载电阻一定时，在分压器线路上的电阻越小，电路的输出电压效率越高，电路越"稳定"。

如果分压电路相同，负载不同，效果又如何呢？

当负载电阻 $R_L = 5\text{k}\Omega$ 时，图 2-10b 的输出电压为

$$U_L = U_S\left(\frac{R'_2//R_L}{R'_1 + R'_2//R_L}\right) = \left[12 \times \left(\frac{833}{2.7 \times 10^3 + 833}\right)\right]\text{V} \approx 2.83\text{V}$$

输出电压下降了

$$\frac{3.24 - 2.83}{3.24} \approx 12.6\%$$

从分析结果中可以看出，分压电路相同时，负载电阻越大，电路的负载效应越小，电路的输出电压效率越高。如果分压器的输出电压在接入负载后的下降量不超过 10%，就认为它是"稳定"的。

例 2-2　有一电位器，电阻值 $R = 500\Omega$，额定电流为 1.8A。若外加电压 $U = 200\text{V}$，$R_1 = 400\Omega$，如图 2-11 所示。试求：（1）图 2-11a 中的输出电压 U_2；（2）图 2-11b 中用内阻分别为 $2\text{k}\Omega$ 和 $20\text{k}\Omega$ 的电压表测量输出电压，电压表读数为何值？（3）图 2-11c 中若误将内阻为 0.1Ω、量程为 2A 的电流表当成电压表测量电压时，后果如何？

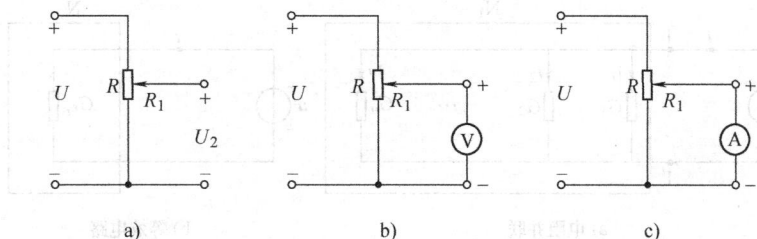

图 2-11　例 2-2 图

解 （1）由分压公式有

$$U_2 = \frac{R_1}{R}U = \frac{400}{500} \times 200\text{V} = 160\text{V}$$

（2）用内阻为2kΩ的电压表测量时，相当于2kΩ与R_1并联，等效电阻为2kΩ//400Ω≈333.33Ω，电压表读数为133.33V。

用内阻为20kΩ的电压表测量时，相当于20kΩ与R_1并联，等效电阻为20kΩ//400Ω≈392.16Ω，电压表读数为156.86V。

（3）用内阻为0.1Ω的电流表测量时，相当于0.1Ω与R_1并联，等效电阻近似为零，电流表两端的电压近似为零，电流表读数为2A，此时的电位器就有可能被烧毁。

所以，用内阻较高的电压表测量电压比较精确，电流表的内阻一般都较小不允许测电压。

练 习 题

2-3 电路如图2-12所示，已知$R_L = 150\Omega$。试求：（1）当开关S打开时，电路的输出电压U_o；（2）当开关S闭合时，电路的输出电压U_o；（3）若$R_L = 150\text{k}\Omega$，当开关S闭合时，此时分压器输出的电压U_o又为多少？

$$[150\text{V}; 120\text{V}; 149.96\text{V}]$$

2-4 电路如图2-13所示，已知$u_S = 100\text{V}$，$R_{P1} = 6\text{k}\Omega$，$R_{P2} = 4\text{k}\Omega$。试求（1）$R_L = 4\text{k}\Omega$时；（2）$R_L = \infty$（电阻开路）时；（3）$R_L = 0$（电阻短路）时3种情况下的电压u和电流i。

$$[25\text{V}, 12.5\text{mA}; 40\text{V}, 10\text{mA}; 0, 16.7\text{mA}]$$

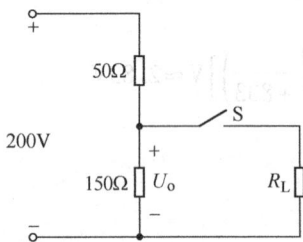

图2-12 练习题2-3 图   图2-13 练习题2-4 图

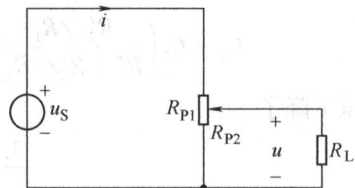

2.2.4 电阻的并联

若干个电阻首尾两端分别连接在一起构成一个二端网络，各电阻上的电压相同，这种连接方式称为并联。图2-14a为由n个电阻构成的并联电路。并联电路在两点间有多条电流通路，两点之间的电压相等。

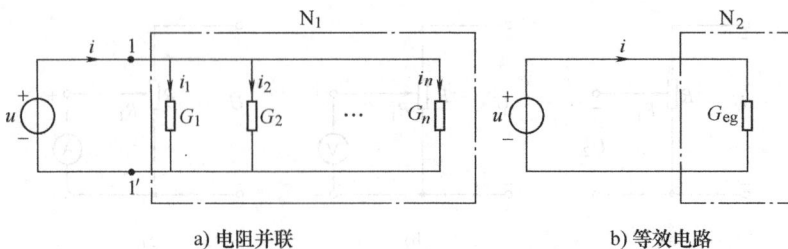

a) 电阻并联   b) 等效电路

图2-14 电阻并联等效变换

1. 等效电导

对于图 2-14a 所示的电阻并联电路，由 KCL，有

$$i = i_1 + i_2 + \cdots + i_k + \cdots + i_n$$

由欧姆定律，有

$$i = G_1 u + G_2 u + \cdots + G_k u + \cdots + G_n u = (G_1 + G_2 + \cdots + G_k + \cdots + G_n) u = G_{eq} u$$

所以，电阻并联电路的等效电导为

$$G_{eq} = G_1 + G_2 + \cdots + G_k + \cdots + G_n = \sum_{k=1}^{n} G_k \tag{2-4a}$$

因此，并联电阻所构成的二端网络 N_1，可以用二端网络 N_2 来等效，如图 2-14b 所示。

由此可见，在串联电路中用电阻比较方便，在并联电路中用电导比较方便。而在工程中一般习惯用电阻较多，可以写成

$$\frac{1}{R_{eq}} = \frac{1}{R_1} + \frac{1}{R_2} + \cdots + \frac{1}{R_n} = \sum_{k=1}^{n} \frac{1}{R_k} \tag{2-4b}$$

当有两个电阻并联时，可用 $R_1 // R_2$ 表示，等效电阻为

$$R_{eq} = R_1 // R_2 = \frac{R_1 R_2}{R_1 + R_2}$$

与串联电阻相同，各并联电阻消耗的总功率为

$$P = P_1 + P_2 + \cdots + P_n = \sum_{k=1}^{n} P_k \tag{2-5}$$

2. 分流公式

若已知电阻并联电路的端口总电流，求各个电阻支路中的电流称为分流。在图 2-14a 所示并联电路两端的电压为

$$u = \frac{i}{G_1 + G_2 + \cdots + G_n} = \frac{i}{\displaystyle\sum_{k=1}^{n} G_k} = \frac{i}{G_{eq}}$$

则第 k 个电阻上的分流公式为

$$i_k = G_k u = G_k \frac{i}{\displaystyle\sum_{k=1}^{n} G_k} = \frac{G_k}{G_{eq}} i \tag{2-6a}$$

若只有两个电阻并联，分流公式为

$$i_1 = \frac{R_2}{R_1 + R_2} i, \quad i_2 = \frac{R_1}{R_1 + R_2} i \tag{2-6b}$$

注意：求 R_1 上电流时，应是 R_2 与两电阻和之比，而不是 R_1 与两电阻和之比；同理，求 R_2 上电流时，应是 R_1 与两电阻和之比。

在电阻并联电路中，各电阻上的电流与其电导值成正比，与电阻值成反比，即电导值越大，电阻值越小，分得的电流就越大。因此，并联电路可作为分流电路。

例 2-3 在图 2-15 所示的电路中，电流表的量程 $I_g =$ 100μA，内阻 $R_g = 1k\Omega$，若要将量程扩大到 10mA，试问并联电阻 R_P 应选多大的阻值。

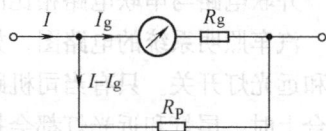

图 2-15 例 2-3 图

解 根据分流公式有

$$I_g = \frac{R_P}{R_g + R_P}I = \left(\frac{R_P}{R_g + R_P} \times 10 \times 10^{-3}\right)A = 100 \times 10^{-6}A$$

故得并联电阻为

$$R_P = \frac{0.1}{9.9}R_g = \left(\frac{0.1}{9.9} \times 1 \times 10^3\right)\Omega \approx 10.1\Omega$$

例2-4 利用例2-3电路中的表头参数，设计一个能测量2mA、20mA和50mA的电流表，电路原理如图2-16所示，试求分流电阻 R_1、R_2 和 R_3 的阻值。

解 设电路的总电阻

$$R_Z = R_1 + R_2 + R_3$$

当开关S与1相接时(2mA档)，方程为

$$I_g = \frac{R_Z}{R_g + R_Z}I_1 = \frac{R_Z}{1 \times 10^3 + R_Z} \times 2 \times 10^{-3}A$$

$$I_g = 100\mu A$$

解得

$$R_Z = 52.63\Omega$$

当开关S与2相接时(20mA档)，方程为

$$I_g = \frac{R_2 + R_3}{R_g + R_Z}I_2 = \frac{R_2 + R_3}{1 \times 10^3 + 52.63} \times 20 \times 10^{-3}$$

$$I_g = 100\mu A$$

解得

$$R_2 + R_3 = 5.263\Omega$$

故

$$R_1 = R_Z - (R_2 + R_3) = (52.63 - 5.263)\Omega = 47.367\Omega$$

当开关S与3相接时(50mA档)，方程为

$$I_g = \frac{R_3}{R_g + R_Z}I_3 = \left(\frac{R_3}{1 \times 10^3\Omega + 52.63\Omega} \times 50 \times 10^{-3}\right)A = 100\mu A$$

解得

$$R_3 = 2.105\Omega$$

故

$$R_2 = R_Z - (R_1 + R_3) = (52.63 - 49.472)\Omega = 3.158\Omega$$

图 2-16 例2-4 电流表原理图

由此看出，电流表的设计是分流公式的典型应用。

3. 并联电路的应用

并联电路与串联电路相比的优点是：电路中某一个分支开路时，其他分支不受影响。

汽车照明系统的电路图，如图2-17所示。从图中可以看出，刹车灯开关独立于照明开关和远光灯开关。只有当司机踩下刹车踏板，即合上刹车灯开关时，刹车灯才亮。当照明开关合上时，尾灯和近光灯都会打开。当照明开关和远光灯开关都闭合时，远光灯才会打开。如果其中任何一盏灯烧掉(开路)，其他各灯都不受影响。

家庭用电系统布线图如图2-18所示。图中所有的电灯和电器插座都是并联的，若其中

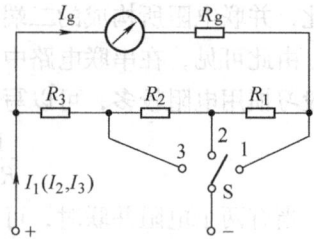

某一路出现开路都不会影响其他支路。

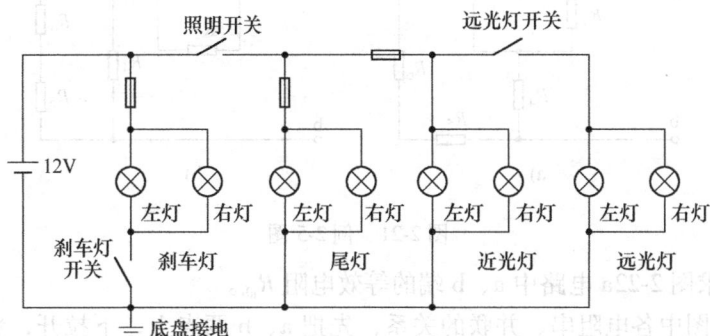

图 2-17 汽车照明系统电路原理

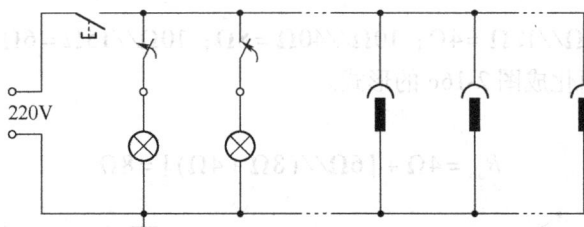

图 2-18 家庭用电系统布线图

练 习 题

2-5 图 2-19 是一个电阻分流网络，已知 $u=50\text{V}$，$R_1=50\Omega$，$i_1/i=0.2$。试求：电阻 R_2、电流 i_2 以及该电路的等效电阻 R_{eq}。   [12.5Ω, 4A, 10Ω]

2-6 求图 2-20 所示电路中 a、b 端的等效电阻 R_{ab}。   [6Ω]

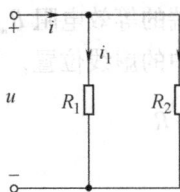

图 2-19 练习题 2-5 图

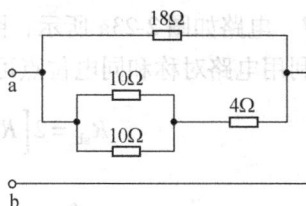

图 2-20 练习题 2-6 图

2.2.5 电阻串并联混合电路

电路中既有电阻串联又有电阻并联，称串并联混合电路。判别电阻串并联关系是分析电路的关键。有时很难看出电阻串并联的关系，通常把电路变形改画后关系就清楚了。

例 2-5 试求图 2-21a 电路中 a、b 端的等效电阻 R_{ab}。

解 把原电路改画成图 2-21b，可清楚地看出等效电阻 R_{ab} 为

$$R_{\text{ab}} = R_1 + R_2//R_3 + R_4//(R_5 + R_6)$$

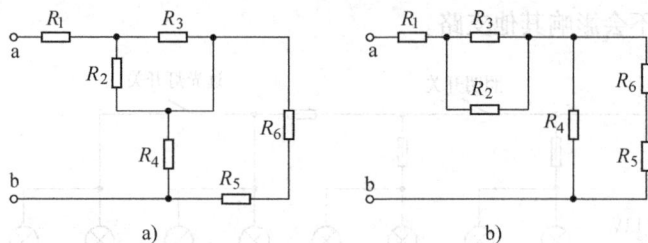

图 2-21　例 2-5 图

例 2-6　试求图 2-22a 电路中 a、b 端的等效电阻 R_{ab}。

解　为看清图中各电阻串、并联的关系，先把 a、b 两点上、下拉开，然后再把 c 点到 d 点的连线缩成一个点，因为 c、d 两点间没有元件，即两点间的电位相等，电路可改画成图 2-22b 所示形式。

对于图 2-22b 有

$$6\Omega / / 12\Omega = 4\Omega;\quad 10\Omega / / 40\Omega = 8\Omega;\quad 10\Omega / / 15\Omega = 6\Omega$$

因此，图 2-22b 又可简化成图 2-16c 的形式。

对于图 2-22c 有

$$R_{ab} = 4\Omega + [6\Omega / / (8\Omega + 4\Omega)] = 8\Omega$$

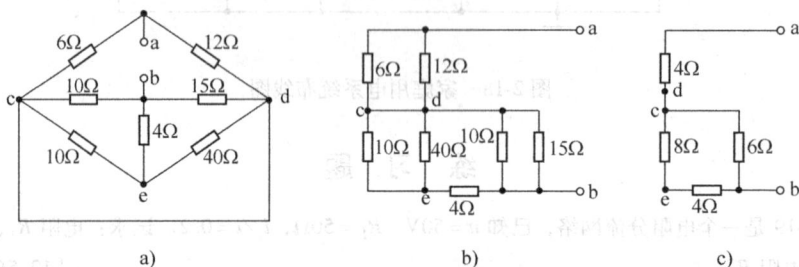

图 2-22　例 2-6 图

例 2-7　电路如图 2-23a 所示，图中电阻值相同，求 a、b 端的等效电阻 R_{ab}。

解　利用电路对称和同电位点可连接的原理，如图 2-23b 中的虚线位置，等效电阻为

$$R_{ab} = 2\left[R_5 / / \left(R_2 + R_1 / / \frac{R_3}{2} / / R_4\right)\right] = \frac{10}{9}R$$

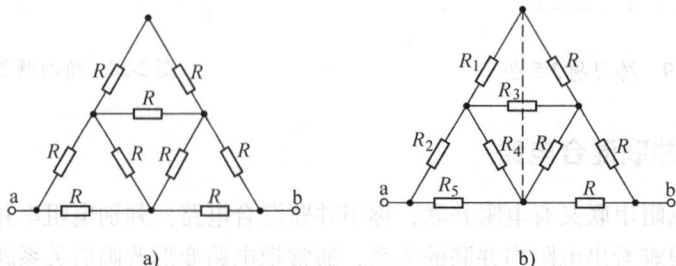

图 2-23　例 2-7 图

例 2-8　试求图 2-24a 电路中电流 I_x 的值。

解　把图 2-24a 改画成图 2-24b 所示形式，电路中的串、并联关系就一目了然了。可以

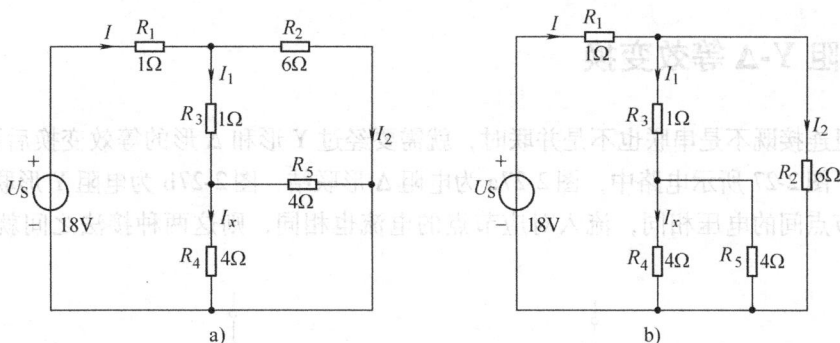

图 2-24　例 2-8 图

看出，图中 R_4 和 R_5 并联后与 R_3 串联，然后再与 R_2 并联，最后再与 R_1 串联。所以电路的总电阻为

$$R = R_1 + \{ [R_3 + (R_4 // R_5)] // R_2 \} = R_1 + \cfrac{R_2 \left(R_3 + \cfrac{R_4 R_5}{R_4 + R_5} \right)}{R_2 + \left(R_3 + \cfrac{R_4 R_5}{R_4 + R_5} \right)} = 3\Omega$$

电路的总电流为

$$I = \frac{U_S}{R} = 6A$$

由分流公式得

$$I_1 = \frac{R_2}{R_2 + [R_3 + (R_4 // R_5)]} I = \cfrac{R_2}{R_2 + \left(R_3 + \cfrac{R_4 R_5}{R_4 + R_5} \right)} I = 4A$$

再分流得

$$I_x = \frac{R_5}{R_4 + R_5} I_1 = 2A$$

练 习 题

2-7　求图 2-25 所示电路 a、b 端的等效电阻 R_{ab}。　　　　　　　　　　　　　　　　　　　[1.5Ω]

2-8　求图 2-26 所示电路 a、b 端的等效电阻 R_{ab}。　　　　　　　　　　　　　　　　　　　[16.6Ω]

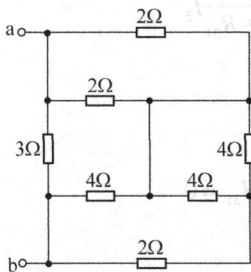

图 2-25　练习题 2-7 图

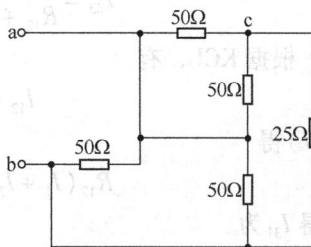

图 2-26　练习题 2-8 图

2.3　电阻 Y-Δ 等效变换

当电阻连接既不是串联也不是并联时，就需要经过 Y 形和 Δ 形的等效变换后再确定串、并联关系。图 2-27 所示电路中，图 2-27a 为电阻 Δ 形联结，图 2-27b 为电阻 Y 形联结，如果它们对应节点间的电压相同，流入对应节点的电流也相同，则这两种接法之间就能互相等效。

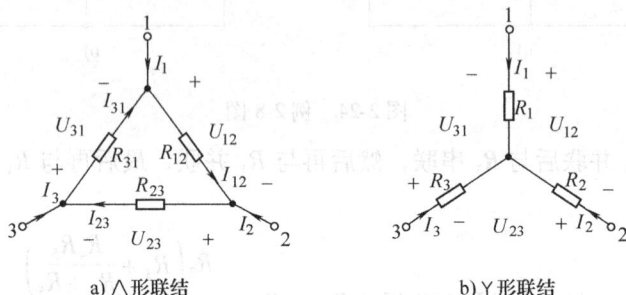

a) △形联结　　　　　　　　b) Y形联结

图 2-27　电阻的 Δ 形联结和 Y 形联结

对于图 2-27aΔ 形联结回路，根据 KVL，有

$$U_{12} + U_{23} + U_{31} = R_{12}I_{12} + R_{23}I_{23} + R_{31}I_{31} = 0 \tag{2-7}$$

根据 KCL，有

$$I_{23} = I_2 + I_{12}, \quad I_{31} = I_{12} - I_1$$

代入式(2-7)得

$$R_{12}I_{12} + R_{23}(I_2 + I_{12}) + R_{31}(I_{12} - I_1) = 0$$

经整理解得 I_{12} 为

$$I_{12} = \frac{R_{31}}{R_{12} + R_{23} + R_{31}}I_1 - \frac{R_{23}}{R_{12} + R_{23} + R_{31}}I_2 \tag{2-8}$$

同理，根据 KCL，有

$$I_{12} = I_{23} - I_2, \quad I_{31} = I_3 + I_{23}$$

代入式(2-7)得

$$R_{12}(I_{23} - I_2) + R_{23}I_{23} + R_{31}(I_3 + I_{23}) = 0$$

经整理解得 I_{23} 为

$$I_{23} = \frac{R_{12}}{R_{12} + R_{23} + R_{31}}I_2 - \frac{R_{31}}{R_{12} + R_{23} + R_{31}}I_3 \tag{2-9}$$

同理，根据 KCL，有

$$I_{12} = I_1 + I_{31}, \quad I_{23} = I_{31} - I_3$$

代入式(2-7)得

$$R_{12}(I_1 + I_{31}) + R_{23}(I_{31} - I_3) + R_{31}I_{31} = 0$$

经整理解得 I_{31} 为

$$I_{31} = \frac{R_{23}}{R_{12} + R_{23} + R_{31}}I_3 - \frac{R_{12}}{R_{12} + R_{23} + R_{31}}I_1 \tag{2-10}$$

将式(2-8)、式(2-9)、式(2-10)分别代入式(2-7)得

$$U_{12} = R_{12}I_{12} = \frac{R_{31}R_{12}}{R_{12}+R_{23}+R_{31}}I_1 - \frac{R_{12}R_{23}}{R_{12}+R_{23}+R_{31}}I_2$$

$$U_{23} = R_{23}I_{23} = \frac{R_{12}R_{23}}{R_{12}+R_{23}+R_{31}}I_2 - \frac{R_{23}R_{31}}{R_{12}+R_{23}+R_{31}}I_3 \qquad (2\text{-}11)$$

$$U_{31} = R_{31}I_{31} = \frac{R_{23}R_{31}}{R_{12}+R_{23}+R_{31}}I_3 - \frac{R_{31}R_{12}}{R_{12}+R_{23}+R_{31}}I_1$$

对于图 2-27b Y 形联结的电路，根据 KVL，有

$$U_{12} = R_1 I_1 - R_2 I_2$$
$$U_{23} = R_2 I_2 - R_3 I_3 \qquad (2\text{-}12)$$
$$U_{31} = R_3 I_3 - R_1 I_1$$

如果图 2-27 所示的电阻 Y 形和 Δ 形联结电路等效，则方程组(2-11)和方程组(2-12)就应相等。

$$R_1 = \frac{R_{31}R_{12}}{R_{12}+R_{23}+R_{31}}$$

故 $$R_2 = \frac{R_{12}R_{23}}{R_{12}+R_{23}+R_{31}} \qquad (2\text{-}13)$$

$$R_3 = \frac{R_{23}R_{31}}{R_{12}+R_{23}+R_{31}}$$

式(2-13)就是从已知的 Δ 形联结的电阻等效变换成 Y 形联结电阻的关系式，若 $R_{12}=R_{23}=R_{31}=R_\Delta$，则有

$$R_1 = R_2 = R_3 = R_Y = \frac{1}{3}R_\Delta$$

若式(2-13)中 Y 形联结电阻 R_1、R_2、R_3 已知，可解得 Δ 形联结的电阻为

$$R_{12} = \frac{R_1 R_2 + R_2 R_3 + R_3 R_1}{R_3}$$

$$R_{23} = \frac{R_1 R_2 + R_2 R_3 + R_3 R_1}{R_1} \qquad (2\text{-}14)$$

$$R_{31} = \frac{R_1 R_2 + R_2 R_3 + R_3 R_1}{R_2}$$

若 $R_1 = R_2 = R_3 = R_Y$，则有 $R_{12}=R_{23}=R_{31}=R_\Delta=3R_Y$

为了方便记忆，式(2-13)和式(2-14)可分别归纳为

$$Y \text{ 形电阻 } R_n = \frac{\Delta \text{ 形中相邻两电阻之积}}{\Delta \text{ 形中 3 个电阻之和}}$$

$$\Delta \text{ 形电阻 } R_{nm} = \frac{Y \text{ 形中电阻两两乘积之和}}{Y \text{ 形中不为 } m \text{ 和 } n \text{ 下标的电阻}}$$

例 2-9　求图 2-28a 所示电桥电路中的电流 I。

解　图 2-28a 电路中的 R_3、R_4、R_5 变换成 Y 形联结，由 Δ-Y 形等效变换后，如图 2-28b 所示。

R_3' 是接在 3 节点上，所以分子上的电阻应该是图 2-28a 接在 3 节点上的 R_3 和 R_4，故有

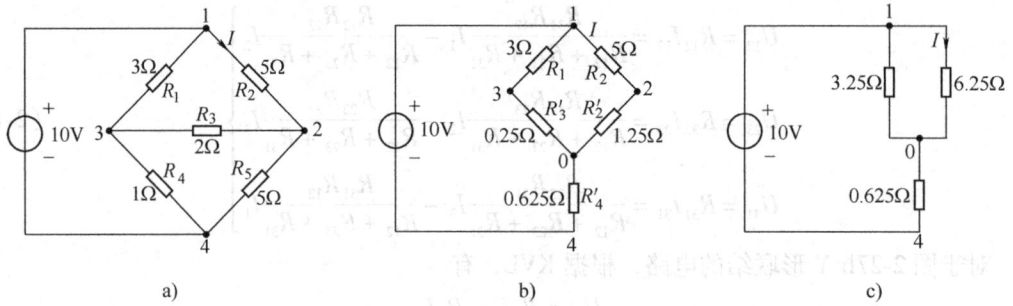

图 2-28 例 2-9 图

$$R_3' = \frac{R_3 R_4}{R_3 + R_4 + R_5} = \frac{2 \times 1}{1 + 2 + 5}\Omega = 0.25\Omega$$

R_2'是接在 2 节点上的，所以分子上的电阻应该是图 2-28a 接在 2 节点上的 R_3 和 R_5，故有

$$R_2' = \frac{R_3 R_5}{R_3 + R_4 + R_5} = \frac{2 \times 5}{1 + 2 + 5}\Omega = 1.25\Omega$$

R_4'是接在 4 节点上的，所以分子上的电阻应该是图 2-28a 接在 4 节点上的 R_4 和 R_5，故有

$$R_4' = \frac{R_4 R_5}{R_3 + R_4 + R_5} = \frac{1 \times 5}{1 + 2 + 5}\Omega = 0.625\Omega$$

对图 2-28b 进行串、并联等效变换后，如图 2-28c 所示，故电流为

$$I = \left(\frac{10}{3.25 // 6.25 + 0.625} \times \frac{3.25}{3.25 + 6.25}\right)A \approx 1.24A$$

例 2-10 假设图 2-29a 电路中 $R_x = 2\Omega$，试求电流 I 的值。

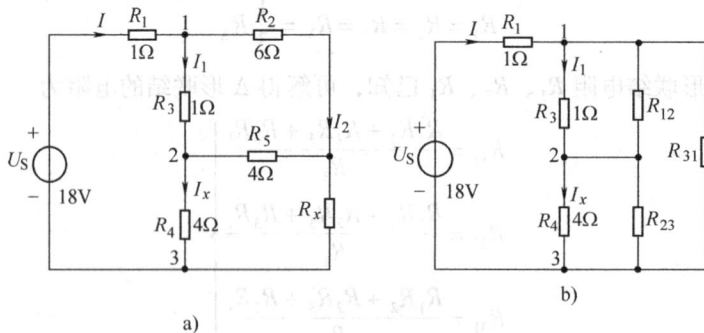

图 2-29 例 2-10 图

解 将图 2-29a 电路中 R_2、R_5、R_x 变换成 Δ 形联结，如图 2-29b 所示。由 Y-Δ 形转换公式得

$$R_{12} = \frac{R_2 R_5 + R_5 R_x + R_2 R_x}{R_x} = \frac{6 \times 4 + 4 \times 2 + 6 \times 2}{2}\Omega = \frac{44}{2}\Omega = 22\Omega$$

同理

$$R_{23} = \frac{R_2 R_5 + R_5 R_x + R_2 R_x}{R_2} = \frac{44}{6}\Omega = 7.33\Omega$$

$$R_{31} = \frac{R_2 R_5 + R_5 R_x + R_2 R_x}{R_5} = \frac{44}{4}\Omega = 11\Omega$$

则电路的总电阻为

$$R = R_1 + \{[(R_3 // R_{12}) + (R_4 // R_{31})] // R_{23}\} \approx 3.7\Omega$$

故电流为

$$I = \frac{U_S}{R} = \frac{18}{3.7}A = 4.86A$$

练 习 题

2-9 求图 2-30 所示电路中的电流 I。 [1A]

2-10 求图 2-31 所示电路中 a、b 两端的等效电阻 R_{ab}。 [2Ω]

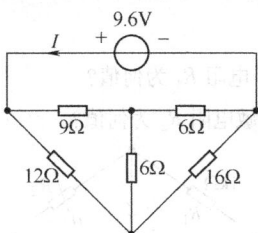

图 2-30 练习题 2-9 图

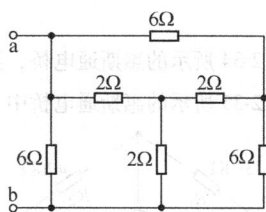

图 2-31 练习题 2-10 图

2.4 惠斯通电桥

在电子测量电路中,惠斯通电桥是一种重要的组合电路,常用来精确的测量电阻。如果和传感器一起使用,还能用来测量温度、压力等物理量。传感器是一种感知物理参数的变化并将这种变化转变为电量的器件。

惠斯通电桥原理电路如图 2-32 所示。其中,R_1、R_2、R_3 和 R_4 构成电桥的 4 个臂,P 为检流计。当调节某个桥臂电阻,使检流计指示为零,即 $U_{cd} = 0$ 时,称电桥平衡。此时满足

$$U_{ac} = U_{ad}, \quad U_{cb} = U_{db}$$

若写成电压比的形式为

$$\frac{U_{ac}}{U_{cb}} = \frac{U_{ad}}{U_{db}}$$

根据欧姆定律可写为

$$\frac{I_1 R_1}{I_2 R_2} = \frac{I_4 R_4}{I_3 R_3}$$

图 2-32 惠斯通电桥原理电路

在平衡状态下,cd 间没有电流,所以 $I_1 = I_2$,$I_3 = I_4$。上式为

$$\frac{R_1}{R_2} = \frac{R_4}{R_3} \quad \text{或} \quad R_1 R_3 = R_2 R_4 \tag{2-15}$$

式(2-15)说明电桥平衡时,对角线电阻的乘积相等。

假设 R_1 是被测电阻 R_x,则有

$$R_x = R_4 \frac{R_2}{R_3}$$

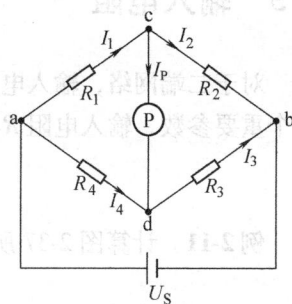

根据电桥平衡原理，工程上常把测量温度、压力等物理量的传感器接入电桥电路。图 2-33 为电子温度计的原理图，电路中的 R_2 是热敏电阻传感器，其电阻值随温度变化而变化，输出电压为

$$U_o = \frac{R_2}{R_1 + R_2}U_S - \frac{R_3}{R_3 + R_4}U_S$$

可见，输出电压 U_o 随热敏电阻传感器 R_2 变化，即随温度 T 变化。所以可根据 U_o 的变化值来确定温度的值。

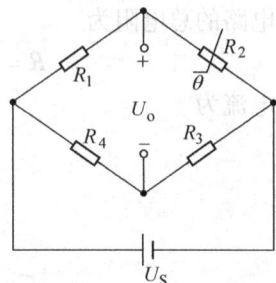

图 2-33　电子温度计原理图

练 习 题

2-11　图 2-34 所示的惠斯通电桥，当电压表测得的电压为零时，电阻 R_4 为何值？　　　　　　［214Ω］

2-12　图 2-35 所示的惠斯通电桥中，测得电压 $U_o = 0.3$V 时，热敏电阻 R_2 为何值？　　　　　［1105.3Ω］

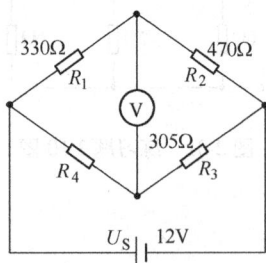

图 2-34　练习题 2-11 图

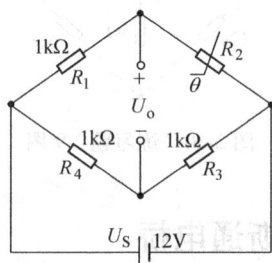

图 2-35　练习题 2-12 图

2.5　输入电阻

对于二端网络，输入电阻是从端口看进去的等效电阻，如图 2-36 所示。它是电路中的一个重要参数，输入电阻 R_i 定义为端口电压与端口电流之比，即

$$R_i = R_{ab} = \frac{u}{i} \tag{2-16}$$

例 2-11　计算图 2-37 所示电路的输入电阻 R_i。

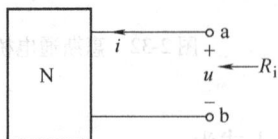

图 2-36　二端网端

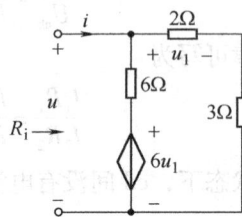

图 2-37　例 2-11 图

解　根据 KVL，有

$$u = u_1 + 3\frac{u_1}{2} = 2.5u_1$$

根据 KCL，又有

$$i = \frac{u - 6u_1}{6} + \frac{u_1}{2}$$

将 $u = 2.5u_1$ 代入上式，得

$$i = \frac{2.5u_1 - 6u_1}{6} + \frac{u_1}{2} = \frac{-3.5u_1}{6} + \frac{u_1}{2} = -\frac{0.5u_1}{6}$$

输入电阻的定义得

$$R_i = \frac{u}{i} = \frac{2.5u_1}{-\dfrac{0.5u_1}{6}} = -30$$

$$R_i = -30\Omega$$

电阻为负值，说明该电路不消耗能量。

当电路中仅含电阻时，可以直接利用电阻的串、并联关系或进行 Y-Δ 变换来计算输入电阻；当电路中含有独立电源而不是受控源时，先将独立电源置零，然后再用电阻的串、并联关系或进行 Y-Δ 变换来计算输入电阻。

例 2-12 计算图 2-38a 所示电路的输入电阻 R_i。

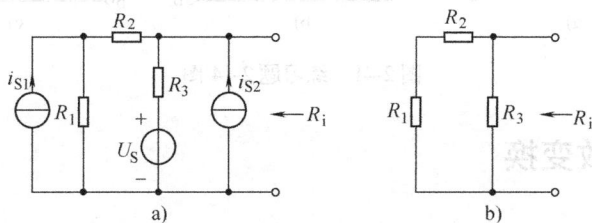

图 2-38 例 2-12 图

解 电流源置零用开路代替，电压源置零用短路代替。独立电源置零后的电路，如图 2-38b 所示。所以有

$$R_i = R_3 // (R_1 + R_2)$$

例 2-13 电路如图 2-39 所示，如果测量到网络的电阻矩阵为 $R = \begin{pmatrix} 8 & 4 \\ 4 & 2 \end{pmatrix}\Omega$，求 a、b 端口的等效电阻 R_{ab}。

解 由电阻矩阵及电路参数可写出电路的特性方程为

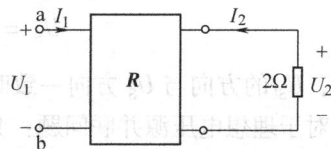

图 2-39 例 2-13 图

$$\begin{cases} U_1 = 8I_1 + 4I_2 & (1) \\ U_2 = 4I_1 + 2I_2 & (2) \\ U_2 = -2I_2 & (3) \end{cases}$$

由式（2）和式（3）得 $I_2 = -I_1$，将其代入到式（1），根据等效电阻定义得

$$R_{ab} = \frac{U_1}{I_1} = 4\Omega$$

当电路中含有受控源、独立电源和电阻时，求输入电阻的方法将在 4.3 节介绍。

练 习 题

2-13　电路如图 2-40 所示，求各电路 a、b 端的输入电阻 R_i。　　　　　　　$[20\Omega,\ 3.5\Omega,\ 4.4\Omega]$

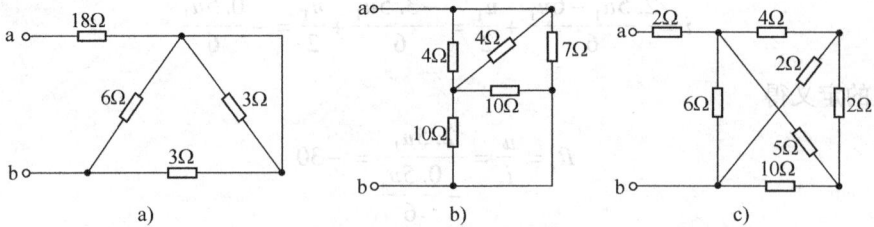

图 2-40　练习题 2-13 图

2-14　电路如图 2-41 所示，求各电路 a、b 端的输入电阻 R_i。　$\left[\dfrac{R_1 R_2}{R_1 - 2R_2};\ \dfrac{1}{G_2 + G_1(1-\mu)};\ R_1 - \mu\right]$

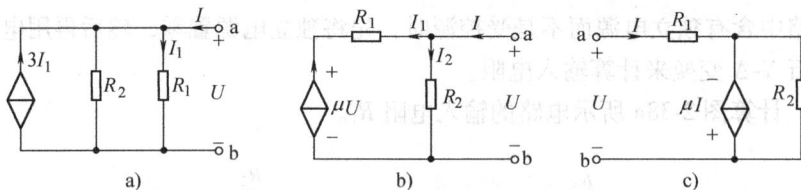

图 2-41　练习题 2-14 图

2.6　电源的等效变换

同电阻串、并联一样，电压源和电流源的串联和并联也都能简化成一个等效电源。

2.6.1　电压源的串联与并联

图 2-42a 表示有 n 个电压源串联，可以等效成一个电压源，如图 2-42b 所示。根据 KVL，这个等效电压源的电压 U_S 为 n 个串联电压源电压的代数和，即

$$U_S = U_{S1} + U_{S2} + \cdots + U_{Sn} = \sum_{k=1}^{n} U_{Sk}$$

式中，U_{Sk} 的方向与 U_S 方向一致时取正号，相反时取负号。

对于理想电压源并联问题：只有电压相等，方向一致的理想电压源才能并联，如图 2-43 所示。

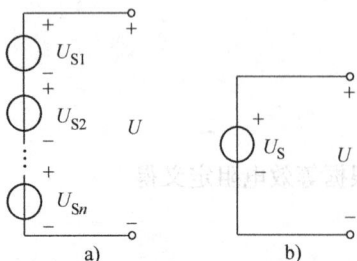

图 2-42　电压源的串联等效

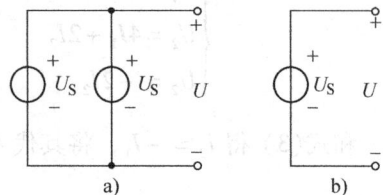

图 2-43　电压源的并联等效

2.6.2 电流源的串联与并联

图 2-44a 表示有 n 个理想电流源并联，可以等效成一个理想电流源，如图 2-44b 所示。根据 KCL，这个等效电流源的电流 I_S 为 n 个并联电流源电流的代数和，即

$$I_S = I_{S1} + I_{S2} + \cdots + I_{Sn} = \sum_{k=1}^{n} I_{Sk}$$

式中，I_{Sk} 的方向与 I_S 方向一致时取正号，相反时取负号。

对于理想电流源串联问题：只有电流相等，方向一致的理想电流源才能串联，如图 2-45 所示。

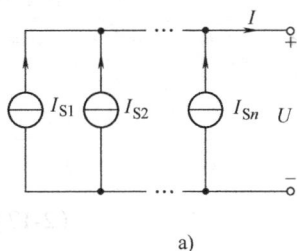 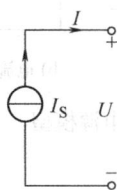 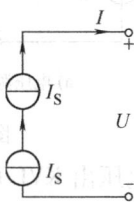 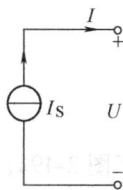

图 2-44 电流源的并联等效 　　　　　 图 2-45 电流源的串联等效

2.6.3 电源与元件的串并联

电压源与 Y 元件并联时，如图 2-46a 所示。该元件可为任意元件，对外电路而言可等效成电压源，如图 2-46b 所示。

电流源与 Y 元件串联时，如图 2-47a 所示。该元件可为任意元件，对外电路而言可等效成电流源，如图 2-47b 所示。

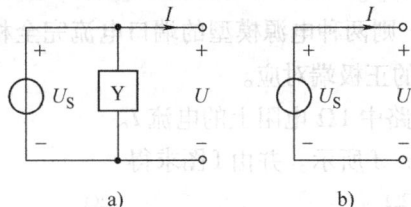 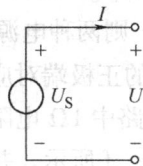 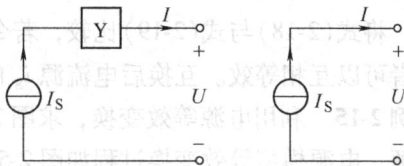 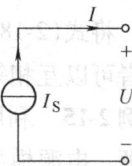

图 2-46 电压源与 Y 元件并联等效 　　　　 图 2-47 电流源与 Y 元件串联等效

例 2-14 化简图 2-48a 所示电路，并求端口电压 U。

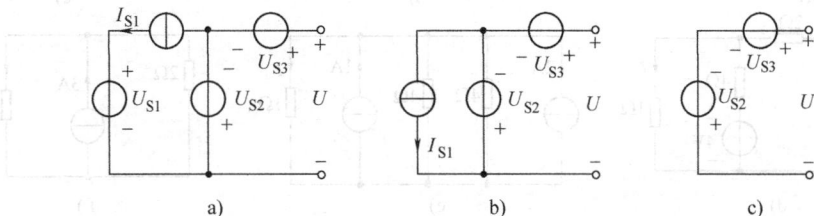

图 2-48 例 2-14 图

解 在图 2-48a 中，U_{S1} 与 I_{S1} 串联，可等效成 I_{S1}，如图 2-48b 所示。在图 2-48b 中，I_{S1} 与 U_{S2} 并联，可等效成 U_{S2}，如图 2-48c 所示。在图 2-48c 中，端口电压 $U = U_{S3} - U_{S2}$。

2.6.4　实际电源的等效

实际电源有两种电路模型，电压源模型和电流源模型，如图 2-49 所示。

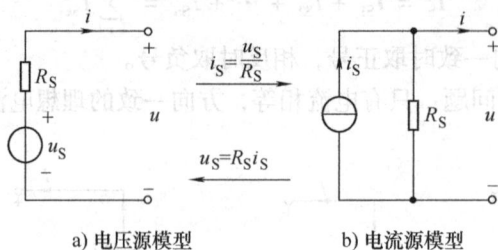

a) 电压源模型　　　　　　　b) 电流源模型

图 2-49　实际电源模型

对于图 2-49a，端口电压由 KVL 可表示为

$$u = u_S - R_S i \tag{2-17}$$

解得

$$i = \frac{u_S}{R_S} - \frac{u}{R_S} = i_S - \frac{u}{R_S} \tag{2-18}$$

对于图 2-49b，端口电流由 KCL 有

$$i = i_S - \frac{u}{R_S} \tag{2-19}$$

解得

$$u = R_S i_S - R_S i = u_S - R_S i \tag{2-20}$$

将式（2-17）与式（2-20）比较，可看出：若令 $u_S = R_S i_S$，则两种电源模型的端口电压完全相同；将式（2-18）与式（2-19）比较，若令 $i_S = u_S/R_S$，则两种电源模型的端口电流完全相同。故两者可以互相等效。互换后电流源 i_S 的方向与 u_S 的正极端对应。

例 2-15 利用电源等效变换，求图 2-50a 所示电路中 1Ω 电阻上的电流 I。

解 电源模型等效变换过程如图 2-50b、c、d、e、f 所示。并由 f 图求得

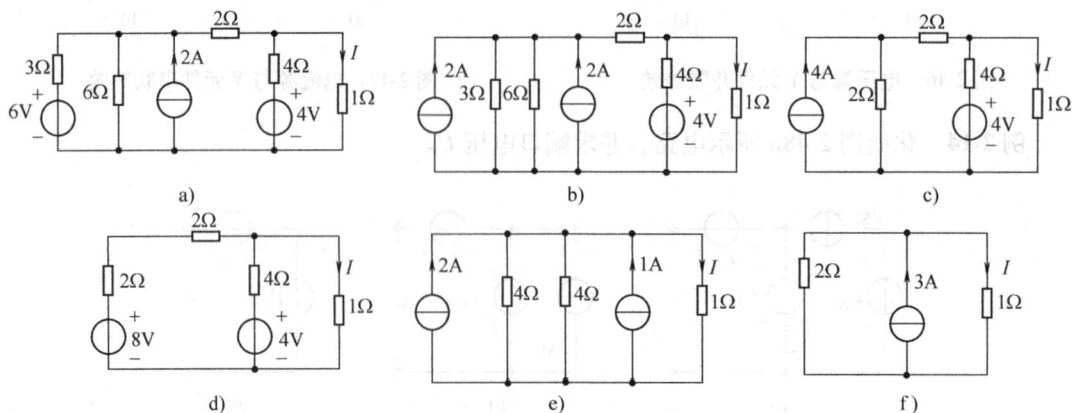

图 2-50　例 2-15 等效过程图

$$I = \left(\frac{2}{2+1} \times 3\right)\text{A} = 2\text{A}$$

同理，受控源也可以互相转换，如图 2-51 所示。在互相转换过程中，要保留控制量所在的支路。互换后受控源的方向如图中所示。

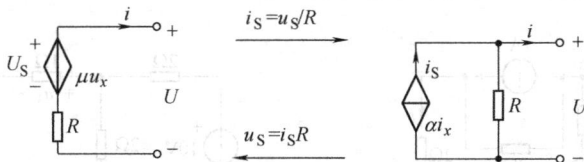

图 2-51　实际受控电源转换

例 2-16　利用电源模型等效变换，简化图 2-52a 所示电路。

解　受控电源的等效变换过程，如图 2-52b、c、d 所示。

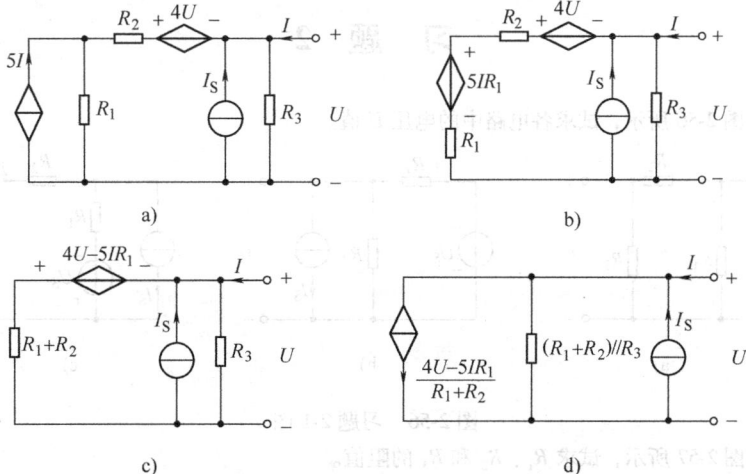

图 2-52　例 2-16 图

例 2-17　利用电源模型等效变换，试求图 2-53a 所示电路中的电流 i。

解　电源模型等效后的电路，如图 2-53b 所示，根据 KVL，按顺时针绕行方向，有方程

$$5i + 6i + 3i - 7 = 0$$

解得

$$i = \frac{7}{14}\text{A} = 0.5\text{A}$$

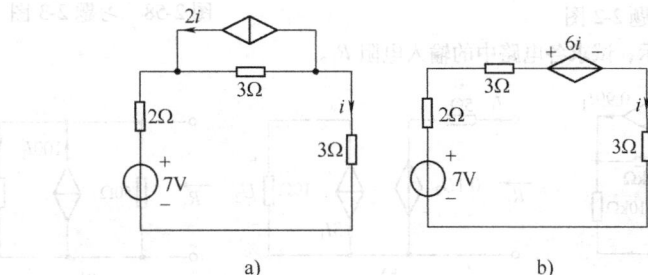

图 2-53　例 2-17 图

练 习 题

2-13 电路如图 2-54 所示，求电路中的电流 I 和电压 U_{ab}。 [2.5A，8V]

2-14 电路如图 2-55 所示，求电路中的电压 u_o。 [3V]

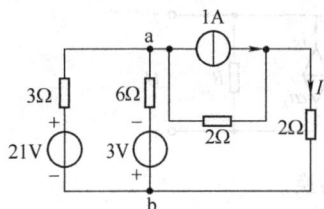

图 2-54 练习题 2-13 图

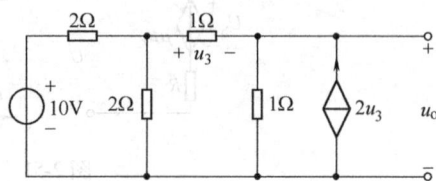

图 2-55 练习题 2-14 图

习 题 2

2-1 电路如图 2-56 所示，试求各电路中的电压 U 值。

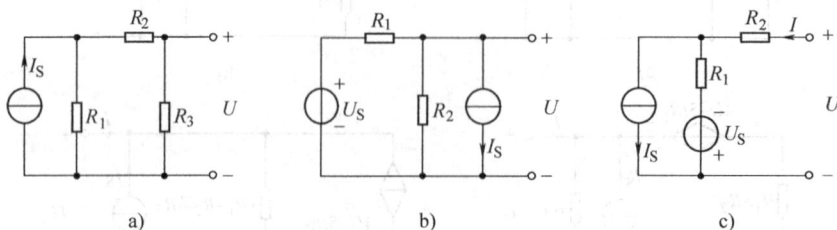

图 2-56 习题 2-1 图

2-2 电路如图 2-57 所示，试求 R_1、R_2 和 R_3 的阻值。

2-3 电路如图 2-58 所示，已知 30Ω 电阻上的电流 $I = 0.2A$，试求总电压 U 及总电流 I。

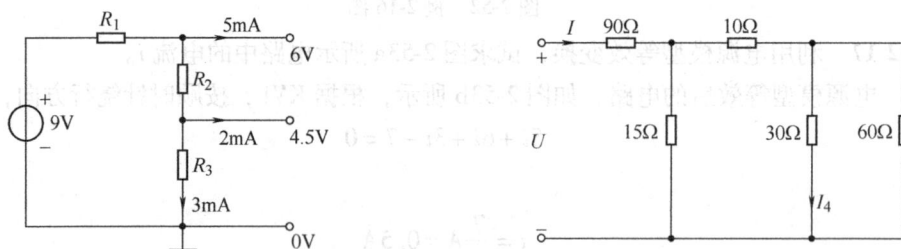

图 2-57 习题 2-2 图

图 2-58 习题 2-3 图

2-4 电路如图 2-59 所示，试求各电路中的输入电阻 R_i。

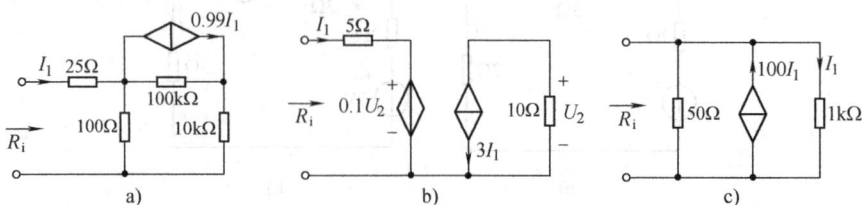

图 2-59 习题 2-4 图

2-5 将图2-60所示各电路等效为最简单形式。

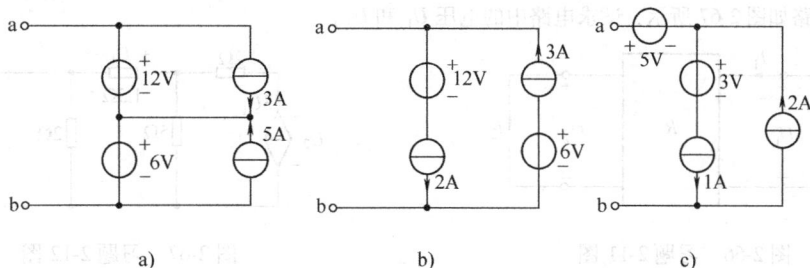

图2-60 习题2-5图

2-6 将图2-61所示各电路等效为最简单的形式。

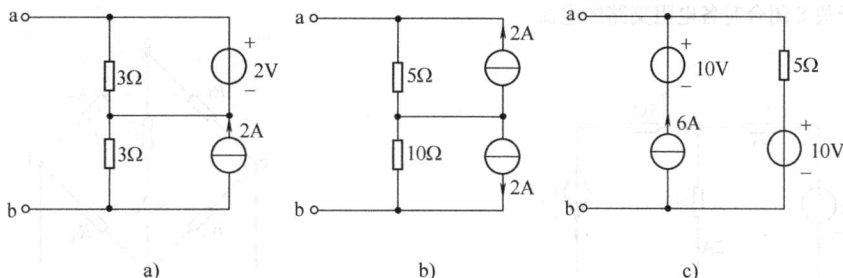

图2-61 习题2-6图

2-7 利用电源模型等效变换,求图2-62所示电路中的电流 I。

2-8 电路如图2-63所示,其中 $u_{S1} = 40V$, $u_{S2} = 30V$, $i_{S1} = 8A$, $i_{S2} = 17A$; $R_1 = 5\Omega$, $R_3 = 10\Omega$, $R_5 = 10\Omega$。利用电源模型等效变换,求电路中的电压 U_{ab}。

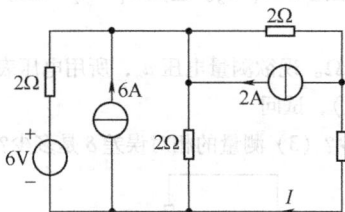

图2-62 习题2-7图

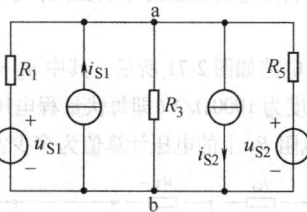

图2-63 习题2-8图

2-9 电路如图2-64所示,其中 $U_1 = 1V$,求电阻 R 的值。

2-10 电路如图2-65所示,图中电阻值均相同,求a、b端的等效电阻 R_{ab}。

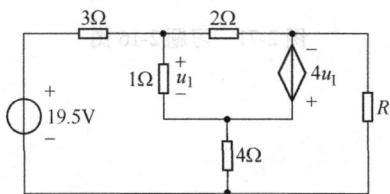

图2-64 习题2-9图

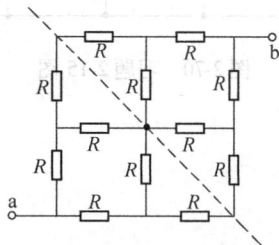

图2-65 习题2-10图

2-11 电路如图2-66所示,如果测量到网络的电导矩阵为 $G = \begin{pmatrix} 4 & -2 \\ -2 & 6 \end{pmatrix} S$,求电流源产生的功率 P_S

和电流 I_2。

2-12 电路如图 2-67 所示，试求电路中的电压 U_1 和 U_2。

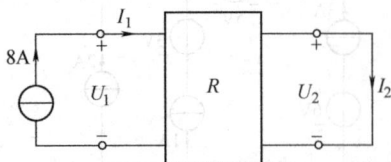

图 2-66 习题 2-11 图

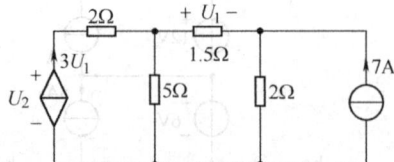

图 2-67 习题 2-12 图

2-13 电路如图 2-68 所示，试求电路中的电压 U_S 和电流 I。

2-14 电桥电路如图 2-69 所示。已知 $R = R_1 = 1\text{k}\Omega$，$R_2 = 2\text{k}\Omega$，$R_3 = 3\text{k}\Omega$，$R_4 = 6\text{k}\Omega$，$R_5 = 5\text{k}\Omega$，$U_S = 12\text{V}$。试求开关 S 闭合时各电阻支路的电流。

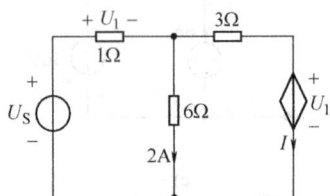

图 2-68 习题 2-13 图

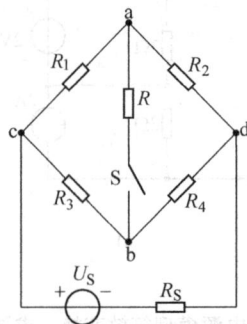

图 2-69 习题 2-14 图

2-15 利用电源模型的等效变换，求图 2-70 所示电路中的电压比 $k = u_o/u_S$。已知 $R_1 = R_2 = 2\Omega$，$R_3 = R_4 = 1\Omega$。

2-16 电路如图 2-71 所示，其中 $u_S = 50\text{V}$，$R_1 = 2\text{k}\Omega$，$R_2 = 8\text{k}\Omega$。现欲测量电压 u_o，所用电压表量程为 50V，灵敏度为 $1000\Omega/\text{V}$（即每伏量程电压表相当于 1000Ω 的电阻），试问

（1）电阻 R_2 上的电压计算值为多少？（2）测量电压 u_o 为多少？（3）测量的相对误差 δ 是多少？

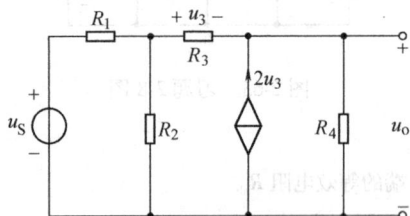

图 2-70 习题 2-15 图

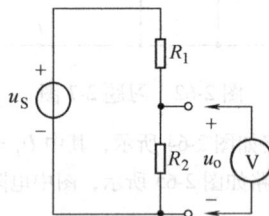

图 2-71 习题 2-16 图

第3章 电路的基本分析方法

电路的基本分析方法是建立在基尔霍夫定理和欧姆定律及网络图论的基础上，采用一定的规律列出描述网络的方程，再对网络中的变量(电压或电流)进行求解。其中，网孔电流法、回路电流法和节点电压法列写方程的步骤简单，规律明显，易于掌握，是电路分析中最常用的分析方法。本章先简单介绍图论的一些基本概念，然后再对这3种分析方法进行详尽的讨论。

3.1 电路的图

在电路分析中，可以利用图论的概念来确定电路的独立方程数。已知，基尔霍夫定理具有对各支路电流之间和各回路电压之间的约束关系，即仅与元件的连接方式有关，而与元件的性质无关。因此，在研究这些关系时，可以抛开元件的性质，用线段来代替电路中的元件，即电路的图仅描述电路连接的拓扑结构。

图 3-1a 所示电路的拓扑结构图如图 3-1b 所示。每个元件用一条"线"代替，元件的连接点用"节点"表示。图 3-1b 中所有节点都有支路相连通，则称为连通图。

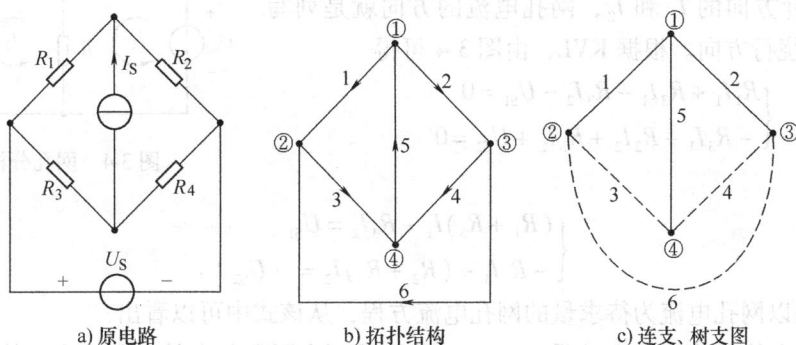

a) 原电路   b) 拓扑结构   c) 连支、树支图

图 3-1 电路的图

在连通图中，连通所有节点而不构成回路的一组支路，称为图的一个"树"。构成树的每一条支路，称为"树支"。除树支以外的支路，称为"连支"。由一条连支和若干条树支构成的回路，称为"基本回路"，基本回路一定是独立回路。图 3-1c 中，支路{1，2，5}就是图的一个树，这3条支路就是树支，其余3条支路{3，4，6}就是连支。可以看出，一个图可以有多个不同的树，其相应的树支和连支也不同。但是，图的树支数和连支数是相同的。即电路的独立方程数是确定的。

练 习 题

3-1 图3-2 所示的拓扑结构，可选几种树？每种树支的支路号？

[{5, 6, 7, 8}, {1, 3, 5, 6}, {2, 4, 5, 7}]

3-2 图3-3 所示的拓扑结构，先选两种树，再选出基本回路。

[{2, 3, 5}, {2, 5, 6}; {1, 2, 3}, {2, 4, 5}, {3, 5, 6}]

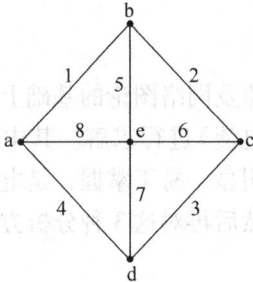

图 3-2 练习题 3-1 图   图 3-3 练习题 3-2 图

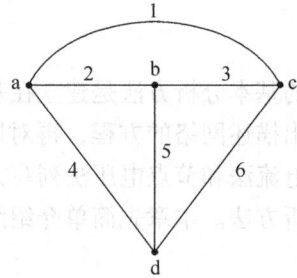

3.2 网孔电流法

网孔电流法(Mesh Current Method)是以电路中各网孔电流为求解变量，对各个网孔列出 KVL 方程的分析方法。网孔电流是一个虚设的独立电流，可以定为顺时针方向，也可以定为逆时针方向。

图 3-4 所示电路具有两个网孔，假设每个网孔的网孔电流为顺时针方向的 I_1 和 I_2，网孔电流的方向就是列写 KVL 方程的绕行方向。根据 KVL，由图 3-4 可得

$$\begin{cases} R_1 I_1 + R_3 I_1 - R_3 I_2 - U_{S1} = 0 \\ -R_3 I_1 + R_2 I_2 + R_3 I_2 + U_{S2} = 0 \end{cases}$$

经整理可得

图 3-4 网孔分析法

$$\begin{cases} (R_1 + R_3)I_1 - R_3 I_2 = U_{S1} \\ -R_3 I_1 + (R_2 + R_3)I_2 = -U_{S2} \end{cases} \tag{3-1}$$

式(3-1)就是以网孔电流为待求量的网孔电流方程，从该式中可以看出：

1）方程中的系数 $(R_1 + R_3)$ 及 $(R_2 + R_3)$ 分别是两个网孔各自的电阻之和，均为正值，称为自电阻，用 R_{11} 和 R_{22} 表示，即 $R_{11} = R_1 + R_3$，$R_{22} = R_2 + R_3$。

2）方程中的系数 R_3 是两个网孔的公用电阻，称为互电阻，用 R_{12} 和 R_{21} 表示。即 $R_{12} = R_{21} = -R_3$。产生负号的原因，是流过 R_3 的网孔电流 I_1 与 I_2 方向相反。

3）方程等号右边分别是各网孔中电压源电压升的代数和，称为网孔电压源，用 U_{S11} 和 U_{S22} 表示，与绕行方向一致的电压升为正，否则为负，即 $U_{S11} = U_{S1}$ 和 $U_{S22} = -U_{S2}$。

用自电阻、互电阻、网孔中的电压源表示，网孔电流方程可写成

$$\begin{cases} R_{11} I_1 + R_{12} I_2 = U_{S11} \\ R_{21} I_1 + R_{22} I_2 = U_{S22} \end{cases} \tag{3-2}$$

根据式(3-2)可推广到有更多网络的复杂电路，若电路中有 m 个网孔，其网孔电流方程的一般形式为

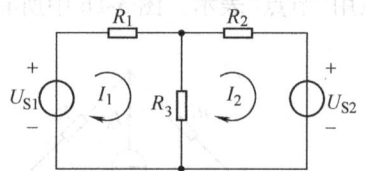

$$\begin{cases} R_{11}I_1 + R_{12}I_2 + \cdots + R_{1m}I_m = U_{S11} \\ R_{21}I_1 + R_{22}I_2 + \cdots + R_{2m}I_m = U_{S22} \\ \quad\quad\quad\quad\quad\vdots \\ R_{m1}I_1 + R_{m2}I_2 + \cdots + R_{mm}I_m = U_{Smm} \end{cases} \quad\quad (3\text{-}3)$$

式(3-3)中的 R_{11}、R_{22}、$\cdots$、R_{mm} 具有相同双下标的电阻是自电阻，总为正值；其他具有不同双下标的电阻是互电阻，究竟取正值还是负值，则要看两个网孔电流流过互电阻的参考方向是否相同，相同时取正值，否则取负值。通常情况下，所有网孔电流都选顺（或逆）时针方向，这样互电阻始终为负值。

例 3-1　电路如图 3-5 所示，其中 $R_1 = R_2 = R_3 = 3\Omega$，$R_4 = R_5 = R_6 = 5\Omega$，$U_{S1} = 7\text{V}$，$U_{S2} = 1\text{V}$。试用网孔电流法求支路电流 I_{R5} 和 I_{R6}。

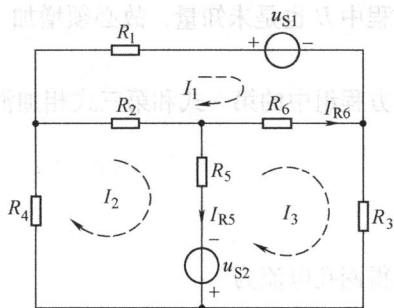

图 3-5　例 3-1 图

解　假设每个网孔电流的方向，如图 3-5 所示。
网孔 1 的方程为

$$(R_1 + R_2 + R_6)I_1 - R_2I_2 - R_6I_3 = -u_{S1}$$

网孔 2 的方程为

$$(R_2 + R_4 + R_5)I_2 - R_2I_1 - R_5I_3 = u_{S2}$$

网孔 3 的方程为

$$(R_3 + R_5 + R_6)I_3 - R_6I_1 - R_5I_2 = -u_{S2}$$

代入数值，并经整理后，可得方程

$$\begin{cases} 11I_1 - 3I_2 - 5I_3 = -7 \\ -3I_1 + 13I_2 - 5I_3 = 1 \\ -5I_1 - 5I_2 + 13I_3 = -1 \end{cases}$$

用克莱姆法则解方程，各相应的行列式为

$$\Delta = \begin{vmatrix} 11 & -3 & -5 \\ -3 & 13 & -5 \\ -5 & -5 & 13 \end{vmatrix} = -1292, \quad \Delta_1 = \begin{vmatrix} -7 & -3 & -5 \\ 1 & 13 & -5 \\ -1 & -5 & 13 \end{vmatrix} = 1024$$

$$\Delta_2 = \begin{vmatrix} 11 & -7 & -5 \\ -3 & 1 & -5 \\ -5 & -1 & 13 \end{vmatrix} = 400, \quad \Delta_3 = \begin{vmatrix} 11 & -3 & -7 \\ -3 & 13 & 1 \\ -5 & -5 & -1 \end{vmatrix} = 554$$

各网孔电流分别为

$$\begin{cases} I_1 = \dfrac{\Delta_1}{\Delta} = \dfrac{1024}{-1292} = -0.79\text{A} \\ I_2 = \dfrac{\Delta_2}{\Delta} = \dfrac{400}{-1292} = -0.31\text{A} \\ I_3 = \dfrac{\Delta_3}{\Delta} = \dfrac{554}{-1292} = -0.43\text{A} \end{cases}$$

于是解得

$$\begin{cases} I_{R5} = I_2 - I_3 = [-0.31 - (-0.43)]\text{A} = 0.12\text{A} \\ I_{R6} = I_3 - I_1 = [-0.43 - (-0.79)]\text{A} = 0.36\text{A} \end{cases}$$

例3-2　电路如图3-6所示，试求网孔电流 I_1、I_2 和 I_3。

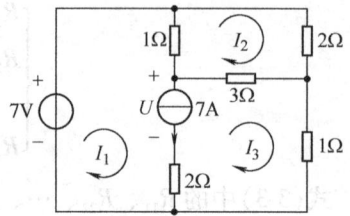

图3-6　例3-2图

解　列方程时一定要把理想电流源两端的电压考虑进去。假设网孔电流分别为 I_1、I_2 和 I_3，电流源两端的电压为 U，极性如图所示。则网孔方程为

$$\begin{cases} (1+2)I_1 - I_2 - 2I_3 = 7 - U \\ -I_1 + (1+2+3)I_2 - 3I_3 = 0 \\ -2I_1 - 3I_2 + (1+2+3)I_3 = U \end{cases}$$

方程中 U 也是未知量，故必须增加一个方程，方程组才能求解，即增加制约方程为

$$I_1 - I_3 = 7$$

将方程组中的第一式和第三式相加消去 U，再和余下的两式联立，即得方程

$$\begin{cases} I_1 - 4I_2 + 4I_3 = 7 \\ -I_1 + 6I_2 - 3I_3 = 0 \\ I_1 - I_3 = 7 \end{cases}$$

解得网孔电流为

$$I_1 = 9\text{A}, \quad I_2 = 2.5\text{A}, \quad I_3 = 2\text{A}$$

例3-3　电路如图3-7所示，用网孔电流法求电流 I_x。

解　当电路中含有受控源时，先把受控源当作独立源来处理，写出网孔方程，再把受控源的控制量用网孔电流表示。假设网孔电流分别为 I_1 和 I_2，方向如图所示。网孔方程为

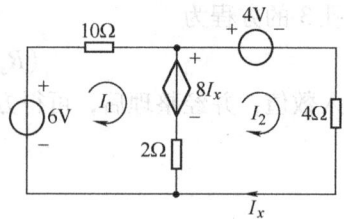

图3-7　例3-3图

$$\begin{cases} (10+2)I_1 - 2I_2 = 6 - 8I_x \\ -2I_1 + (4+2)I_2 = -4 + 8I_x \end{cases}$$

由于 $I_2 = I_x$，故有方程

$$\begin{cases} 12I_1 - 6I_x = 6 \\ -2I_1 - 2I_x = -4 \end{cases}$$

解得

$$I_x = 3\text{A}$$

从以上分析可以看出，应用网孔电流法分析电路的步骤可归纳为

1）设定各网孔电流的参考方向(一般同取顺时针方向或逆时针方向)。

2）根据式(3-3)，按网孔电流的绕行方向列写网孔方程。

3）解方程组，求得各网孔电流。

4）根据支路电流与网孔电流的关系，求得待求的量。

必须注意的是：网孔方程中的系数是电阻，电源应是电压源，若电路中存在电流源，在列网孔方程时，则不能忽视电流源两端的电压。

练　习　题

3-3　电路如图3-8所示，用网孔电流法求电路中各支路电流。

$$[I_1 = 1.143\text{A}, \ I_2 = -0.429\text{A}, \ I_3 = -0.714\text{A}]$$

3-4　电路如图 3-9 所示，用网孔电流法求电路中的电流 I_1 和 I_2。　　　　$[I_1 = 1.56\mathrm{A},\ I_2 = 0.44\mathrm{A}]$

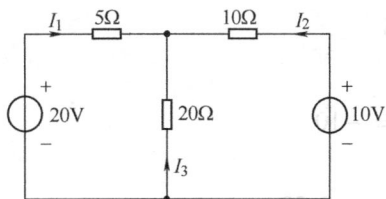

图 3-8　练习题 3-3 图　　　　　　　　　　　　图 3-9　练习题 3-4 图

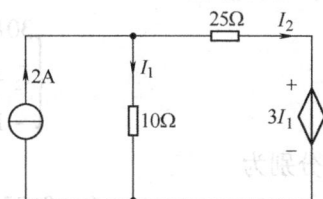

3.3　回路电流法

回路电流法（Loop Current Method）与网孔电流法相似，是以回路电流为求解变量，对每个独立回路列 KVL 方程。其特点是：①网孔电流法仅适用于平面电路，回路电流法不仅适用于平面电路还适用于非平面电路；②独立回路的选法很多，选定一个"树"就对应一组独立回路。独立回路的个数为

$$l = b - (n - 1)$$

式中，b 为电路的支路数；n 为电路的节点数。

当电路中含有理想电流源时，用回路电流法处理就比较方便。选择独立回路时，理想电流源支路上的回路电流只选一个，则此回路电流就是电流源的电流。如例 3-2 再用回路电流法来分析。选择一组独立回路，如图 3-10 所示。7A 电流源上只有回路电流 I_3 流过，回路电流 I_3 的值就是 7A。故回路方程为

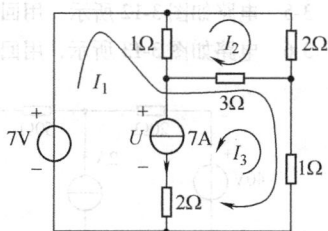

$$\begin{cases} 5I_1 - 4I_2 - 4I_3 = 7 \\ -4I_1 + 6I_2 + 3I_3 = 0 \\ I_3 = 7 \end{cases}$$

解得回路电流分别为

$$I_1 = 9\mathrm{A},\ I_2 = 2.5\mathrm{A},\ I_3 = 7\mathrm{A}$$

同网孔电流法结果相同，但所列方程减少了，减小了求解难度。

图 3-10　回路电流

例 3-4　电路如图 3-11 所示，试求各回路电流及受控源的电压。

解　设各回路电流为 I_1、I_2 和 I_3，其绕行方向已在图 3-11 中标出，则回路电流方程为

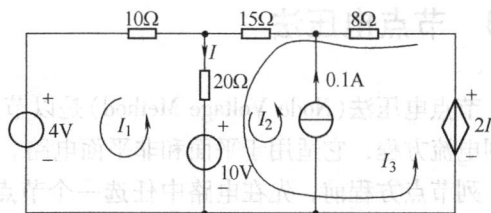

图 3-11　例 3-4 图

$$\begin{cases} (10 + 20)I_1 - 20I_2 - 20I_3 = 10 - 4 \\ I_2 = 0.1 \\ -20I_1 + (15 + 20)I_2 + (8 + 15 + 20)I_3 = 2I - 10 \end{cases}$$

其方程中 I 的制约方程为

$$I = -I_1 + I_2 + I_3$$

经整理后，可得方程

$$\begin{cases} 30I_1 - 20I_2 - 20I_3 = 6 \\ I_2 = 0.1 \\ -18I_1 + 33I_2 + 41I_3 = -10 \end{cases}$$

回路电流分别为

$$I_1 = 0.07\text{A}, \quad I_2 = 0.1\text{A}, \quad I_3 = -0.29\text{A}$$

受控源的电压方程为

$$2I = 2(-I_1 + I_2 + I_3) = -0.52$$

故受控源的电压为 -0.52V。

应用回路电流法分析电路的步骤可归纳为

1）选定 $l = b - (n-1)$ 个独立回路，并设定各回路电流的参考方向。

2）按回路电流的绕行方向，列写回路电流方程。

3）解方程组，求得 l 个回路电流。

4）根据回路电流的值，求得待求的量。

练 习 题

3-5　电路如图 3-12 所示，用回路电流法求电路中的电流 I。[0.8A]

3-6　电路如图 3-13 所示，用回路电流法求电路中的电压 U。[48V]

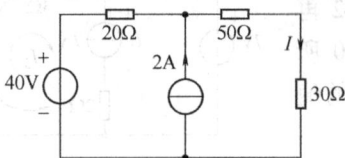

图 3-12　练习题 3-5 图

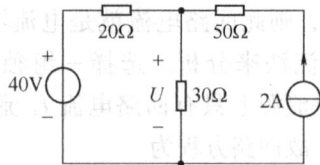

图 3-13　练习题 3-6 图

3.4　节点电压法

节点电压法（Node Voltage Method）是以节点电压为求解变量，根据 KCL 对 $(n-1)$ 个节点列电流方程，它适用于平面和非平面电路。

列节点方程前，先在电路中任选一个节点作为参考点，或称零电位，用"⊥"表示。电路中独立节点到参考点的电压降，称为该点的节点电压。

对图 3-14 所示电路，选节点④作为参考点，其他 3 个节点①、②、③到参考点的电压分别用 U_1、U_2 和 U_3 表示。对节点①、②、③应用 KCL，有方程

$$\begin{cases} I_1 + I_{S1} - I_4 = 0 \\ I_2 + I_4 + I_{S2} - I_5 = 0 \\ I_3 + I_5 + I_{S3} = 0 \end{cases} \quad (3-4)$$

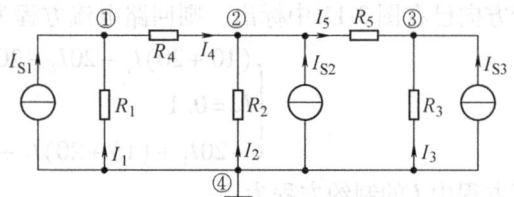

图 3-14　节点电压法

式中，$I_1 = -\dfrac{U_1}{R_1}$；$I_2 = -\dfrac{U_2}{R_2}$；$I_3 = -\dfrac{U_3}{R_3}$；$I_4 = \dfrac{U_1 - U_2}{R_4}$；$I_5 = \dfrac{U_2 - U_3}{R_5}$。

代入式(3-4)整理后得到方程为

$$\begin{cases} \left(\dfrac{1}{R_1} + \dfrac{1}{R_4}\right)U_1 - \dfrac{1}{R_4}U_2 = I_{S1} \\ -\dfrac{1}{R_4}U_1 + \left(\dfrac{1}{R_2} + \dfrac{1}{R_5} + \dfrac{1}{R_4}\right)U_2 - \dfrac{1}{R_5}U_3 = I_{S2} \\ -\dfrac{1}{R_5}U_2 + \left(\dfrac{1}{R_3} + \dfrac{1}{R_5}\right)U_3 = I_{S3} \end{cases} \tag{3-5}$$

将式(3-5)中的电阻用电导表示，可写为

$$\begin{cases} (G_1 + G_4)U_1 - G_4 U_2 = I_{S1} \\ -G_4 U_1 + (G_2 + G_5 + G_4)U_2 - G_5 U_3 = I_{S2} \\ -G_5 U_2 + (G_3 + G_5)U_3 = I_{S3} \end{cases} \tag{3-6}$$

为归纳出一般的节点电压方程，令 $G_{11} = G_1 + G_4$，$G_{22} = G_2 + G_5 + G_4$，$G_{33} = G_3 + G_5$。G_{11}、G_{22} 和 G_{33} 分别称为连接在节点①、②、③的自电导。再令 $G_{12} = G_{21} = -G_4$，$G_{23} = G_{31} = -G_5$。G_{12}、G_{21}、G_{23}、G_{31} 是连接在两节点间的公共电导，称为互电导，其值总为负。方程等号右边分别是流入①、②、③节点电流源的代数和，即流入为正，流出为负。

式(3-6)可简写为

$$\begin{cases} G_{11}U_1 + G_{12}U_2 + G_{13}U_3 = I_{S11} \\ G_{21}U_1 + G_{22}U_2 + G_{23}U_3 = I_{S22} \\ G_{31}U_1 + G_{32}U_2 + G_{33}U_3 = I_{S33} \end{cases} \tag{3-7}$$

推广到有 n 个节点的电路，节点方程的一般形式为

$$\begin{cases} G_{11}U_1 + G_{12}U_2 + \cdots + G_{1(n-1)}U_{(n-1)} = I_{S11} \\ G_{21}U_1 + G_{22}U_2 + \cdots + G_{2(n-1)}U_{(n-1)} = I_{S22} \\ \qquad\qquad\qquad \vdots \\ G_{(n-1)1}U_1 + G_{(n-1)2}U_2 + \cdots + G_{(n-1)(n-1)}U_{(n-1)} = I_{S(n-1)(n-1)} \end{cases} \tag{3-8}$$

利用式(3-8)节点方程的一般形式，就可直接写出节点电压方程。

例 3-5 电路如图 3-15 所示，用节点电压法求各支路电流。

解 选节点 0 为参考点，节点电压方程为

$$\begin{cases} \left(\dfrac{1}{1} + \dfrac{1}{2}\right)U_1 - \dfrac{1}{2}U_2 = 3 \\ -\dfrac{1}{2}U_1 + \left(\dfrac{1}{2} + \dfrac{1}{3}\right)U_2 = 7 \end{cases}$$

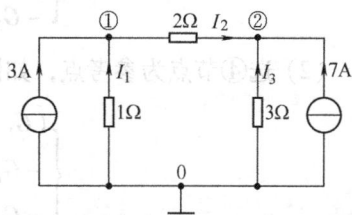

图 3-15 例 3-5 图

解得

$$U_1 = 6\text{V}, \quad U_2 = 12\text{V}$$

各支路电流方程为

$$I_1 = -\dfrac{U_1}{1} \qquad I_2 = \dfrac{U_1 - U_2}{2} \qquad I_3 = -\dfrac{U_2}{3}$$

解得　　　　　　$I_1 = -\dfrac{6}{1}\text{A} = -6\text{A}$　　　$I_2 = \dfrac{6-12}{2}\text{A} = -3\text{A}$　　　$I_3 = -\dfrac{12}{3}\text{A} = -4\text{A}$

例 3-6　电路如图 3-16 所示，试列出节点电压方程。

解　选③节点为参考点。需要注意 4A 电流源支路上的 2Ω 电阻在方程中不起作用（考虑为什么？）。节点电压方程为

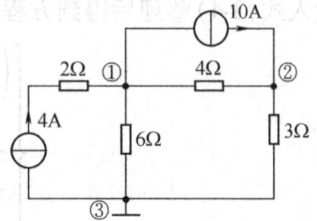

图 3-16　例 3-6 图

$$\begin{cases} \left(\dfrac{1}{6} + \dfrac{1}{4}\right)U_1 - \dfrac{1}{4}U_2 = 4 - 10 \\ -\dfrac{1}{4}U_1 + \left(\dfrac{1}{4} + \dfrac{1}{3}\right)U_2 = 10 \end{cases}$$

整理得

$$\begin{cases} 0.42U_1 - 0.25U_2 = -6 \\ -0.25U_1 + 0.58U_2 = 10 \end{cases}$$

例 3-7　电路如图 3-17 所示，试列出节点电压方程。

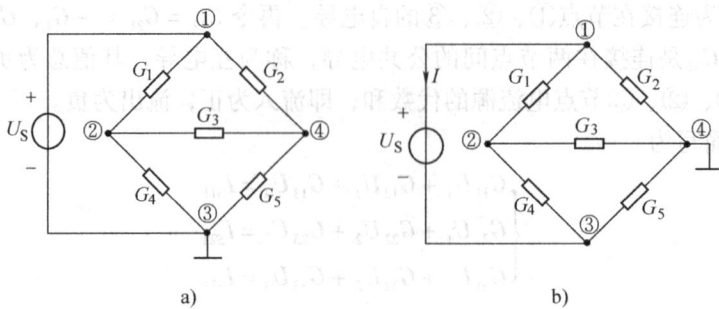

图 3-17　例 3-7 图

解　（1）选③节点为参考点，如图 3-17a 所示。节点电压方程为

$$\begin{cases} U_1 = U_S \\ -G_1 U_1 + (G_1 + G_3 + G_4)U_2 - G_3 U_4 = 0 \\ -G_2 U_1 - G_3 U_2 + (G_2 + G_3 + G_5)U_4 = 0 \end{cases}$$

（2）选④节点为参考点，如图 3-17b 所示。节点电压方程为

$$\begin{cases} (G_1 + G_2)U_1 - G_1 U_2 = -I \\ -G_1 U_1 + (G_1 + G_3 + G_4)U_2 - G_4 U_3 = 0 \\ -G_4 U_2 + (G_4 + G_5)U_3 = I \end{cases}$$

制约方程为　　　　　　　　　　　　$U_1 - U_3 = U_S$

可见，选取的参考节点不同，方程的个数和解题难度也不同。

例 3-8　电路如图 3-18a 所示，用节点电压法求电路中独立电压源的功率。

解　图 3-18a 所示电路中的电压源与电阻串联支路可以变换成电流源与电阻并联支路，如图 3-18b 所示。节点电压方程为

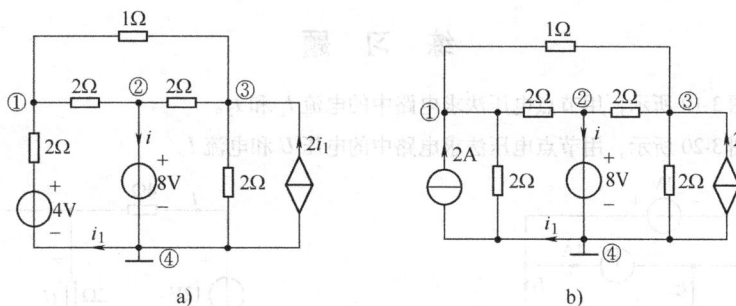

图 3-18 例 3-8 图

$$\begin{cases} \left(\dfrac{1}{2}+\dfrac{1}{2}+1\right)u_1 - \dfrac{1}{2}u_2 - u_3 = 2 \\ -\dfrac{1}{2}u_1 + \left(\dfrac{1}{2}+\dfrac{1}{2}\right)u_2 - \dfrac{1}{2}u_3 = -i \\ -u_1 - \dfrac{1}{2}u_2 + \left(1+\dfrac{1}{2}+\dfrac{1}{2}\right)u_3 = 2i_1 \end{cases}$$

制约方程为

$$\begin{cases} u_2 = 8 \\ i_1 = \dfrac{4-u_1}{2} \end{cases}$$

联立上述方程并整理得方程为

$$\begin{cases} 2u_1 - u_3 = 6 \\ -\dfrac{1}{2}u_1 - \dfrac{1}{2}u_3 + i = -8 \\ 2u_3 = 8 \end{cases}$$

解得

$$u_1 = 5\text{V}, \ u_3 = 4\text{V}, \ i = -3.5\text{A}$$

控制量方程为

$$i_1 = \dfrac{4-u_1}{2}$$

解得

$$i_1 = \dfrac{4-5}{2}\text{A} = -0.5\text{A}$$

8V 电压源的功率方程为 $\qquad P_{8\text{V}} = 8i$

解得 $\qquad P_{8\text{V}} = 8 \times (-3.5)\text{W} = -28\text{W}$

4V 电压源的功率方程为 $\qquad P_{4\text{V}} = -4i_1$

解得 $\qquad P_{4\text{V}} = -4 \times (-0.5)\text{W} = 2\text{W}$

故 8V 电压源发出 28W 的功率,4V 电压源消耗 2W 的功率。

由上分析可以看出,应用节点电压法分析电路的步骤可归纳为

1) 选定参考点(电压源的一端,或支路的密集点),标出节点电压。

2) 按式(3-8)列($n-1$)个节点电压方程。

3) 解方程求得各节点电压,再计算待求的值。

必须注意的是:在列写节点方程时,方程中的系数是电导,电路中的电源应是电流源。若电路中的电源为电压源时,则要标注出电压源支路上的电流。

练 习 题

3-7 电路如图 3-19 所示，用节点电压法求电路中的电流 I_1 和 I_2。 [−5A，−7A]

3-8 电路如图 3-20 所示，用节点电压法求电路中的电压 U 和电流 I。 [8V，1A]

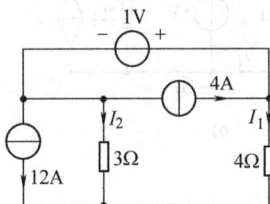

图 3-19 练习题 3-7 图

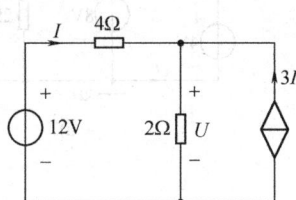

图 3-20 练习题 3-8 图

习 题 3

3-1 如图 3-21 所示的拓扑结构，试问有几条树支？几条连支？几个基本回路？

3-2 如图 3-22 所示的拓扑结构，若选{1，2，5}为一树支，试写出基本回路。

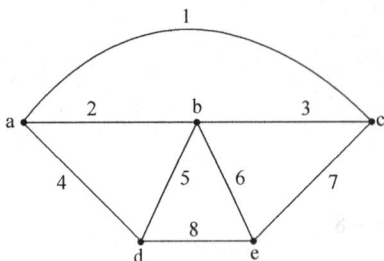

图 3-21 习题 3-1 图

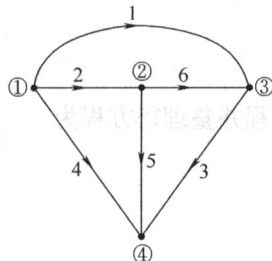

图 3-22 习题 3-2 图

3-3 电路如图 3-23 所示，试求网孔电流 I_a、I_b 和 I_c。

3-4 电路如图 3-24 所示，利用网孔电流法求 20Ω 电阻两端的电压 u。

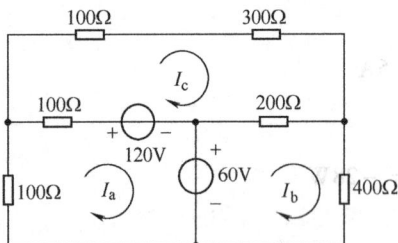

图 3-23 习题 3-3 图

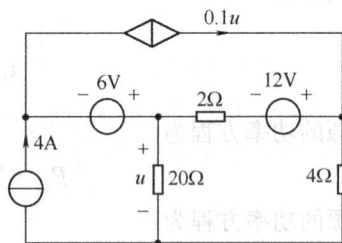

图 3-24 习题 3-4 图

3-5 电路如图 3-25 所示，试用网孔电流法求 I_1、I_2 和 I_3。

3-6 电路如图 3-26 所示，用网孔电流法求 I_A 及受控源的功率。

3-7 电路如图 3-27 所示，试用回路电流法求各独立源发出的功率。

3-8 电路如图 3-28 所示，试用回路电流法求各支路电流 I_1、I_2、I_3 和 I_4。

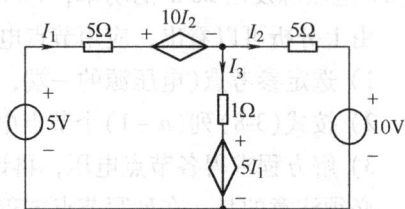

图 3-25 习题 3-5 图

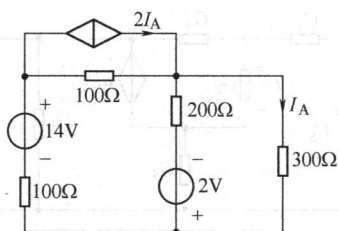

图 3-26　习题 3-6 图

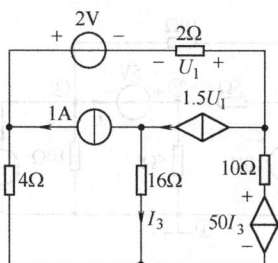

图 3-27　习题 3-7 图

3-9　电路如图 3-29 所示，试求电路中的电压 U。

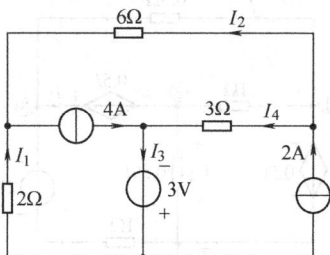

图 3-28　习题 3-8 图

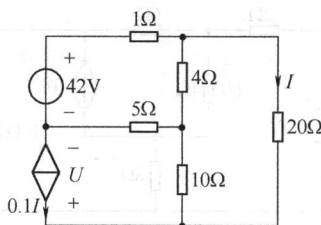

图 3-29　习题 3-9 图

3-10　电路如图 3-30 所示，试求电路中的电流 I。

3-11　电路如图 3-31 所示，试用节点电压法求电路中的电压 U_o。

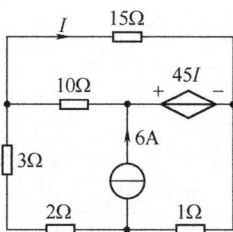

图 3-30　习题 3-10 图

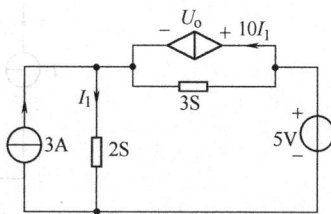

图 3-31　习题 3-11 图

3-12　电路如图 3-32 所示，试用节点电压法求电路中的电压 U_1。

3-13　电路如图 3-33 所示，试列写节点电压方程。

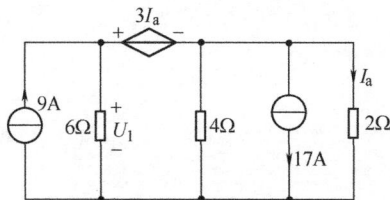

图 3-32　习题 3-12 图

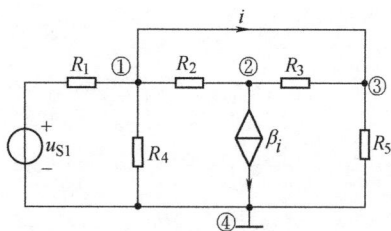

图 3-33　习题 3-13 图

3-14　电路如图 3-34 所示，试列写节点电压方程。

3-15　电路如图 3-35 所示，试列出求解电压 U_o 的节点电压方程。

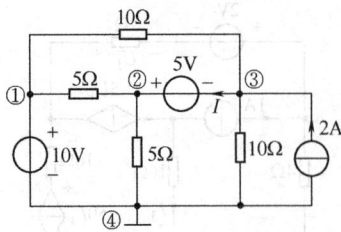

图 3-34　习题 3-14 图

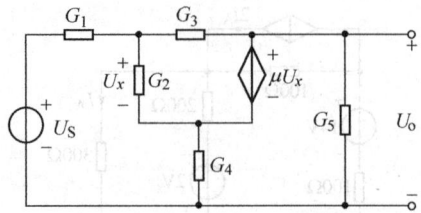

图 3-35　习题 3-15 图

3-16　电路如图 3-36 所示，试用节点电压法求电路中的控制电压 U_x。

3-17　电路如图 3-37 所示，试用节点电压法求电路中的节点电压及电流 I。

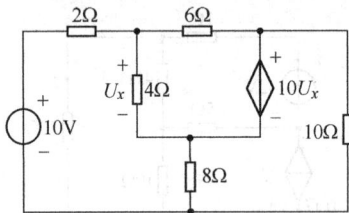

图 3-36　习题 3-16 图

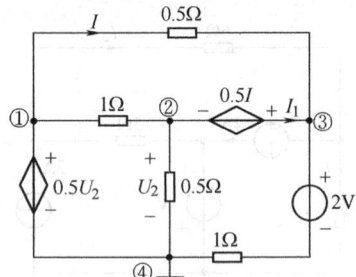

图 3-37　习题 3-17 图

3-18　电路如图 3-38 所示，求电路中独立电源发出的功率。

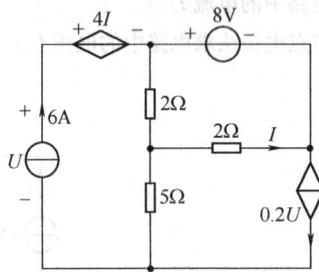

图 3-38　习题 3-18 图

第4章 电路的基本定理

电路定理是电路理论的重要组成部分,在电路分析中起着重要的作用。同时,这些定理也为求解电路问题提供了多种分析方法。

本章主要介绍叠加定理、替代定理、戴维南定理、诺顿定理、最大功率传输定理等定理以及这些定理在直流电阻电路分析中的应用。

4.1 叠加定理

叠加定理(Superposition Theorem)是线性电路的一个重要定理。它叙述为:任何一个线性电路同时受到若干个独立电源作用时,在某条支路产生的电流或电压,等于每个独立电源单独作用于电路时在该支路上产生的电流或电压的代数和。

利用叠加定理可以将一个复杂的电路分解成多个简单的电路计算。应用叠加定理时必须注意:

1)叠加定理只适用线性电路,只能用来计算电流或电压,功率不能叠加。

2)叠加时要注意电压、电流的参考方向,与参考方向一致时相加,反之相减。

3)某个独立电源单独作用时,其他独立电源全部置零,但受控源要保留在电路中。

4)电压源置零,用短路线代替;电流源置零,用开路线代替。

例4-1 电路如图 4-1a 所示,试用叠加定理求 4Ω 上的电压 u。

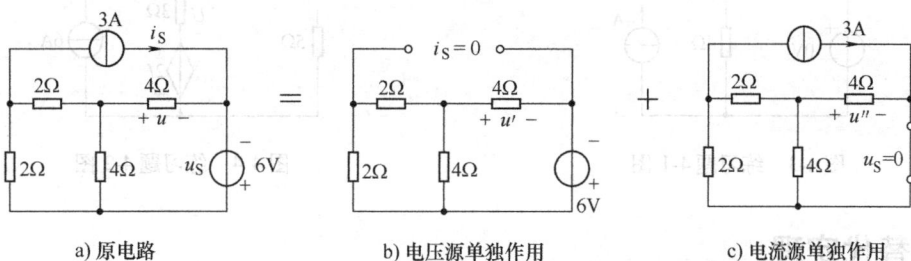

a)原电路　　　　　b)电压源单独作用　　　　　c)电流源单独作用

图 4-1 例 4-1 运用叠加定理求解电路

解 根据叠加定理,图 4-1a 可以分解成图 4-1b 和图 4-1c 两个电路。

在图 4-1b 中,电压源单独作用,电流源置零,用开路线代替。解得

$$u' = \frac{4}{4 + [4//(2+2)]} \times 6V = 4V$$

在图 4-1c 中,电流源单独作用,电压源置零,用短路线代替。解得

$$u'' = -2\left[\frac{2}{4+2} \times 3\right]V = -2V$$

所以得

$$u = u' + u'' = (4-2)V = 2V$$

例 4-2 电路如图 4-2a 所示，试用叠加定理求 2Ω 上的电流 I。

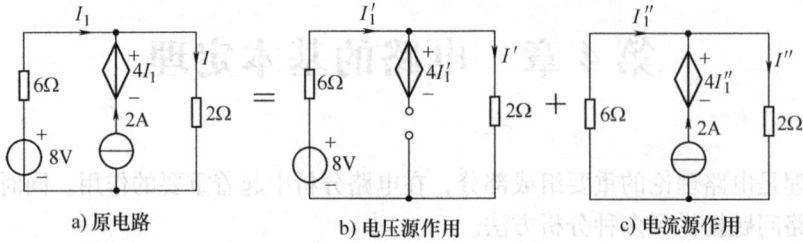

图 4-2 运用叠加定理求解电路

解 根据叠加定理，图 4-2a 可以分解成图 4-2b 和图 4-2c 两个电路。

由图 4-2b 解得

$$I' = \frac{8}{2+6}A = 1A$$

由图 4-2c 解得

$$I'' = \left(\frac{6}{6+2} \times 2\right)A = 1.5A$$

所以得

$$I = I' + I'' = (1 + 1.5)A = 2.5A$$

练 习 题

4-1 用叠加定理求图 4-3 所示电路中的电流 I。　　　　　　　　　　　　　　[$-0.6A$]

4-2 用叠加定理求图 4-4 所示电路中的电压 U。　　　　　　　　　　　　　　[$16.2V$]

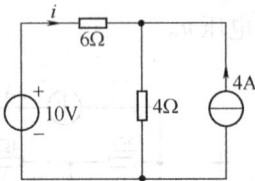

图 4-3 练习题 4-1 图　　　　　　　　　　　图 4-4 练习题 4-2 图

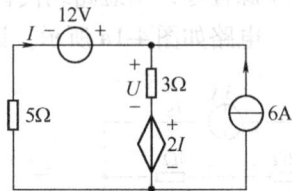

4.2 替代定理

在线性或非线性电路中，如果某条支路中的电流为 I_k，支路电压为 U_k，如图 4-5a 所示。该支路总能用一个电压源来替代，它的电压为 U_k，如图 4-5b 所示；或用一个电流源来替代，它的电流为 I_k，如图 4-5c 所示；或用一个电阻来替代，它的阻值为 $R = U_k/I_k$，如图 4-5d 所示。替代后不影响外部电路的求解，这就是替代定理。

例 4-3 如图 4-6a 所示电路中，已知 $U_1 = 14.286V$，$I_1 = 1.143A$，$I_2 = -0.4286A$。试求：（1）20Ω 电阻支路换成一个多大的电流源；（2）验证替代定理的正确性。

解 图 4-6a 电路中，20Ω 电阻支路上的电流为

$$I_3 = \frac{U_1}{20\Omega} = \frac{14.286V}{20\Omega} = 0.7143A$$

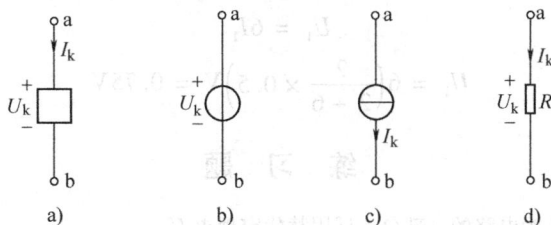

图 4-5 置换定理

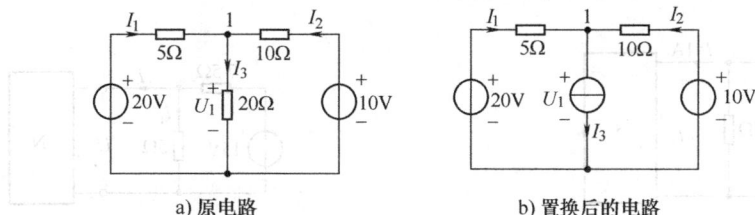

a) 原电路　　　　　　　　　b) 置换后的电路

图 4-6 例 4-3 图

故可画出图 4-6b 所示电路，该图的节点方程为

$$\left(\frac{1}{5} + \frac{1}{10}\right)U_1 - \frac{1}{5} \times 20 - \frac{1}{10} \times 10 = -0.7143$$

整理得

$$0.3U_1 = 4.2857$$

解得

$$U_1 = 14.286\text{V}$$

通过图 4-6b 算得

$$I_1 = \frac{20 - 14.286}{5}\text{A} = 1.143\text{A}; \quad I_2 = \frac{10 - 14.286}{10}\text{A} = -0.4286\text{A}$$

从计算结果看出，替代后图 4-6b 电路中的参数均未发生变化，验证了替代定理的正确性。替代定理应用非常广泛，在分析大规模电路或局部电路时，可以将求解的问题进一步简化。

例 4-4 图 4-7a 所示电路中，已知 $U = 1.5\text{V}$，试用替代定理求 U_1。

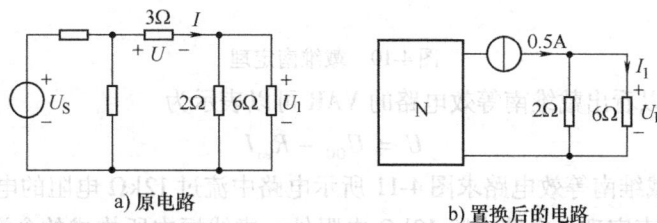

a) 原电路　　　　　　　　　b) 置换后的电路

图 4-7 例 4-4 图

解 已知 $U = 1.5\text{V}$，$R = 3\Omega$，故

$$I = \frac{1.5}{3}\text{A} = 0.5\text{A}$$

于是，3Ω 支路可用 0.5A 的电流源替代，如图 4-7b 所示。其方程为

$$U_1 = 6I_1$$

解得　　　　　　　　$$U_1 = 6\left(\frac{2}{2+6} \times 0.5\right)V = 0.75V$$

练 习 题

4-3　如图 4-8 所示，N 为电路的一部分，试用替代定理求 U。　　　　　　　　[0.75V]

4-4　如图 4-9 所示，已知网络 N 的 VAR 为 $U = I + 2$，试用替代定理求 I_1。　　　[0.6A]

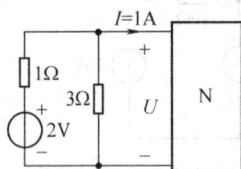
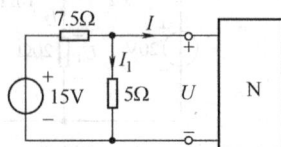

图 4-8　练习题 4-3 图　　　　　　　　　　　图 4-9　练习题 4-4 图

4.3　戴维南定理

戴维南定理（Thevenin Equivalent）指出，任何一个线性含源二端网络 N，如图 4-10a 所示，对外电路来说，都能等效为一个电压源与电阻串联的支路，该支路称为戴维南等效电路，如图 4-10b 所示。戴维南等效电路中的电压源电压等于二端网络 N 端口开路时的开路电压 U_{OC}，如图 4-10c 所示；电路中的串联电阻等于该网络 N 中所有独立电源为零时所得网络 N_0 的等效电阻 R_{eq}，也可称为二端网络的输入电阻，如图 4-10d 所示。

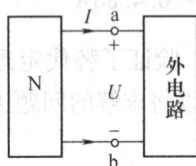
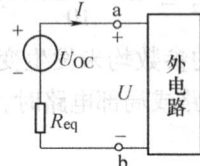
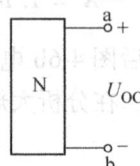
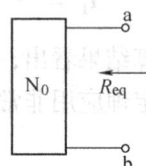

a) 含源二端网络　　　b) 戴维南等效电路　　　c) 求开路电压　　　d) 求等效电阻

图 4-10　戴维南定理

从图 4-10b 可以看出戴维南等效电路的 VAR 可以表示为

$$U = U_{OC} - R_{eq}I \tag{4-1}$$

例 4-5　试用戴维南等效电路求图 4-11 所示电路中流过 12kΩ 电阻的电流 I。

解　根据戴维南定理，电路中除 12kΩ 电阻外，虚线框中所构成的含源二端网络可等效为一个电压源 U_{OC} 与电阻 R_{eq} 串联的戴维南等效电路。

为求得开路电压 U_{OC}，去掉 12kΩ 电阻，电路如图 4-12a 所示。求图中电流 I'，由 KVL 可得

$$(8 + 10)I' + 10 - 20 = 0$$

即

$$I' = \frac{20 - 10}{8 + 10}\text{mA} = \frac{5}{9}\text{mA}$$

因为，a、b 端口开路，所以，对开路电压 U_{oc} 来说，2kΩ
电阻不起作用。于是

$$U_{\text{oc}} = 10I' + 10 = 5.56 + 10$$

解得　　　　　　　$U_{\text{oc}} = 15.56\text{V}$

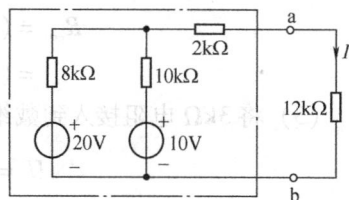

图 4-11　例 4-5 图

为求等效电阻 R_{eq}，把图 4-12a 中的两个独立源置零，
即用短路代替，如图 4-12b 所示。有

$$R_{\text{eq}} = \left(\frac{10 \times 8}{10 + 8} + 2\right)\text{kΩ} = 6.45\text{kΩ}$$

求得戴维南等效电路如图 4-12c 中虚线框所示。由 KVL 得

$$(12 + 6.45)I - 15.56 = 0$$

解得

$$I = \frac{15.56}{18.45}\text{mA} = 0.84\text{mA}$$

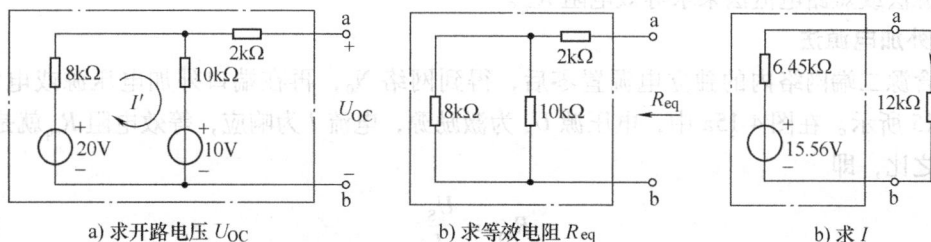

a) 求开路电压 U_{OC}　　　　　b) 求等效电阻 R_{eq}　　　　　b) 求 I

图 4-12　应用戴维南定理的求解步骤

通过例题可以总结出应用戴维南定理分析问题时的解题步骤：

1）断开要求解的支路或局部电路，求出所剩含源二端网络的开路电压 U_{oc}；

2）令含源二端网络内的独立电源为零，求等效电阻 R_{eq}；

3）将断开的支路或局部电路接入到戴维南等效电路中，求出问题答案。

例 4-6　应用戴维南定理求图 4-13 所示电路中 3kΩ 电阻上的电压 U。

解　（1）断开 3kΩ 电阻，求开路电压 U_{oc}，电路改
画成图 4-14a 所示形式。

由节点电压法得 a、b 节点方程为

$$\left(\frac{1}{60} + \frac{1}{40} + \frac{1}{60}\right)U_{\text{a}} - \frac{1}{60} \times 480 + \frac{1}{40} \times 240 = 0$$

$$\left(\frac{1}{60} + \frac{1}{30} + \frac{1}{20}\right)U_{\text{b}} + \frac{1}{30} \times 240 - \frac{1}{20} \times 120 = 0$$

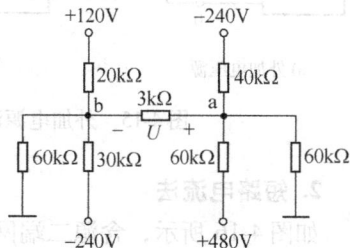

图 4-13　例 4-6 图

解得

$$U_{\text{a}} = 34.48\text{V}, \qquad U_{\text{b}} = -20\text{V}$$

故

$$U_{\text{oc}} = U_{\text{a}} - U_{\text{b}} = (34.48 + 20)\text{V} = 54.48\text{V}$$

（2）令图 4-14a 中的独立电源为零，求等效电阻 R_{eq}。即

$$R_{\mathrm{eq}} = (60 \text{//} 30 \text{//} 20 + 60 \text{//} 40 \text{//} 60)\,\mathrm{k\Omega}$$

$$= (10 + 17.14)\,\mathrm{k\Omega} = 27.14\,\mathrm{k\Omega}$$

（3）将 3kΩ 电阻接入到戴维南等效电路中，如图 4-14b 所示，求电压 U。即

$$U = \left(\frac{3}{27.14 + 3} \times 54.48\right)\mathrm{V} = 5.4\,\mathrm{V}$$

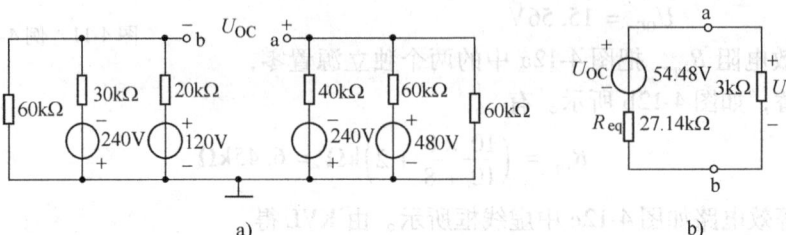

图 4-14 例 4-6 图

若应用戴维南定理分析含受控源电路求等效电阻 R_{eq} 时，必须考虑受控源的作用，不能像处理独立源那样把受控源置零，而要把受控源像电阻一样保留在电路中。另外，还要采用外加电源法或短路电流法来求等效电阻 R_{eq}。

1. 外加电源法

将含源二端网络内的独立电源置零后，得到网络 N_0，再在端口外加电压源或电流源，如图 4-15 所示。在图 4-15a 中，电压源 U_{S} 为激励源，电流 I 为响应，等效电阻 R_{eq} 就是激励与响应之比，即

$$R_{\mathrm{eq}} = \frac{U_{\mathrm{S}}}{I} \tag{4-2}$$

在图 4-15b 中，电流源 I_{S} 为激励源，电压 U 为响应，同理有

$$R_{\mathrm{eq}} = \frac{U}{I_{\mathrm{S}}} \tag{4-3}$$

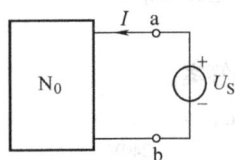 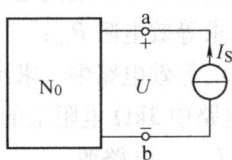 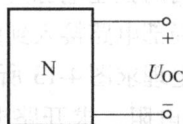 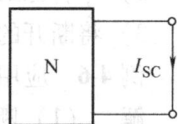

a) 外加电压源   b) 外加电流源   a) 开路电压 U_{OC} b) 短路电流 I_{SC}

图 4-15 外加电源法   图 4-16 短路电流法

2. 短路电流法

如图 4-16 所示，含源二端网络 N 的开路电压 U_{OC} 与短路电流 I_{SC} 的比值就是该网络的等效电阻 R_{eq}，即

$$R_{\mathrm{eq}} = \frac{U_{\mathrm{OC}}}{I_{\mathrm{SC}}} \tag{4-4}$$

例 4-7 电路如图 4-17 所示，试用戴维南定理求电压 u_2。

解 （1）断开 2Ω 支路，求开路电压，如图 4-18a 所示。由于 2Ω 支路断开后 $i_0 = 0$，故受控源 $2i_0$ 也为零作短路处理。故

$$U_{OC} = \left(3 \times 1 + \frac{4}{4+4} \times 12\right)V = 9V$$

（2）求等效电阻 R_{eq}，因电路中含受控源，所以不能用电阻串并联的方法求解。用外加电压法，令独立源为零，如图 4-18b 所示。有方程

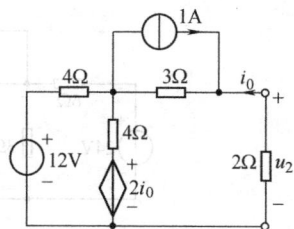

$$\begin{cases} u_S = 3i + 4i_1 + 2i \\ u_S = 3i + 4i_2 \\ i_1 = i - i_2 \end{cases}$$

联立三式，消去 i_1 和 i_2，得

$$u_S = 6i$$

故

$$R_{eq} = \frac{u_S}{i} = 6\Omega$$

得到戴维南等效电路，如图 4-18c 所示。解得

$$u_2 = \frac{2\Omega}{R_{eq} + 2\Omega}U_{OC} = \left(\frac{2}{6+2} \times 9\right)V = \frac{9}{4}V$$

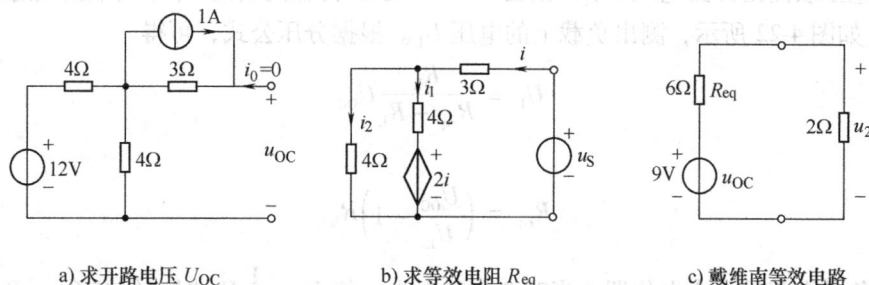

图 4-17　例 4-7 图

a) 求开路电压 U_{OC}　　　　b) 求等效电阻 R_{eq}　　　　c) 戴维南等效电路

图 4-18　例 4-7 求解图

练 习 题

4-5　试求图 4-19 所示各电路的戴维南等效电路。

$$\left[\,a)\ U_{OC} = \frac{R_2}{R_1 + R_2}U_S,\ R_{eq} = R_3 + R_1 /\!/ R_2,\ b)\ U_{OC} = 10V,\ R_{eq} = 1.5k\Omega\,\right]$$

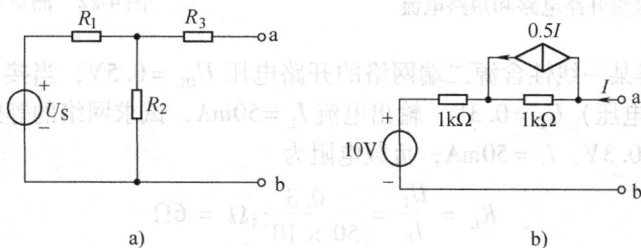

图 4-19　练习题 4-5 图

4-6　试用戴维南定理求图 4-20a 的电流 I 和图 4-20b 的 U_o。　　　　[a) 3A　b) 0.43V]

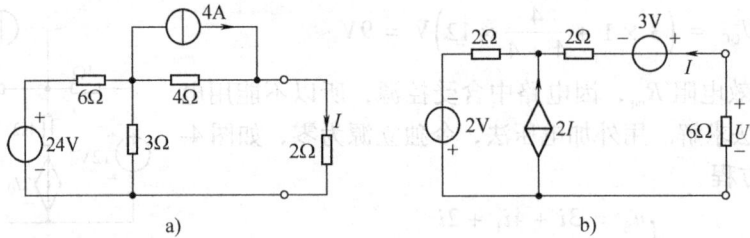

图 4-20　练习题 4-6 图

如果对线性含源二端网络的内部电路不了解，或电路比较复杂，则可以通过实验的方法求出开路电压 U_{OC} 和串联等效电阻 R_{eq}。下面介绍两种方法。

1. 测量开路电压和短路电流

将线性含源二端网络开路，用电压表测出开路电压 U_{OC}，如图 4-21a 所示。再用电流表测量 a、b 两端的电流，该电流就是含源二端网络的短路电流 I_{SC}，如图 4-21b 所示。由开路电压与短路电流之比就可求出等效电阻。即

$$R_{eq} = \frac{U_{OC}}{I_{SC}}$$

2. 测量开路电压和负载电压

先用电压表测出开路电压 U_{OC}，如图 4-21a 所示。再在网络的 a、b 两端接入适当的负载电阻 R_L，如图 4-22 所示，测出负载上的电压 U_L。根据分压公式，可得

$$U_L = \frac{R_L}{R_{eq} + R_L} U_{OC}$$

解得

$$R_{eq} = \left(\frac{U_{OC}}{U_L} - 1 \right) R_L \tag{4-5}$$

如果负载电阻是一个电位器，当改变它的大小，使 $U_L = \frac{1}{2} U_{OC}$ 时，便有 $R_{eq} = R_L$。

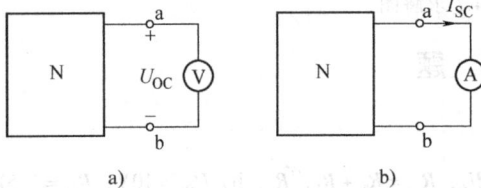

图 4-21　测量开路电路和短路电流

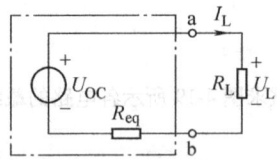

图 4-22　测量负载电压

例 4-8　若测得某一线性含源二端网络的开路电压 $U_{OC} = 0.5V$，当接上负载电阻后，负载上的电压（输出电压）$U_L = 0.3V$，输出电流 $I_L = 50mA$，试求网络的等效电阻。

解　已知 $U_L = 0.3V$，$I_L = 50mA$，负载电阻为

$$R_L = \frac{U_L}{I_L} = \frac{0.3}{50 \times 10^{-3}} \Omega = 6\Omega$$

由式（4-5）得

$$R_{eq} = \left(\frac{U_{OC}}{U_L} - 1 \right) R_L = \left(\frac{0.5}{0.3} - 1 \right) \times 6\Omega = 4\Omega$$

练 习 题

4-7 测得某一线性含源二端网络的开路电压为 10V，当接上 10Ω 负载电阻后，输出电压为 7V。试求该网络的戴维南等效电路。[10V，4.3Ω]

4-8 测得某一线性含源二端网络的开路电压为 8V，短路电流为 0.5A。试计算外接负载电阻为 24Ω 时的电流和电压。[0.2A，4.8V]

4.4 诺顿定理

诺顿定理（Nortor Equivalent）是戴维南定理的对偶关系。它表述为：任何线性含源二端网络 N（见图 4-23a），对外电路来说，都能等效为一个电流源与电阻并联的组合，如图 4-23b 所示，该并联组合称为诺顿等效电路。诺顿电路中的电流源等于该网络 N 端口短路线上的电流 I_{SC}，如图 4-23c 所示；支路中并联的电阻等于该网络 N 中所有独立电源为零时所得网络 N_0 的等效电阻 R_{eq}，也可称为二端网络的输入电阻，如图 4-23d 所示。

从图 4-23b 可以看出，诺顿等效电路的 VAR 可以表示为

$$I = I_{SC} - \frac{U}{R_{eq}} \tag{4-6}$$

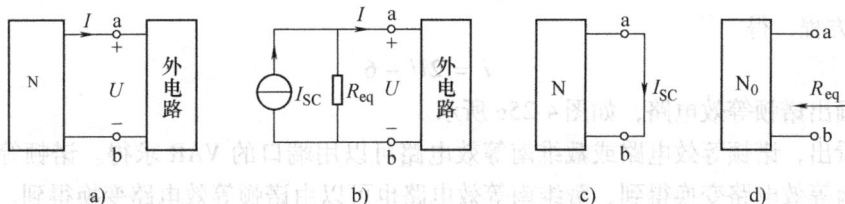

图 4-23 诺顿定理

例 4-9 用诺顿定理求图 4-24a 所示电路中的电流 I。

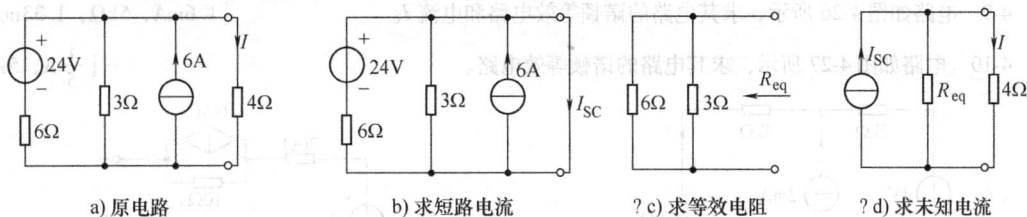

a) 原电路   b) 求短路电流   ? c) 求等效电阻   ? d) 求未知电流

图 4-24 例 4-9 图

解 （1）将原电路中的 4Ω 去掉，剩余部分等效为诺顿等效电路。

先求短路电流，如图 4-24b 所示。有

$$I_{SC} = \left(\frac{24}{6} + 6\right)A = 10A$$

（2）再将原电路中的独立源置零，求等效电阻，如图 4-24c 所示。有

$$R_{eq} = (6 // 3)\Omega = 2\Omega$$

（3）画出诺顿等效电路，如图 4-24d 所示，求得

$$I = \frac{R_{eq}}{R_{eq} + 4}I_{SC}$$

$$I = \left(\frac{2}{2+4} \times 10\right)\text{A} = \frac{10}{3}\text{A}$$

可以看出，诺顿定理的求解步骤与戴维南定理的求解步骤基本相同。

例 4-10　试求图 4-25a 所示的诺顿等效电路。

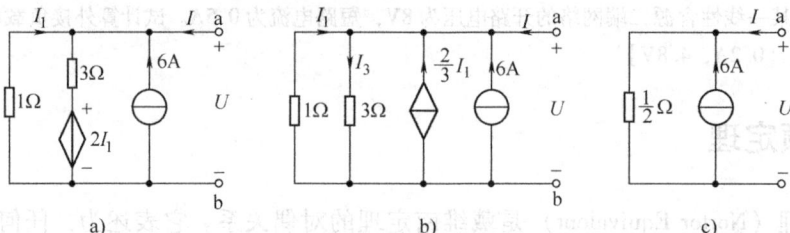

图 4-25　例 4-10 图

解　把受控电压源等效为受控电流源，如图 4-25b 所示。根据 KCL 有

$$I + 6 + \frac{2}{3}I_1 - I_3 + I_1 = 0$$

式中

$$I_1 = -\frac{U}{1}, \quad I_3 = \frac{U}{3}$$

代入 KCL 方程，得

$$I = 2U - 6$$

由该式可画出诺顿等效电路，如图 4-25c 所示。

可以看出，诺顿等效电路或戴维南等效电路可以用端口的 VAR 求得。诺顿等效电路可以由戴维南等效电路变换得到，戴维南等效电路也可以由诺顿等效电路变换得到。

练　习　题

4-9　电路如图 4-26 所示，求其电路的诺顿等效电路和电流 I。　　　　　　　[1.6mA，5kΩ，1.33mA]

4-10　电路如图 4-27 所示，求其电路的诺顿等效电路。　　　　　　　　　　　$\left[\frac{1}{5}\text{A}, 5\Omega\right]$

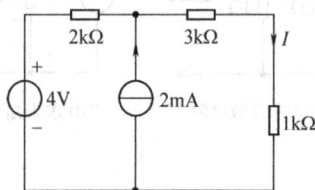

图 4-26　练习题 4-9 图

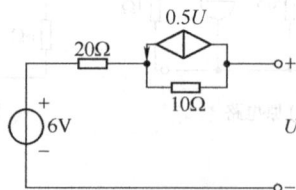

图 4-27　练习题 4-10 图

4.5　最大功率传输定理

任何线性含源二端网络 N，当端口处接不同负载电阻时，负载上获得的功率也不同。在什么条件下，负载能获得最大功率呢？请看下面的分析。

线性含源二端网络可以用戴维南或诺顿等效电路代替，设负载电阻为 R_L，如图 4-28 所示。负载电流为

$$i = \frac{u_{OC}}{R_{eq} + R_L}$$

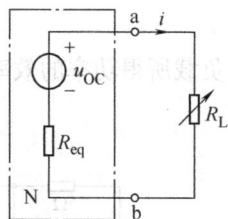

图 4-28　最大功率传输

负载获得的功率为

$$P_L = R_L i^2 = R_L \left(\frac{u_{OC}}{R_{eq} + R_L} \right)^2 = \frac{u_{OC}^2 R_L}{(R_{eq} + R_L)^2}$$

欲求 P_L 最大值，应满足 $\dfrac{dP_L}{dR_L} = 0$，即

$$\frac{dP_L}{dR_L} = \frac{u_{OC}^2 (R_{eq} - R_L)}{(R_{eq} + R_L)^3} = 0$$

由此求得 P_L 为最大值的条件是 $R_L = R_{eq}$，由于

$$\frac{d^2 P_L}{dR_L^2} = - \frac{u_{OC}^2}{8R_{eq}^3} \bigg|_{R_{eq} > 0} < 0$$

故当 $R_{eq} > 0$，且 $R_L = R_{eq}$ 时，负载电阻 R_L 能获得最大功率。

　　最大功率传输定理叙述为：线性含源二端网络传输给负载 R_L 最大功率的条件是，负载 R_L 应等于二端网络的等效内阻 R_{eq}。满足 $R_L = R_{eq}$ 时，称最大功率匹配，此时负载电阻 R_L 获得的最大功率为

$$P_{Lmax} = \frac{u_{OC}^2}{4R_{eq}} \tag{4-7a}$$

若用诺顿等效电路，可表示为

$$P_{Lmax} = \frac{R_{eq} i_{SC}^2}{4} \tag{4-7b}$$

　　例 4-11　电路如图 4-29 所示，试求当 R_L 为多大时，可以从电路中获得最大功率。最大功率为多少？电源的效率为多少？

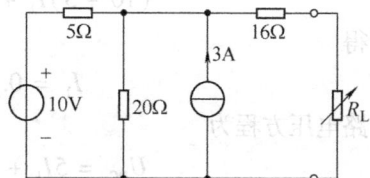

图 4-29　例 4-11 图

　　解　（1）求开路电压 U_{OC}，如图 4-30a 所示。列节点方程为

$$\left(\frac{1}{5} + \frac{1}{20} \right) U_{OC} - \frac{1}{5} \times 10 = 3$$

解得

$$U_{OC} = 20V$$

　　（2）求等效电阻 R_{eq}，如图 4-30b 所示。有

$$R_{eq} = (20 /\!/ 5 + 16)\Omega = 20\Omega$$

　　（3）戴维南等效电路如图 4-30c 所示。当 $R_L = 20\Omega$ 时，R_L 可获得最大功率，其值为

$$P_{Lmax} = \frac{u_{OC}^2}{4R_{eq}} = \frac{20^2}{4 \times 20}W = 5W$$

　　（4）当 $R_L = 20\Omega$ 时，由图 4-29，算得内部电源的功率为

$$P_{3A} = -54W \text{（产生 54W 功率）}$$

$$P_{10V} = 16W \text{（吸收 16W 功率）}$$

电源的总功率为

$$P_S = P_{3A} + P_{10V} = -38W（产生 38W 功率）$$

故负载所得功率的效率为

$$\eta = \frac{P_{Lmax}}{P_S} = \frac{5}{38} = 13.16\%$$

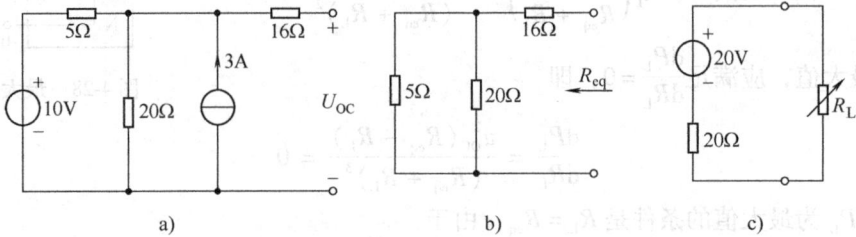

图 4-30　例 4-11 图

在匹配的工作状态下，对等效电源来说，其传输效率 $\eta = 50\%$，即电源发出的功率仅一半被负载吸收，另一半被电源内阻消耗了。而对网络内部的电源来说，其效率远小于 50%。因此，只有在小功率的电子电路中，才进行功率匹配，希望从微弱的信号中获得最大功率，而对效率要求不高。在大功率的电力系统中，要求尽量提高效率，充分利用能量，不能采用功率匹配。

例 4-12　电路如图 4-31 所示，试问当 R_L 为多大时，可以从电路中获得最大功率，最大功率为多少？负载所得功率的效率为多少？

解　（1）求开路电压 U_{OC}，如图 4-32a 所示。根据 KVL 有方程

$$(10+5)I_1 + 25I_1 = 10$$

解得

$$I_1 = 0.25A$$

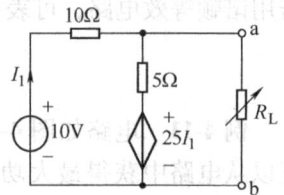

图 4-31　例 4-12 图

开路电压方程为

$$U_{OC} = 5I_1 + 25I_1$$

解得　　　　$U_{OC} = 7.5V$

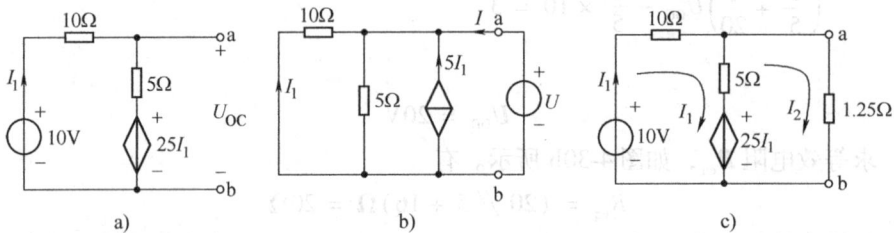

图 4-32　例 4-12 求解图

（2）求等效电阻 R_{eq}，用外加电压法，将内电源置零。另外，为计算方便将受控电压源变换成受控电流源，如图 4-32b 所示。根据 KCL 有方程

$$I = -5I_1 - I_1 + \frac{U}{5}$$

式中，$I_1 = -\dfrac{U}{10}$，故

$$I = \frac{4}{5}U$$

（3）由 $R_{eq} = \frac{U}{I}$ 求得等效电阻方程为

$$R_{eq} = \frac{U}{I} = \frac{U}{\frac{4}{5}U}$$

解得　　　　　　　　　　　　　$R_{eq} = 1.25\Omega$

（4）当 $R_L = 1.25\Omega$ 时，R_L 可获得的最大功率为

$$P_{Lmax} = \frac{u_{OC}^2}{4R_{eq}} = \frac{7.5^2}{4 \times 1.25}W = 11.25W$$

（5）当 $R_L = 1.25\Omega$ 时，如图 4-32c 所示，来计算内部电源的功率。列网孔方程为

$$\begin{cases} 40I_1 - 5I_2 = 10 \\ -30I_1 + 6.25I_2 = 0 \end{cases}$$

解得

$$I_1 = 0.625A, \quad I_2 = 3A$$

故有功率方程

$$P_{10V} = -10I_1, \quad P_{受} = -25I_1(I_2 - I_1)$$

解得　　　　　　　　　$P_{10V} = -6.25W, \quad P_{受} = -37.11W$

电源的总功率为

$$P_S = P_{受} + P_{10V} = -43.36W$$

故负载所得功率的效率为

$$\eta = \frac{P_{Lmax}}{P_S} = \frac{11.25}{43.36} = 25.9\%$$

练　习　题

4-11　电路如图 4-33 所示，问 R_L 为何值时，可获得最大功率，最大功率为多少？负载上获得最大功率的效率是多少？　　　　　　　　　　　　　　　　　　　　　　　[0.73Ω, 0.284W, 2.5%]

4-12　电路如图 4-34 所示，问 R_L 为何值时，可获得最大功率，最大功率为多少？　　[15Ω, 15W]

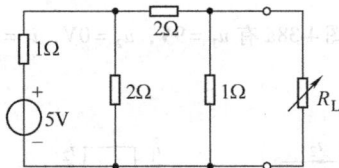

图 4-33　练习题 4-11 图　　　　　　　　　　　图 4-34　练习题 4-12 图

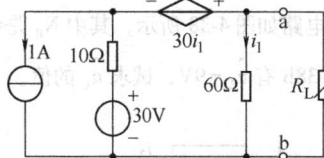

4.6　特勒根定理

特勒根定理可表述为：对于两个具有相同结构的网络 N 和 N̂，其组成元件可以不同，各

支路的电压和电流取关联参考方向，如图 4-35 所示。在任意时刻，N 网络各支路电压与 $\hat{N}$ 网络各相应支路电流的乘积代数和，或 N 网络各支路电流与 $\hat{N}$ 网络各相应支路电压的乘积代数和均为零。即

$$\left. \begin{aligned} \sum_{k=1}^{b} u_k \hat{i}_k = 0 \\ \sum_{k=1}^{b} \hat{u}_k i_k = 0 \end{aligned} \right\} \tag{4-8}$$

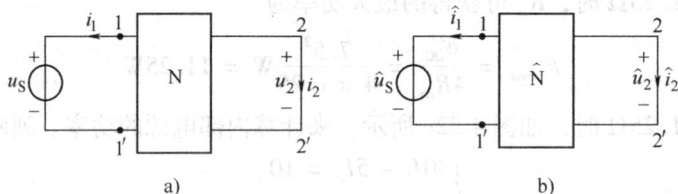

a)   b)

图 4-35　特勒根定理

例 4-13　电路如图 4-36 所示，N_R 为线性电阻网络，当 i_{S1}、R_2、R_3 为不同值时，分别测得：（1）当 i_{S1} $=1.2A$、$R_2 = 2\Omega$、$R_3 = 5\Omega$ 时，$u_1 = 3V$，$u_2 = 2V$，$i_3 =$ $0.2A$；（2）当 $i_{S1} = 2A$、$R_2 = 10\Omega$、$R_3 = 10\Omega$ 时，$u_1 =$ $5V$，$u_3 = 2V$。试求第二种情况时，电流 i_2 的值。

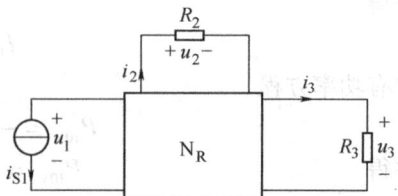

图 4-36　例 4-13 图

解　根据特勒根定理，有

$$u_1 \hat{i}_{S1} + u_2 \hat{i}_2 + u_3 \hat{i}_3 = \hat{u}_1 i_{S1} + \hat{u}_2 i_2 + \hat{u}_3 i_3$$

即

$$\left(3 \times 2 + 2 \times \hat{i}_2 + 5 \times 0.2 \times \frac{2}{10} \right)A = \left(5 \times 1.2 + 10 \times \frac{2}{20} + 2 \times 0.2 \right)A$$

故解得

$$i_2 = \hat{i}_2 = 0.2A$$

练 习 题

4-13　电路如图 4-37 所示，其中 N 为仅含电阻的网络，当 $R_2 = 2\Omega$，$u_S = 6V$ 时，测得 $i_1 = 2A$，$u_2 =$ $2V$；当 $R_2 = 4\Omega$，$u_S = 10V$ 时，测得 $\hat{i}_1 = 3A$。试求 $\hat{u}_2$。　　　　　　　　　　　[4V]

4-14　电路如图 4-38 所示，其中 N_R 是纯电阻网络。已知，图 4-38a 有 $u_1 = 9V$，$u_2 = 0V$，$i_1 = 4.5A$，i_2 $=1A$；图 4-38b 有 $\hat{u}_2 = 9V$，试求 $\hat{u}_1$ 的值。　　　　　　　　　　　　　　　　　　　[1V]

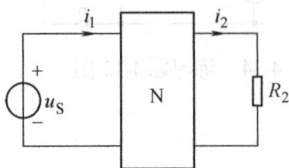

图 4-37　练习题 4-13 图

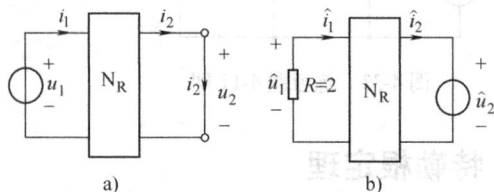

a)　　　　　　　　　　b)

图 4-38　练习题 4-14 图

4.7 互易定理

互易定理可表述为：对于仅含线性电阻的双端口网络 N_R，其中，一个端口加激励，一个端口做响应。在单一激励的情况下，当激励与响应互换位置时，同一个激励所产生的响应相同。

根据激励源的类型（电压源、电流源）与响应的变量（电压、电流）可以组合成 4 种互易定理形式。图 4-39 就是互易定理的一种形式。在图 4-39a 中，1-1′端加电压源激励，2-2′端产生电流响应。互易后，

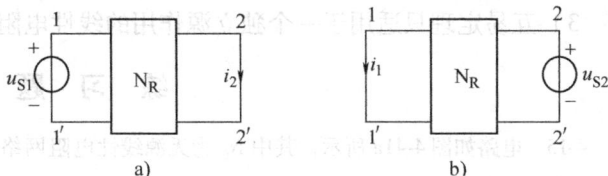

图 4-39 互易定理

如图 4-39b 所示，激励源加在 2-2′端，响应在 1-1′端。它们的关系为

$$\frac{i_2}{u_{S1}} = \frac{i_1}{u_{S2}} \tag{4-9}$$

式（4-9）说明：互易前网络响应 i_2 与激励 u_{S1} 之比等于互易后网络响应 i_1 与激励 u_{S2} 之比。

特殊情况下，如果 $u_{S1} = u_{S2}$，则有 $i_1 = i_2$。这说明：若将激励端口与响应端口互换位置，同一激励所产生的响应相同。

例 4-14 电路如图 4-40a 所示，试求 4Ω 上的电流 i_2。

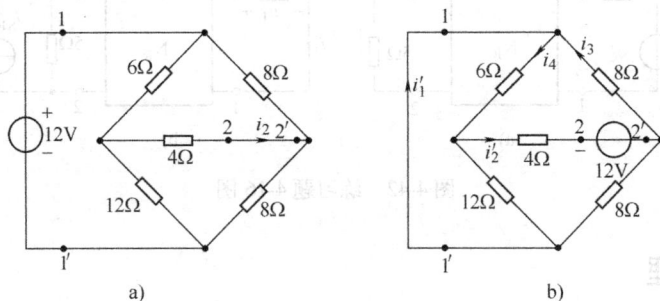

图 4-40 例 4-14 图

解 应用互易定理，把 1-1′支路的 12V 电压源移到 2-2′支路，如图 4-40b 所示，求电流 i_1'。

根据图 4-40b 各支路的参考方向，可得

$$i_2' = \frac{12}{4 + 6 // 12 + 8 // 8}A = 1A$$

由分流公式得

$$i_3 = \frac{8}{8+8}i_2' = \frac{1}{2}A, \quad i_4 = \frac{12}{6+12}i_2' = \frac{2}{3}A$$

由 KCL 得

$$i_1' = i_4 - i_3 = \left(\frac{2}{3} - \frac{1}{2}\right)A = \frac{1}{6}A$$

于是
$$i_2 = i_1' = \frac{1}{6}\text{A}$$

应用互易定理分析电路时必须注意：

1）互易前后网络的拓扑结构及参数都保持不变，仅理想电压源或理想电流源搬移，理想电源支路中的电阻仍保留在原支路中。

2）互易前后电压极性与1-1′、2-2′支路电流的参考方向应保持一致。

3）互易定理只适用于一个独立源作用的线性电阻网络。

练 习 题

4-15　电路如图4-41a所示，其中 N_0 为无源线性电阻网络。若电路改接为图4-41b所示形式，试求通过5Ω电阻的电流 I。　　　　　　　　　　　　　　　　　　　　　　　　　　　　　　　　　[2.67A]

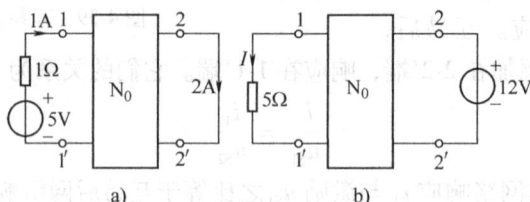

图4-41　练习题4-15图

4-16　电路如图4-42a所示，其中 N_R 为线性电阻网络，已知 $u_{S1} = 10\text{V}$，$u_2 = 2\text{V}$。若电路改接成图4-42b，试求10Ω电阻的端电压 u_1。　　　　　　　　　　　　　　　　　　　　　　[4V]

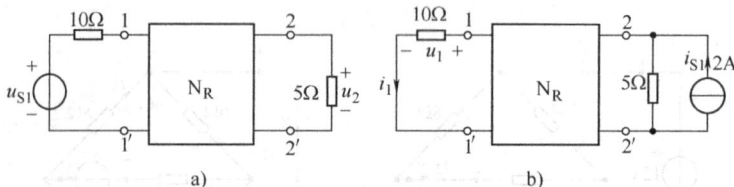

图4-42　练习题4-16图

4.8　对偶原理

许多物理量虽然属于不同的领域，却具有相似的性能，可以用同一类的数学模型来描述，这样的物理量称为对偶元素或称对偶关系。电路中有许多对偶关系的变量、元件、定律和电路，例如，电阻的 VAR 为 $u = Ri$，如果将此式中的电压和电流互换，同时将电阻 R 换成电导 G，就得到电导的 VAR 为 $i = Gu$，式中电压和电流、电阻和电导称为对偶元素。电路中对偶元素很多，如表4-1所示。

表4-1　对偶元素

电压 u	电流 i	KCL	KVL
电荷 q	磁链 ψ	串联	并联
电阻 R	电导 G	网孔电流	节点电压
电感 L	电容 C	电压源 U_S	电流源 I_S
短路	开路		

网孔电流方程和节点电压方程也具有对偶关系，如图 4-43 所示。图 4-43a 电路的网孔方程为

$$(R_1 + R_3)i_1 - R_3 i_2 = u_{S1}$$
$$- R_3 i_1 + (R_3 + R_2)i_2 = u_{S2}$$

如果将方程中的电阻换成电导，网孔电流换成节点电压，电压源换成电流源，得到的方程为

$$(G_1 + G_3)u_1 - G_3 u_2 = i_{S1}$$
$$- G_3 u_1 + (G_3 + G_2)u_2 = i_{S2}$$

根据此方程可画出如图 4-43b 所示的电路。

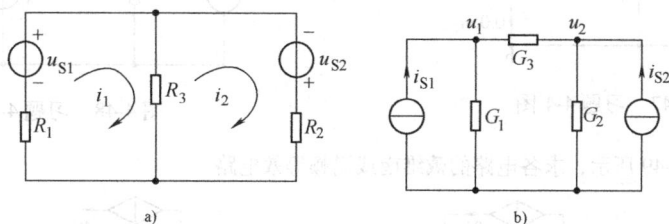

图 4-43　互为对偶的电路

再者，如果把图 4-43a 电路中的电阻换成电导、电压源换成电流源，并联和串联互换，就可得到图 4-43b 所示电路。所以，图 4-43a、b 称为对偶电路。

关于对偶关系的公式和电路还很多，在后面的章节还会继续学习，在此就不一一举例了。

利用电路的对偶关系可以掌握电路的规律，帮助记忆一些常用的公式，省去不必要的重复推导。在后面的章节中还能看到许多对偶关系的应用。另外，要注意，"对偶"和"等效"是两个不同的概念，不可混淆。

习　题　4

4-1　电路如图 4-44 所示，用叠加定理求 I_x。

4-2　电路如图 4-45 所示，用叠加定理求电路中 R_4 上的电压 U。

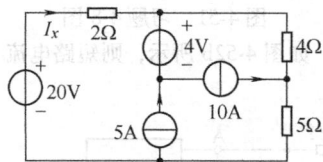

图 4-44　习题 4-1 图

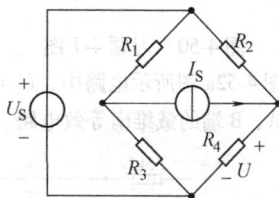

图 4-45　习题 4-2 图

4-3　电路如图 4-46 所示，用叠加定理求各电路中电流源两端的电压。

4-4　电路如图 4-47 所示，用叠加定理求 u_1 和 u_{ab}。

4-5　电路如图 4-48 所示，用叠加定理求电路中的 u_S 及受控源的功率。

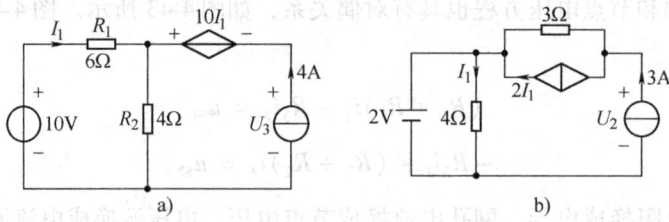

图 4-46 习题 4-3 图

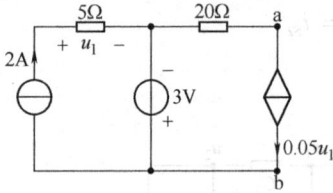

图 4-47 习题 4-4 图

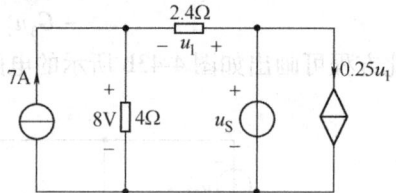

图 4-48 习题 4-5 图

4-6 电路如图 4-49 所示，求各电路的戴维南或诺顿等效电路。

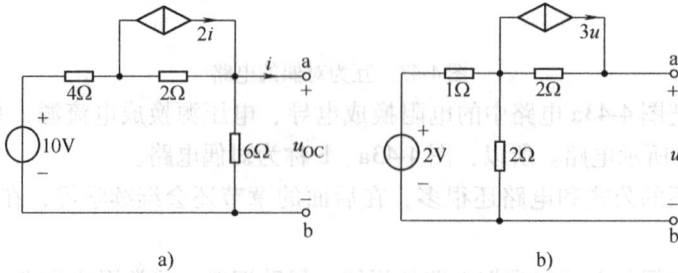

图 4-49 习题 4-6 图

4-7 电路如图 4-50 所示，用戴维南定理求电路中的 U_0。

4-8 在图 4-51 所示电路中，已知网络 N 的 VAR 为 $5U = 5 - 4I$，试求电路中的电流 I_x。

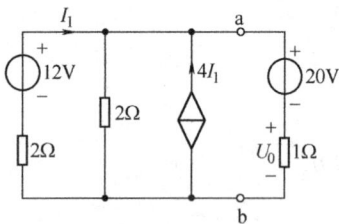

图 4-50 习题 4-7 图

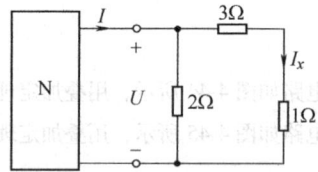

图 4-51 习题 4-8 图

4-9 在图 4-52a 图所示电路中，$U_2 = 12.5V$。若将网络短路，如图 4-52b 所示，则短路电流 $I = 10mA$。求网络 N 在 A、B 端的戴维南等效电路。

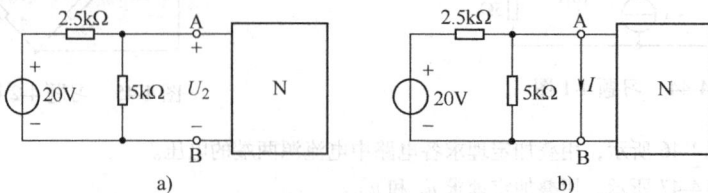

图 4-52 习题 4-9 图

4-10 电路如图 4-53 所示，试求各电路的戴维南等效电路。

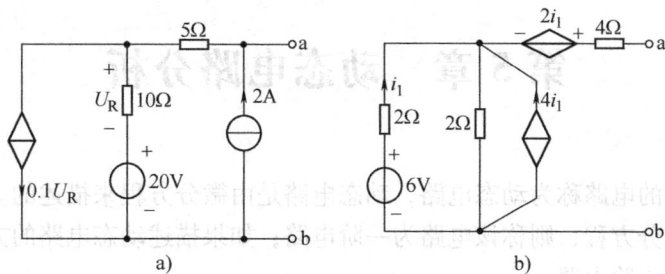

图 4-53 习题 4-10 图

4-11 电路如图 4-54 所示，各电路中电阻 R_L 可调。为使 R_L 上获得最大功率，问 R_L 的阻值应为多少？并求 R_L 吸收的最大功率。

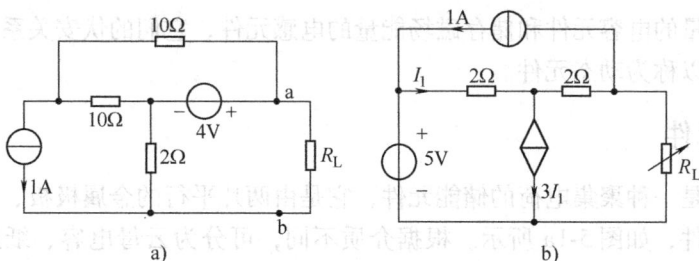

图 4-54 习题 4-11 图

4-12 在图 4-55 所示电路中，N_R 为电阻网络，若将图 4-55a 中的 10V 电压源，移到图 4-55b 中的输出端，试求输入端 2Ω 电阻上的电压 U。

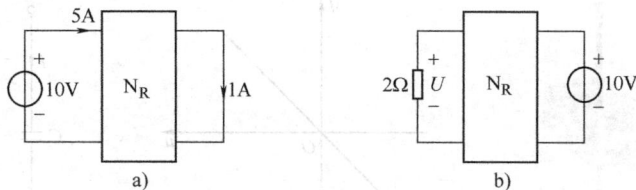

图 4-55 习题 4-12 图

4-13 在图 4-56 所示电路中，N_R 为电阻网络，已知图 4-56a 中 $I_2 = 0.5A$，求图 4-56b 中的电压 U_1。

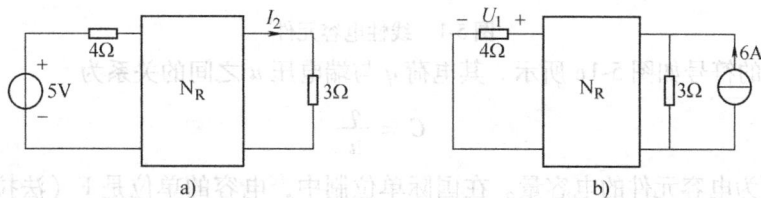

图 4-56 习题 4-13 图

第 5 章　动态电路分析

含有动态元件的电路称为动态电路，动态电路是由微分方程来描述的。如果描述动态电路的方程是一阶微分方程，则称该电路为一阶电路；如果描述动态电路的方程是二阶微分方程，则称该电路为二阶电路。

5.1　动态元件

储存电场能量的电容元件和储存磁场能量的电感元件，它们的伏安关系以微分或积分的形式来表示，所以称为动态元件。

5.1.1　电容元件

实际电容器是一种聚集电荷的储能元件，它是由两片平行的金属极板、中间以绝缘介质隔开所构成的器件，如图 5-1a 所示。根据介质不同，可分为云母电容、纸质电容、电解电容等。电容元件则是实际电容器的理想化模型。

如果一个二端元件在任意时刻 t，其电荷 q 与电压 u 之间的关系能用 q-u 平面上过原点的一条直线确定，则称该二端元件为线性电容元件，如图 5-1b 所示。

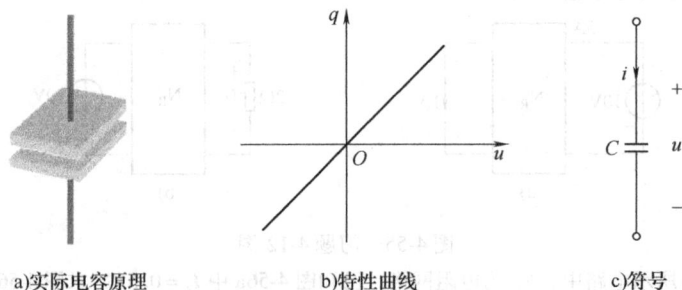

a)实际电容原理　　　　　　　　b)特性曲线　　　　　　　　c)符号

图 5-1　线性电容元件

电容元件的符号如图 5-1c 所示。其电荷 q 与端电压 u 之间的关系为

$$C = \frac{q}{u} \tag{5-1}$$

式中的 C 为电容元件的电容量。在国际单位制中，电容的单位是 F（法拉），简称法。常用的单位还有 μF（微法）和 pF（皮法）。它们的关系是，$1F = 10^6 \mu F$，$1\mu F = 10^6 pF$。

如果电容上的电压、电流取关联参考方向，如图 5-1c 所示，则由电流定义及式（5-1），电容的电流为

$$i = \frac{\mathrm{d}q}{\mathrm{d}t} = C\frac{\mathrm{d}u}{\mathrm{d}t} \tag{5-2}$$

式（5-2）表明，只有当电容上的电压随时间变化时，电容上才有电流。当电容一定时，电容两端的电压变化越快，电容的电流就越大。当电容两端电压不变时，则电流为零。在直

流稳态情况下，电容两端电压恒定，电流为零，电容相当于开路，即电容有隔直流的作用。

由式 (5-2) 可得到电容的电压与电流的关系 (VCR) 为

$$u = \frac{1}{C}\int_{-\infty}^{t} i(\tau)\,\mathrm{d}\tau = \frac{1}{C}\int_{-\infty}^{0} i(\tau)\,\mathrm{d}\tau + \frac{1}{C}\int_{0}^{t} i(\tau)\,\mathrm{d}\tau$$

$$= u(0) + \frac{1}{C}\int_{0}^{t} i(\tau)\,\mathrm{d}\tau \tag{5-3}$$

式中，$u(0)$ 为电容电压在 $t = 0$ 时刻的初始值，$u(0) = \frac{1}{C}\int_{-\infty}^{0} i(\tau)\,\mathrm{d}\tau$。

式 (5-3) 表明，任一时刻的电容电压不仅与该时刻的电流有关，还与初始时刻的电压有关。故电容被称为"记忆元件"。因此，电容电压具有连续性和记忆性这两个重要性质。

在电容的电压和电流取关联参考方向的条件下，电容吸收的功率为

$$p = ui = Cu\frac{\mathrm{d}u}{\mathrm{d}t} \tag{5-4}$$

则在 $t_0 \sim t_1$ 时间内，电容储存的电场能量为

$$W_{\mathrm{C}} = \int_{0}^{t_1} p\,\mathrm{d}t = \int_{u(t_0)}^{u(t_1)} Cu\,\mathrm{d}u = \frac{1}{2}Cu^2(t_1) - \frac{1}{2}Cu^2(t_0)$$

如果在 t_0 时刻电压为零，则 t_0 时刻的电场能量也为零。因此，电容在 t 时刻所储存的能量为

$$W_{\mathrm{C}} = \frac{1}{2}Cu^2 \tag{5-5}$$

例 5-1　电路如图 5-2a 所示，已知电压 u 的波形如图 5-2b 所示，求电容电流 i、吸收的功率 p 及电容储存的能量 W_{C}，并画出相应的波形。

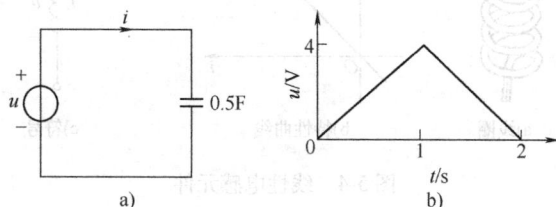

图 5-2　例 5-1 图

解　电压波形方程为

$$u = \begin{cases} 4t & 0 < t \leqslant 1\mathrm{s} \\ (-4t + 8) & 1 < t \leqslant 2\mathrm{s} \end{cases}$$

电容电流方程为

$$i = C\frac{\mathrm{d}u}{\mathrm{d}t} = \begin{cases} 2 & 0 < t \leqslant 1\mathrm{s} \\ -2 & 1 < t \leqslant 2\mathrm{s} \end{cases}$$

电容吸收的功率方程为

$$p = ui = \begin{cases} 8t & 0 < t \leqslant 1\mathrm{s} \\ (8t - 16) & 1 < t \leqslant 2\mathrm{s} \end{cases}$$

电容储能方程为

$$W_{\mathrm{C}} = \frac{1}{2}Cu^2 = \begin{cases} 4t^2 & 0 < t \leqslant 1\mathrm{s} \\ 4(t - 2)^2 & 1 < t \leqslant 2\mathrm{s} \end{cases}$$

各波形如图 5-3 所示。

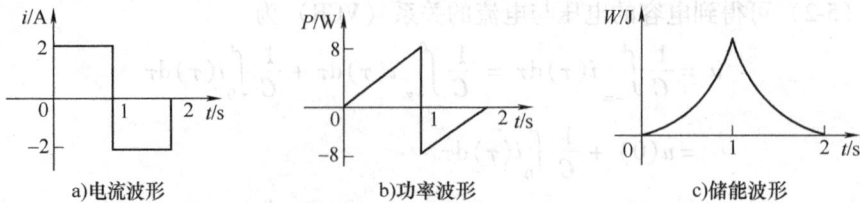

a)电流波形　　　　　　　b)功率波形　　　　　　　c)储能波形

图 5-3　例 5-1 波形图

练 习 题

5-1　已知某一电容元件，它的电容量为 50pF，电容电压为 0.5V 且与电流成关联参考方向。求电容上的电荷量和电流。　　　　　　　　　　　　　　　　　$\left[\, q = 25 \times 10^{-12} \text{C}, \; i = 0 \,\right]$

5-2　已知某一电容量为 40μF 的电容在 5s 内电压从 160V 升到 220V，试求通过电容的电流和电容的能量。　　　　　　　　　　　　　　　　　　　　　　　　　　　$\left[\, 0.48 \text{mA}, \; 0.456 \text{J} \,\right]$

5.1.2　电感元件

实际电感器是用导线绕制的线圈，如图 5-4a 所示。它也是一种储能元件。当导线中有电流流过时，在导线周围就会产生磁场，在线圈中就会产生感应电压。电感元件则是电感线圈的理想化模型。

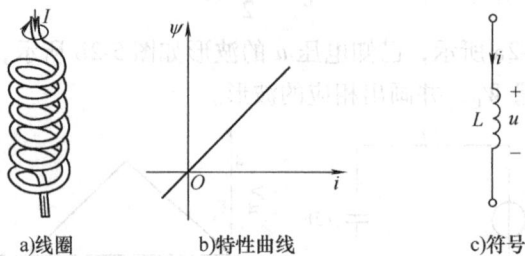

a)线圈　　　　　　　b)特性曲线　　　　　　　c)符号

图 5-4　线性电感元件

如果一个二端元件在任意时刻 t，其磁链 ψ 与电流 i 之间的关系能用 ψ-i 平面上过原点的直线确定，就称该二端元件为线性电感元件，如图 5-4b 所示。

电感元件的符号，如图 5-4c 所示。其电流与磁链之间的关系为

$$\psi = Li \tag{5-6}$$

式中磁链 ψ 的单位是 Wb（韦伯），L 为电感元件的电感量，单位是 H（亨利）。常用单位还有 mH（毫亨）和 μH（微亨）。它们的关系是，$1\text{H} = 10^3 \text{mH}$，$1\text{mH} = 10^3 \mu\text{H}$。

当电感上的电压和电流取关联参考方向时，如图 5-4c 所示，根据电磁感应定律和式（5-6），电感两端电压与电流之间的关系（VCR）为

$$u = \frac{\mathrm{d}\psi}{\mathrm{d}t} = L \frac{\mathrm{d}i}{\mathrm{d}t} \tag{5-7}$$

式（5-7）表明，电感两端的电压与电流的变化率成正比，当电感一定时，流过电感的电流变化越快，则电感两端的电压越大。当直流电流流过电感时，电感两端的电压为零，电感相当于短路。

由式 (5-7)，可得到电感的电流为

$$i = \frac{1}{L}\int_{-\infty}^{t} u(\tau)\mathrm{d}\tau = \frac{1}{L}\int_{-\infty}^{0} u(\tau)\mathrm{d}\tau + \frac{1}{L}\int_{0}^{t} u(\tau)\mathrm{d}\tau = i(0) + \frac{1}{L}\int_{0}^{t} u(\tau)\mathrm{d}\tau \quad (5\text{-}8)$$

式中，$i(0)$ 为电感电流在 $t = 0$ 时刻的初始值，$i(0) = \frac{1}{L}\int_{-\infty}^{0} u(\tau)\mathrm{d}\tau$。

式 (5-8) 表明，任一时刻的电感电流不仅与该时刻的电压有关，还与初始时刻电流有关。故电感也称为"记忆元件"。电感电流具有连续性和记忆性两个重要性质。

在电压、电流取关联参考方向的条件下，电感元件吸收功率为

$$p = ui = Li\frac{\mathrm{d}i}{\mathrm{d}t} \quad (5\text{-}9)$$

则在 $t_0 \sim t_1$ 时间内，电感储存的磁场能量为

$$W_{\mathrm{L}} = \int_{t_0}^{t_1} p\mathrm{d}t = \int_{i(t_0)}^{i(t_1)} Li\mathrm{d}i = \frac{1}{2}Li^2(t_1) - \frac{1}{2}Li^2(t_0)$$

如果在 t_0 时刻电流为零，则 t_0 时刻的磁场能量也为零。因此，电感在 t 时刻所储存的能量为

$$W_{\mathrm{L}} = \frac{1}{2}Li^2(t) \quad (5\text{-}10)$$

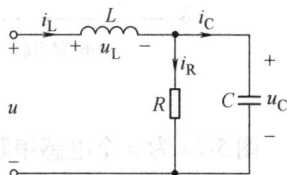

例 5-2　电路如图 5-5 所示，已知 $L = 1\mathrm{H}, R = 2\Omega, C = 0.05\mathrm{F}, i_{\mathrm{C}} = \mathrm{e}^{-2t}\mathrm{A}(t \geq 0), u_{\mathrm{C}}(0) = 2\mathrm{V}$。求 $t \geq 0$ 时，电路两端的电压 u。

图 5-5　例 5-2 图

解　根据电容元件的 VCR 关系，求得

$$u_{\mathrm{C}} = u_{\mathrm{C}}(0) + \frac{1}{C}\int_{0}^{t} i_{\mathrm{C}}(\tau)\mathrm{d}\tau = \left[2 + \frac{1}{0.05}\int_{0}^{t} \mathrm{e}^{-2\tau}\mathrm{d}\tau\right]\mathrm{V}$$

$$= [2 - 10(\mathrm{e}^{-2t} - 1)]\mathrm{V} = (12 - 10\mathrm{e}^{-2t})\mathrm{V}$$

由欧姆定律，求得电阻电流为

$$i_{\mathrm{R}} = \frac{u_{\mathrm{C}}}{R} = \frac{12 - 10\mathrm{e}^{-2t}}{2}\mathrm{A} = (6 - 5\mathrm{e}^{-2t})\mathrm{A}$$

根据 KCL，求得电感电流为

$$i_{\mathrm{L}} = i_{\mathrm{R}} + i_{\mathrm{C}} = [(6 - 5\mathrm{e}^{-2t}) + \mathrm{e}^{-2t}]\mathrm{A} = (6 - 4\mathrm{e}^{-2t})\mathrm{A}$$

依据电感元件 VCR 的关系，求得电感电压为

$$u_{\mathrm{L}} = L\frac{\mathrm{d}i_{\mathrm{L}}}{\mathrm{d}t} = 8\mathrm{e}^{-2t}\mathrm{V}$$

最后，应用 KVL，得到电压为

$$u = u_{\mathrm{L}} + u_{\mathrm{C}} = [8\mathrm{e}^{-2t} + (12 - 10\mathrm{e}^{-2t})]\mathrm{V} = (12 - 2\mathrm{e}^{-2t})\mathrm{V} \quad t \geq 0$$

练　习　题

5-3　某一电感元件，其电感量 $L = 0.2\mathrm{mH}$，该电感的电压电流为关联参考方向。试求：(1) $I = 0.5\mathrm{A}$ (直流电流)；(2) $i = 3\mathrm{e}^{-t/2}$ A 时，电感的磁链 ψ 和电压 u。

$$[\psi = 10^{-4}\mathrm{Wb},\ u = 0\mathrm{V};\ \psi = 6 \times 10^{-4}\mathrm{e}^{-t/2}\mathrm{Wb},\ u = -3 \times 10^{-4}\mathrm{e}^{-t/2}\ \mathrm{V}]$$

5-4　某一电感元件，其电感量 $L = 50\mathrm{mH}$，电感电流从 3A 变化到 2A，试求电感的能量。　$[W_{\mathrm{L}} = 0.2\mathrm{J}]$

5.1.3 电容、电感元件的串联与并联

图 5-6a 是 n 个电容串联的电路，流过每个电容的电流相同。根据 KVL，串联等效电容 C_{eq} 和各电容之间的关系为

$$\frac{1}{C_{eq}} = \frac{1}{C_1} + \frac{1}{C_2} + \cdots + \frac{1}{C_n} \tag{5-11}$$

图 5-6b 是 n 个电容并联的电路，由于各电容的电压相等。根据 KCL，并联等效电容为

$$C_{eq} = C_1 + C_2 + \cdots + C_n \tag{5-12}$$

其等效电路如图 5-6c 所示。

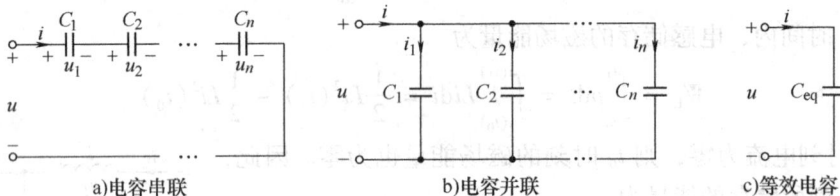

图 5-6　电容串联与并联

图 5-7a 为 n 个电感串联，根据 KVL，得出等效电感为

$$L_{eq} = L_1 + L_2 + \cdots + L_n \tag{5-13}$$

图 5-7b 为 n 个电感并联，根据 KCL，得出并联后的等效电感 L_{eq} 为

$$\frac{1}{L_{eq}} = \frac{1}{L_1} + \frac{1}{L_2} + \cdots + \frac{1}{L_n} \tag{5-14}$$

其等效电路如图 5-7c 所示。

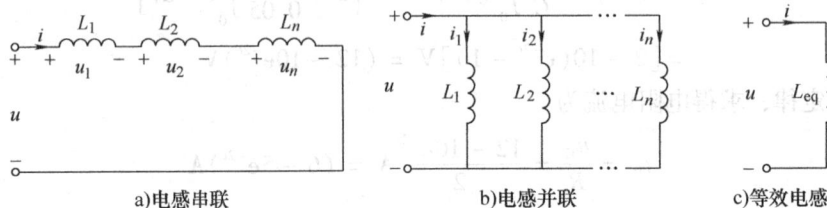

图 5-7　电感串联与并联

练 习 题

5-5　电路如图 5-8 所示，求等效电容 C_{eq}。[4.23F]

5-6　电路如图 5-9 所示，求等效电感 L_{eq}。[1H]

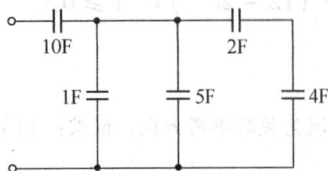

图 5-8　练习题 5-5 图

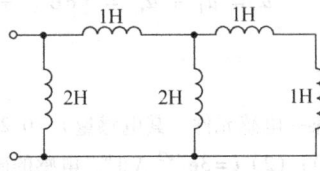

图 5-9　练习题 5-6 图

5.1.4　电容、电感元件的应用

电容器除了标明它的电容量外，还需标明它的额定工作电压。由式（5-1）可知，电容两端的电压越高，其聚集的电荷就越多。电压过高时，电容中的绝缘介质就会被击穿。电容被击穿后，它的介质从不导电变成导电，使电容器失去作用。因此，电容器工作时不允许超过它的额定工作电压。

电容器在电路中的应用非常广泛，最常见的电路有电源滤波、信号滤波器等。对于滤波器电路来说电容是必不可少的。滤波器能从不同的频率信号中选择出某个特定频率的信号，或者选择一定带宽的信号而滤除其他频率的信号。如最常见的无线电广播和电视接收机。人们在调台或选择电视频道时，就是通过改变谐调电路的电容，从电台或电视频道的接收电路中选到所需要的信号。电容器还常与电阻、电感以及其他元件一起使用，构成特定功能的电路。脉冲计数器就是其中的一种。

脉冲计数器的原理图，如图 5-10a 所示。它由脉冲电压源 u_S（见图 5-10b）、晶体管和电容器组成。它的等效模型如图 5-10c 所示。如果有脉冲信号作用于电路，电路就有输出。

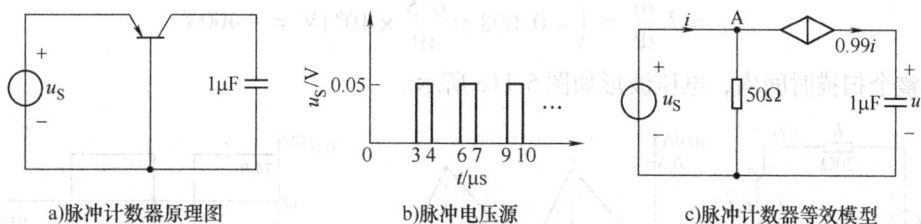

a)脉冲计数器原理图　　　　　　　b)脉冲电压源　　　　　　　c)脉冲计数器等效模型

图 5-10　脉冲计数器分析图

假设，脉冲电压源 u_S 的脉冲宽度为 $1\mu s$，脉冲幅度为 $0.05V$。由图 5-10c 可知，流经电容的电流为 $0.99i$，在该电流的作用下，电容的电压为

$$u = \frac{1}{C} \int_{t_1}^{t} 0.99i d\tau$$

由图 5-10b 可知，$t_1 = 3\mu s$，且设 $u(t_1) = 0$。

在图 5-10c 的 A 点处，根据 KCL 有 $i = 0.99i + \dfrac{u_S}{50}$，故得 $i = 2u_S$。

第一个脉冲作用时，$t_1 = 3\mu s$ 至 $t = 4\mu s$ 期间

$$i = (2 \times 0.05)A = 0.1A$$

故知在 $t = 4\mu s$ 时

$$u = u(t_1) + \frac{1}{C} \int_{t_1}^{t} 0.99i d\tau = (0 + 10^6 \times 0.99 \times 10^{-6})V = 0.099V$$

第二个脉冲作用时，$t_1 = 6\mu s$ 至 $t = 7\mu s$ 期间，$u(t_1) = 0.099V$。

同理 $i = (2 \times 0.05)A = 0.1A$，故知在 $t = 7\mu s$ 时

$$u = u(t_1) + \frac{1}{C} \int_{t_1}^{t} 0.99i d\tau = (0.099 + 10^6 \times 0.99 \times 10^{-6})V = (2 \times 0.099)V$$

由上得知，每出现一个脉冲，输出电压就增加 $0.099V$，如果有 100 个脉冲通过电路，

电路的输出电压(电容两端的电压)$u = 9.9$V。根据输出电压的大小就能算出脉冲的个数,即可达到计数的目的。

电感受尺寸、价格等因素的限制,应用范围比电容小,但在射频电路中作用还是非常大的。电感常用于电源滤波、高频信号滤波、调谐电路等。图5-11a就是电视机显像管的电子束水平扫描电路的模型,图中L为水平偏转线圈的电感。如果电子束从左至右重复扫描时,每帧图像要扫描525次,完成一帧图像要$1/30$s,而电子束返回的时间是完成一次正程扫描时间的16%。已知电流$i(t)$的波形如图5-11b所示,一次扫描时间(正程+回程)为

$$T_2 = \left(\frac{1}{30} \times \frac{1}{525}\right)\text{s} \approx 63.5\mu\text{s}$$

回程扫描时间为

$$T_2 - T_1 = 0.16T_2 = (0.16 \times 63.5)\mu\text{s} = 10\mu\text{s}$$

所以,在一次正程扫描时间内,$0 \leqslant t \leqslant 53.5\mu$s时,电感电压为

$$u_L = L\frac{\mathrm{d}i}{\mathrm{d}t} = \left(0.008 \times \frac{0.5}{53.5} \times 10^6\right)\text{V} = 74.8\text{V}$$

在一次回程扫描时间内,$53.5 \leqslant t \leqslant 63.5\mu$s时,电感电压为

$$u_L = L\frac{\mathrm{d}i}{\mathrm{d}t} = \left(-0.008 \times \frac{0.5}{10} \times 10^6\right)\text{V} = -400\text{V}$$

可见,整个扫描时间内,电压波形如图5-11c所示。

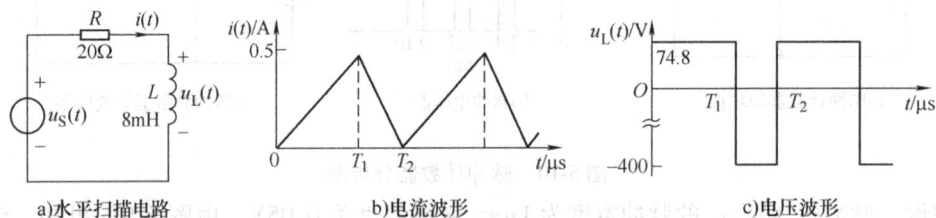

a)水平扫描电路   b)电流波形   c)电压波形

图5-11   电视显像管电子扫描电路分析

5.2   电路初始值的计算

含有动态元件的电路,当结构或参数发生改变时,会使电路由原来的稳定状态进入另一种新的稳定状态,这个过程称电路发生了"换路"。换路后电容上的电压$u_C(0_+)$和电感上的电流$i_L(0_+)$被称为电路变量的初始值。暂态分析需要求解电路的微分方程,解微分方程需要利用初始值来确定积分常数。确定电路变量初始值的依据就是换路定律。

5.2.1   换路定律

设$t = 0$为换路时刻,$t = 0_-$为换路前的末了瞬间,$t = 0_+$为换路后的初始瞬间。根据电容、电感元件的伏安关系,$t = 0_+$时的电容电压$u_C(0_+)$和电感电流$i_L(0_+)$分别为

$$u_C(0_+) = u_C(0_-) + \frac{1}{C}\int_{0_-}^{0_+} i_C(\xi)\mathrm{d}\xi$$

$$i_L(0_+) = i_L(0_-) + \frac{1}{L}\int_{0_-}^{0_+} u_L(\xi)\mathrm{d}\xi$$

如果在无穷小区间 $0_- < t < 0_+$ 内，电容电流 i_C 和电感电压 u_L 为有限值，则等号右边的积分项就为零，从而有

$$\left.\begin{array}{l} u_C(0_+) = u_C(0_-) \\ i_L(0_+) = i_L(0_-) \end{array}\right\} \tag{5-15}$$

式(5-15)称为换路定律。它表明换路瞬间，若电容电流 i_C 和电感电压 u_L 为有限值，则电容的电压 u_C、电感的电流 i_L 在该处连续，不会发生跃变。

5.2.2 初始值的确定

如果电路在 $t=0$ 时换路，由换路定律可知，在换路瞬间 u_C 和 i_L 不发生跃变。电容电压的初始值 $u_C(0_+)$ 和电感电流的初始值 $i_L(0_+)$ 均由原稳态电路 $t=0_-$ 时刻的 $u_C(0_-)$ 和 $i_L(0_-)$ 来确定。但是，换路时其他电压、电流的初始值，如 $i_C(0_+)$、$u_L(0_+)$、$u_R(0_+)$、$i_R(0_+)$ 等则可能发生跃变，必须在 $t=0_+$ 时刻的等效电路中确定。

在 $t=0_+$ 的等效电路中，电容用一个电压值为 $u_C(0_+)$ 的电压源代替，若 $u_C(0_+)=0$ 时，电容用短路线代替。电感用一个电流值为 $i_L(0_+)$ 的电流源代替，若 $i_L(0_+)=0$ 时，电感用开路代替。其他元件如独立源、受控源和电阻等保持不变。这样就得到 $t=0_+$ 的等效电路。

例 5-3 电路如图 5-12 所示，换路前电路已处于稳定。当 $t=0$ 时，开关 S 由 1 扳向 2。试求开关动作后电路中的 $u_C(0_+)$、$i_C(0_+)$、$u_L(0_+)$、$i_L(0_+)$ 和 $i(0_+)$。

解 首先根据 $t=0_-$ 时刻的电路计算 $u_C(0_-)$ 和 $i_L(0_-)$。已知开关动作前电路已处于稳定，表明：电感中的电流恒定，即电感电压等于零，电感相当于短路；电容中的电压恒定，即电容电流等于零，电容相当于开路，如图 5-13a 所示。根据 $t=0_-$ 的等效电路，求得

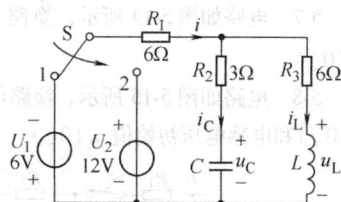

图 5-12 例 5-3 图

$$i_L(0_-) = \frac{-U_1}{R_1+R_3} = -\frac{6}{6+6}A = -0.5A$$

$$u_C(0_-) = i_L(0_-) \times R_3 = (-0.5 \times 6)V = -3V$$

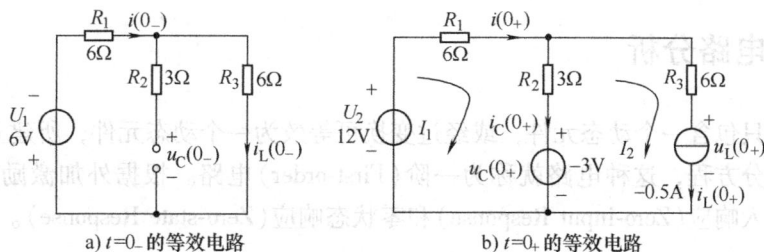

图 5-13 例 5-3 求解图

由换路定律得

$$i_L(0_+) = i_L(0_-) = -0.5A$$
$$u_C(0_+) = u_C(0_-) = -3V$$

由上述结果求得 $t=0_+$ 的等效电路如图 5-13b 所示，电容用 -3V 电压源代替，电感用 -0.5A 电流源代替。图中待求的各变量可以用求解电阻电路的方法得到。若用网孔电流

法，网孔方程为

$$\begin{cases} (R_1 + R_2)I_1 - R_2 I_2 = -u_C(0_+) + U_2 \\ I_2 = i_L(0_+) \end{cases}$$

代入数据解得

$$I_1 = 1.5\text{A}, \quad I_2 = -0.5\text{A}$$

由此求得电路中的其他量为

$$i(0_+) = I_1 = 1.5\text{A}$$

$$i_C(0_+) = I_1 - I_2 = 2\text{A}$$

$$u_L(0_+) = -I_2 R_3 - i(0_+)R_1 + U_2 = 6\text{V}$$

从例中总结出求解初始值的步骤为

1）根据换路前 $t = 0_-$ 的等效电路，计算 $u_C(0_-)$ 和 $i_L(0_-)$。

2）根据换路定律确定 $u_C(0_+)$、$i_L(0_+)$，画出 $t = 0_+$ 的等效电路。

3）在 $t = 0_+$ 的等效电路中，确定其他电压、电流的初始值。

练 习 题

5-7 电路如图 5-14 所示，换路前电路已处于稳定。当 $t = 0$ 时，开关打开。求 $u_C(0_+)$、$i_C(0_+)$ 和 $u_2(0_+)$。   [6V, −0.6A, 3.6V]

5-8 电路如图 5-15 所示，换路前电路已处于稳定。当 $t = 0$ 时，开关 S 由 1 扳向 2。求电容电流初始值 $i_C(0_+)$ 和电感电压初始值 $u_L(0_+)$。   [−7A, 0V]

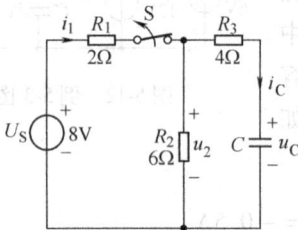

图 5-14 练习题 5-7 图   图 5-15 练习题 5-8 图

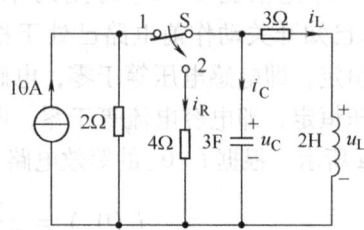

5.3 一阶电路分析

当电路中只包含一个动态元件，或经过变换可等效为一个动态元件，所建立的电路方程为一阶线性微分方程，这种电路就称为一阶（First-order）电路。根据外加激励方式的不同，电路具有零输入响应（Zero-input Response）和零状态响应（Zero-state Response）。

5.3.1 零输入响应

动态电路在没有外加电源激励时，电路的响应由动态元件上的初始储能所产生，该响应称为零输入响应。

1. RC 电路的零输入响应

电路如图 5-16a 所示，在 $t < 0$ 时，开关置于 1 的位置，电压源通过电阻 R_S 向电容充电，电容上的电压 $u_C(0_-) = U_0$。当 $t = 0$ 时，开关由 1 扳向 2 的位置，$t > 0$ 时，电路如图 5-16b

所示。因电容电压不能跃变, 此时电容上的电压 $u_C(0_+) = U_0$。

当 $t \geq 0$ 时, 根据图 5-16b 所示电路中电压、电流的参考方向, 由 KVL 可得

$$u_R - u_C = 0 \quad (t \geq 0)$$

将 $u_R = Ri$, $i = -C\dfrac{\mathrm{d}u_C}{\mathrm{d}t}$ 代入上式, 得到关于 u_C 的一阶线性齐次微分方程为

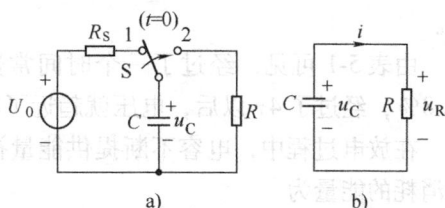

图 5-16 RC 电路的零输入响应

$$RC\frac{\mathrm{d}u_C}{\mathrm{d}t} + u_C = 0$$

此微分方程的通解为

$$u_C = Ae^{pt}$$

式中, p 为特征方程的根; A 为积分常数。

由特征方程 $RCp + 1 = 0$, 求得特征方程的根为

$$p = -\frac{1}{RC}$$

由初始条件 $u_C(0_+) = U_0$, 代入 $u_C = Ae^{pt}$, 求得积分常数

$$A = u_C(0_+) = U_0$$

因此, 在 $t \geq 0$ 时, 电容电压随时间变化的规律为

$$u_C = u_C(0_+)e^{-\frac{t}{RC}} = U_0 e^{-\frac{t}{\tau}} \quad (t \geq 0) \tag{5-16}$$

电路中的电流为

$$i = \frac{u_C}{R} = \frac{U_0}{R}e^{-\frac{t}{\tau}} \quad (t \geq 0)$$

电阻电压为

$$u_R = Ri = U_0 e^{-\frac{t}{\tau}} \quad (t \geq 0)$$

式中, $\tau = RC$ 为时间常数(Time Constant), 当 C 为法拉, R 为欧姆时, 单位为秒。

u_C 和 i 随时间变化的曲线, 如图 5-17 所示。由图可见, t 从 0_- 到 0_+ 间, u_C 是连续的, 而 i 则由零突变到 U_0/R。如果 R 很小, 则在放电开始的瞬间, 将产生很大的放电电流。$t > 0$ 以后, u_C 和 i 都按相同的指数规律衰减至零, 即放电结束。

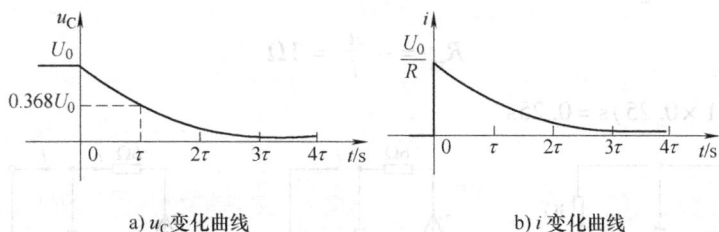

a) u_C 变化曲线   b) i 变化曲线

图 5-17 u_C 和 i 随时间变化的曲线

时间常数 τ 的大小反映了一阶电路过渡过程的进展速度, 如图 5-18 所示。τ 越大, 衰减越慢, 暂态过程时间越长; τ 越小, 衰减越快, 暂态过程时间越短, 图中 $\tau_1 > \tau_2 > \tau_3$。在电容初始电压一定的情况下, 若电容 C 越大, 存储的电荷就越多, 放电时间就越长; 若电阻 R

越大，电流越小，电阻消耗的能量就减少，放电时间也就越长。表5-1列出了不同时刻的 u_C 值。

由表5-1可见，经过了一个时间常数 τ，电压下降了 36.8%，经过了 4τ 以后，电压就趋近了零。

在放电过程中，电容不断提供能量被电阻所消耗，电阻消耗的能量为

$$W_R = \int_0^\infty i^2 R \mathrm{d}t = \int_0^\infty \left(\frac{U_0}{R}\mathrm{e}^{-\frac{t}{RC}}\right)^2 R\mathrm{d}t = \frac{U_0^2}{R}\int_0^\infty \mathrm{e}^{-\frac{2t}{RC}}\mathrm{d}t$$

$$= \frac{U_0^2}{R}\left(-\frac{RC}{2}\mathrm{e}^{-\frac{2t}{RC}}\right)\Big|_0^\infty = \frac{1}{2}CU_0^2 \qquad (5\text{-}17)$$

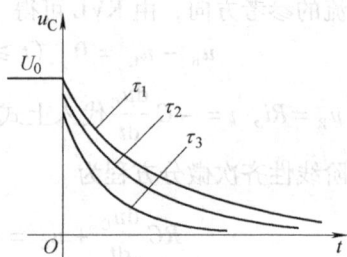

图 5-18　不同 τ 对应的 u_C 曲线

结果刚好等于电容的初始储能 $\frac{1}{2}CU_0^2$，说明电容的储能全部被电阻消耗，并转换成了热能。

表 5-1　RC 电路不同时刻的 u_C 值

t	0	τ	2τ	3τ	4τ	5τ	$\cdots$	∞
$u_C = U_0\mathrm{e}^{-\frac{t}{\tau}}$	U_0	$0.368U_0$	$0.135U_0$	$0.05U_0$	$0.02U_0$	$0.007U_0$	$\cdots$	0

例5-4　电路如图5-19所示，换路前电路已处于稳态，当 $t=0$ 时，开关扳向2。求 $t \geq 0$ 时的电流 $i(t)$。

解　换路前电路已达到稳定，即在 $t=0_-$ 时，图5-20a 中有

$$u_C(0_-) = \left(\frac{6}{6+3}\times 9\right)\mathrm{V} = 6\mathrm{V}$$

图 5-19　例 5-4 图

根据换路定律

$$u_C(0_+) = u_C(0_-) = 6\mathrm{V}$$

换路后，电路如图5-20b所示。时间常数 $\tau = R_{eq}C$，R_{eq} 是从电容两端看进去的等效电阻。由于电路中含有受控源，可以用外加电源法求得，如图5-20c所示。从图中看出

$$u = 6i_2 + 2i$$

将 $i_2 = -i - i_1 = -i - \dfrac{u}{2}$ 代入上式，整理后解得

$$R_{eq} = -\frac{u}{i} = 1\Omega$$

故，$\tau = R_{eq}C = (1\times 0.25)\mathrm{s} = 0.25\mathrm{s}$

a) $t=0_-$ 时的电路　　b) $t>0$ 后的电路　　c) 求等效电阻

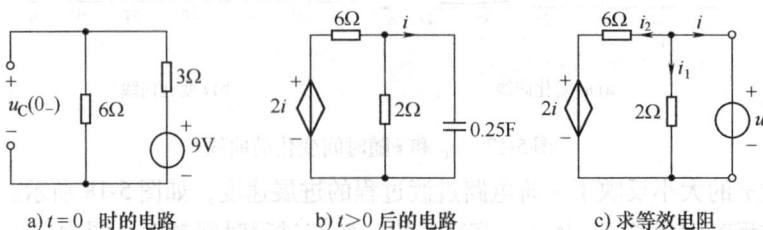

图 5-20　例 5-4 求解图

由式(5-16)得

$$u_C(t) = u_C(0_+)e^{-\frac{t}{\tau}} = 6e^{-4t}\,\text{V} \quad (t \geqslant 0)$$

$$i(t) = C\frac{du_C}{dt} = 0.25\frac{d}{dt}(6e^{-4t}) = -6e^{-4t}\,\text{A} \quad (t \geqslant 0)$$

2. RL 电路的零输入响应

电路如图 5-21a 所示，换路前电路已达到稳定，电感中的电流为 $i_L(0_-) = I_0$。当 $t = 0$ 时，开关扳向 2，$t > 0$ 时，电路如图 5-21b 所示。因电感电流不能跃变，此时电感上的电流 $i_L(0_+) = I_0$。

当 $t \geqslant 0$ 时，根据图 5-21b 所示电路中电压、电流的参考方向，由 KVL 可得

$$u_R + u_L = 0 \quad (t \geqslant 0)$$

将 $u_R = Ri_L$，$u_L = L\dfrac{di_L}{dt}$ 代入上式，得到关于 i_L 的一阶线性齐次微分方程为

$$L\frac{di_L}{dt} + Ri_L = 0$$

此微分方程的通解为

$$i_L = Ae^{pt}$$

式中，p 为特征方程的根；A 为积分常数。

由特征方程 $Lp + R = 0$，求得特征方程的根为

$$p = -\frac{R}{L}$$

由初始条件 $i_L(0_+) = I_0$，代入 $i_L = Ae^{pt}$，求得积分常数

$$A = i_L(0_+) = I_0$$

因此，在 $t \geqslant 0$ 时，电感电流随时间变化的规律为

$$i_L = i_L(0_+)e^{-\frac{R}{L}t} = I_0 e^{-\frac{R}{L}t} = I_0 e^{-\frac{t}{\tau}} \quad (t \geqslant 0) \tag{5-18}$$

电感和电阻上的电压分别为

$$u_L = L\frac{di_L}{dt} = -RI_0 e^{-\frac{R}{L}t} = -RI_0 e^{-\frac{t}{\tau}} \quad (t \geqslant 0)$$

$$u_R = -u_L = RI_0 e^{-\frac{t}{\tau}} \quad (t \geqslant 0)$$

式中，τ 为时间常数，$\tau = \dfrac{L}{R}$，当 L 的单位为 H，R 的单位为 Ω 时，τ 的单位为 s。

u_L、i_L 和 u_R 都是按相同的指数规律变化的，如图 5-22 所示。由图可见，i_L 是连续的，而 u_L 则从 $t = 0_-$ 时的零值突变到 $t = 0_+$ 时的 $-RI_0$。如果 R 很大，则在换路时电感两端就会产生很高的瞬间电压。同样，u_L 和 i_L 的变化速率取决于时间常数 τ。

RL 电路的零输入响应过程实质上是电感中磁场能

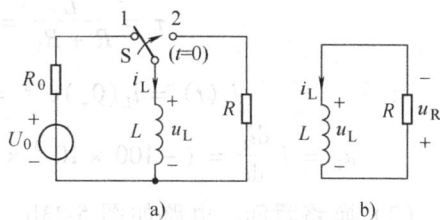

图 5-21 RL 电路的零输入响应

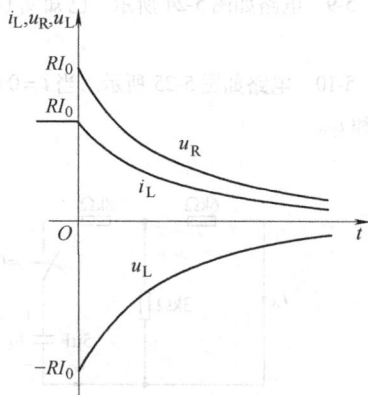

图 5-22 u_R、i_L 和 u_L 的变化规律

量的释放过程。换路后，电感储存的能量 $W_L = \frac{1}{2}LI_0^2$ 全部被电阻消耗，转换成了热能。

例 5-5　电路如图 5-23a 所示。已知直流电源 $U_S = 20V$，电感线圈的电阻 $R = 2\Omega$，$L = 100mH$，直流电压表的量程为 100V，内阻 $R_V = 10k\Omega$，换路前电路已达到稳定。当 $t = 0$ 时，开关 S 打开。试求：（1）换路后的 u_L 和 i_L；（2）换路瞬间电压表的读数。

解　（1）根据换路前电路已稳定和换路定律，则

$$i_L(0_+) = i_L(0_-) = \frac{U_S}{R} = \frac{20}{2}A = 10A$$

$$\tau = \frac{L}{R + R_V} = \frac{100 \times 10^{-3}}{2 + 10000}s = 10 \times 10^{-6}s$$

$$i_L(t) = i_L(0_+)e^{-\frac{t}{\tau}} = 10e^{-\frac{10^6}{10}t}A = 10e^{-10^5 t}A \quad (t \geq 0)$$

$$u_L = L\frac{di_L}{dt} = (-100 \times 10^{-3} \times 10^5 \times 10e^{-10^5 t})V = -100e^{-10^5 t}kV \quad (t \geq 0)$$

（2）换路瞬间，电路如图 5-23b 所示。

$$u_V(0_+) = -i_L(0_+)R_V = (-10 \times 10 \times 10^3)V = -100kV$$

可见，在换路瞬间电压表的读数远远超过电压表的量程，可能会造成电压表的损坏。

由以上分析得出，零输入响应的一般形式为

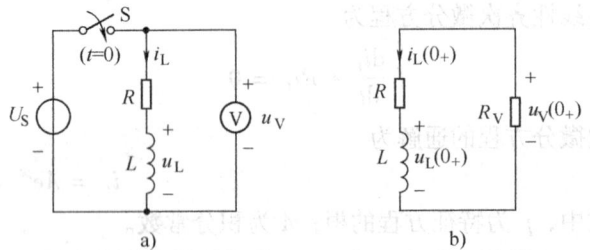

图 5-23　例 5-5 图

$$f(t) = f(0_+)e^{-\frac{t}{\tau}} \quad (t \geq 0) \tag{5-19}$$

式中，$f(0_+)$ 为响应的初始值；τ 为时间常数。在 RC 电路中，$\tau = RC$；在 RL 电路中，$\tau = L/R$。

练　习　题

5-9　电路如图 5-24 所示。已知 $u_C(0_-) = 6V$，试求 $t \geq 0$ 时的 $u_C(t)$、$i_C(t)$ 和 $i_R(t)$。

$$[u_C(t) = 6e^{-20t}V, \quad i_C(t) = -0.6e^{-20t}mA, \quad i_R(t) = 0.2e^{-20t}mA]$$

5-10　电路如图 5-25 所示。当 $t = 0$ 时，开关 S 由 a 扳向 b。已知在换路前 $i_L(0_-) = 1A$，试求换路后的 u_L 和 i_L。

$$[i_L(t) = e^{-10t}A, \quad u_L(t) = -10e^{-10t}V]$$

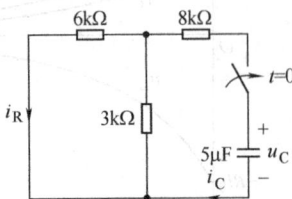

图 5-24　练习题 5-9 图

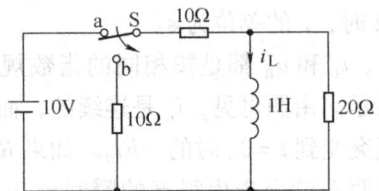

图 5-25　练习题 5-10 图

5.3.2　零状态响应

动态元件的初始能量为零，换路后仅由外加激励源产生的响应称为零状态响应。

1. RC 电路的零状态响应

电路如图 5-26 所示，开关 S 闭合前，电容上无储能，即 $u_C(0_-)=0$。在 $t=0$ 时，开关 S 闭合，电压源 U_S 通过 R 向电容充电。电容电压从 0 最终达到 U_S。这个过程称 RC 电路的零状态响应。

根据 KVL 可得

$$u_R + u_C = U_S \quad (t \geqslant 0)$$

将 $u_R = Ri$，$i = C\dfrac{\mathrm{d}u_C}{\mathrm{d}t}$ 代入上式，得到关于 u_C 的一阶线性非齐次微分方程为

$$RC\frac{\mathrm{d}u_C}{\mathrm{d}t} + u_C = U_S$$

图 5-26　RC 电路
的零状态响应

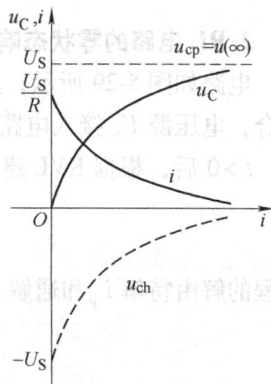

该方程的解有两部分：

$$u_C = u_{ch} + u_{cp}$$

式中，u_{cp} 为非齐次方程的特解，它与激励具有相同的形式，在直流激励情况下，$u_{cp} = U_S$；u_{ch} 为对应齐次方程 $RC\dfrac{du_C}{\mathrm{d}t} + u_C = 0$ 的通解，设为 $u_{ch} = Ae^{-\frac{t}{\tau}}$。

故微分方程的解为

$$u_C = U_S + Ae^{-\frac{t}{RC}}$$

将初始条件 $u_C(0_+) = u_C(0_-) = 0$ 代入上式，得 $A = -U_S$
满足非齐次微分方程及初始条件的解为

$$u_C = U_S - U_S e^{-\frac{t}{RC}} = U_S(1 - e^{-\frac{t}{RC}}) = u_C(\infty)(1 - e^{-\frac{t}{\tau}}) \quad (t \geqslant 0) \quad (5\text{-}20)$$

式中，$u_C(\infty)$ 为换路后电容电压的稳态值；$\tau = RC$。

电路中的电流（即电容上的电流）为

$$i = C\frac{\mathrm{d}u_C}{\mathrm{d}t} = \frac{U_S}{R}e^{-\frac{t}{RC}} = \frac{u_C(\infty)}{R}e^{-\frac{t}{\tau}} \quad (t \geqslant 0)$$

从 RC 电路零状态的解中可以看出，u_C 和 i 是随时间按同一指数规律变化的曲线，如图 5-27 所示。电容电压 u_C 从零开始按指数规律上升，最终达到稳态值 $u_C(\infty)$。充电电流 i 在 $t=0$ 的瞬间由零跃变为 U_S/R，然后逐渐减小，最终为零。充电过程结束，电路达到新的稳定状态，电容相当于开路。

充电过程的长短，由时间常数 $\tau = RC$ 决定，τ 越大充电速度越慢，反之，充电速度越快。

在充电过程中，电压源所提供的能量，一部分转换成电场能量存储在电容中，一部分被电阻消耗掉。电阻消耗的能量为

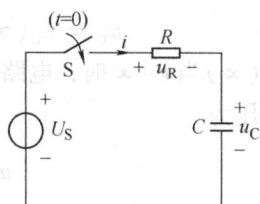

图 5-27　u_C 和 i 变化曲线

$$W_R = \int_0^\infty i^2 R \mathrm{d}t = \int_0^\infty \left(\frac{U_S}{R}e^{-\frac{t}{RC}}\right)^2 R \mathrm{d}t = \frac{1}{2}CU_S^2 \qquad (5\text{-}21)$$

结果刚好等于电容最终储存的能量，这说明不论电路中电容和电阻的数值为多少，电源提供的能量仅有 50% 转换成电场能量存储在电容中。

例 5-6 电路如图 5-28 所示，已知 $u_C(0_-) = 0$。当 $t = 0$ 时，开关 S 闭合，求 $t \geq 0$ 时的 $u_C(t)$、$i_C(t)$ 和 $u_R(t)$。

解 电路的响应由外加的电压源产生，由式 (5-20) 可知

$$u_C = u_C(\infty)(1 - e^{-\frac{t}{\tau}}) \quad (t \geq 0)$$

$u_C(\infty)$ 当 $t \to \infty$ 时，电路稳定，电容相当于开路，电容两端的电压为

$$u_C(\infty) = \frac{1}{3}\text{V}$$

时间常数 $\tau = R_{eq}C$，等效电阻 R_{eq} 是从电容两端看进去的等效电阻，即为

图 5-28　例 5-6 图

$$R_{eq} = R_1 /\!/ R_2 = (1 /\!/ 2)\Omega = \frac{2}{3}\Omega$$

所以，时间常数为

$$\tau = R_{eq}C = \left(\frac{2}{3} \times 1\right)\text{s} = \frac{2}{3}\text{s}$$

于是得到

$$u_C = u_C(\infty)(1 - e^{-\frac{t}{\tau}}) = \frac{1}{3}(1 - e^{-\frac{3}{2}t})\text{V} \quad (t \geq 0)$$

$$i_C = C\frac{\mathrm{d}u_C}{\mathrm{d}t} = \frac{1}{2}e^{-\frac{3}{2}t} \quad (t \geq 0)$$

由 KCL 得到

$$u_R = U_S - u_C = \left[1 - \frac{1}{3}(1 - e^{-\frac{3}{2}t})\right]\text{V} = \left(\frac{2}{3} + \frac{1}{3}e^{-\frac{3}{2}t}\right)\text{V} \quad (t \geq 0)$$

2. RL 电路的零状态响应

电路如图 5-29 所示，开关 S 闭合前，电感上无储能，即 $i_L(0_-) = 0$。在 $t = 0$ 时，开关 S 闭合，电压源 U_S 接入电路，电路的响应为零状态响应。

$t > 0$ 后，根据 KVL 建立的关于 i_L 的一阶线性非齐次微分方程为

$$L\frac{\mathrm{d}i_L}{\mathrm{d}t} + Ri_L = U_S$$

方程的解由特解 i_{cp} 和通解 i_{ch} 组成，并且知

$$i_{cp} = i_L(\infty) = \frac{U_S}{R}, \quad i_{ch} = Ae^{-\frac{t}{\tau}}$$

其中 $\tau = L/R$，方程的解为

$$i_L = i_{cp} + i_{ch} = \frac{U_S}{R} + Ae^{-\frac{t}{\tau}}$$

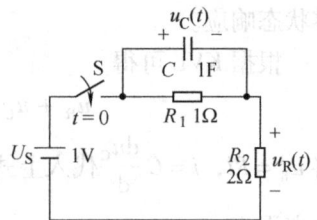

将初始条件 $i_L(0_+) = i_L(0_-) = 0$ 代入上式，得 $A = -\dfrac{U_S}{R}$

所以得到方程解为

$$i_L = \frac{U_S}{R}(1 - e^{-\frac{t}{L/R}}) = i_L(\infty)(1 - e^{-\frac{t}{\tau}}) \quad (t \geqslant 0) \tag{5-22}$$

对式(5-22)求导得方程

$$u_L = L\frac{di_L}{dt} = U_S e^{-\frac{t}{\tau}} \quad (t \geqslant 0)$$

u_L 和 i_L 的变化曲线如图 5-30 所示。

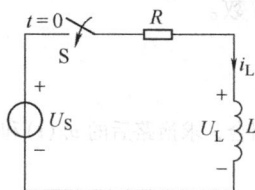

图 5-29 RL 电路的
零状态响应

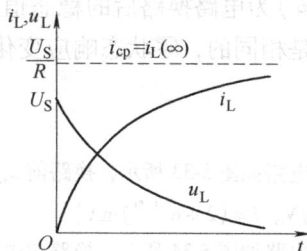

图 5-30 u_L 和 i_L 的变化曲线

例 5-7 电路如图 5-31 所示，已知电感电流 $i_L(0_-) = 0$，$t = 0$ 时，开关闭合，试求 $t \geqslant 0$ 时的 $i_L(t)$ 和 $i(t)$。

解 已知开关闭合前，$i_L(0_-) = 0$。开关闭合后，可用戴维南定理将原电路等效为图 5-32a。故得

$$\tau = \frac{L}{R_{eq}} = \frac{10}{5}s = 2s$$

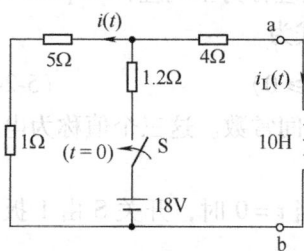

图 5-31 例 5-7 图

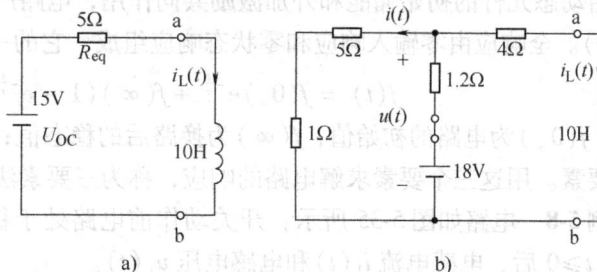

图 5-32 例 5-7 求解图

换路后，图 5-32a 电路达到稳定，电感相当于短路，故有

$$i_L(\infty) = \frac{U_{OC}}{R_{eq}} = \frac{15}{5}A = 3A$$

故得

$$i_L(t) = i_L(\infty)(1 - e^{-\frac{t}{\tau}}) = 3(1 - e^{-\frac{t}{2}})A \quad (t \geqslant 0)$$

在图 5-32b 中，有

$$u(t) = 4i_L(t) + 10\frac{di_L(t)}{dt} = \left[4 \times 3(1 - e^{-\frac{t}{2}}) + 10 \times \frac{d}{dt}3(1 - e^{-\frac{t}{2}})\right]V$$

$$= \left[12(1 - e^{-\frac{t}{2}}) + 15e^{-\frac{t}{2}}\right]V = (12 + 3e^{-\frac{t}{2}})V \quad (t \geq 0)$$

故得

$$i(t) = \frac{u(t)}{6} = \left(2 + \frac{1}{2}e^{-\frac{t}{2}}\right)A \quad (t \geq 0)$$

由以上分析得出，零状态响应的一般形式为

$$f(t) = f(\infty)(1 - e^{-\frac{t}{\tau}}) \quad (t \geq 0) \tag{5-23}$$

式中，$f(\infty)$ 为电路换路后的稳态值；τ 为时间常数，在同一电路中，零输入响应和零状态响应的 τ 是相同的，零状态响应变化的快慢也取决于时间常数。

练 习 题

5-11 电路如图 5-33 所示，换路前 $u_C(0_-) = 0$，$t = 0$ 时，开关闭合，求换路后的 $u_C(t)$ 和 $i(t)$。$[u_C = 2(1 - e^{-0.5t})V, \; i = (2 + e^{-0.5t})mA]$

5-12 电路如图 5-34 所示，换路前电路已达到稳态，$t = 0$ 时开关闭合，求 $t \geq 0$ 后的 $i_L(t)$、$u_L(t)$ 和 $i(t)$。$[i_L(t) = 1.5(1 - e^{-20t})A, \; u_L(t) = 12e^{-20t}V, \; i(t) = (1.5 - 0.5e^{-20t})A]$

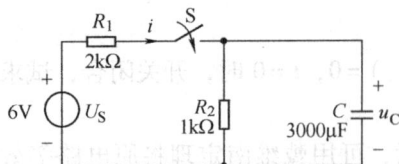

图 5-33 练习题 5-11 图   图 5-34 练习题 5-12 图

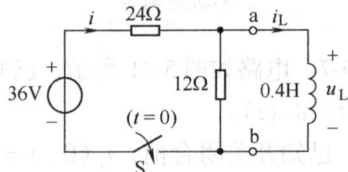

5.3.3 全响应和三要素法

由动态元件的初始储能和外加激励共同作用，电路产生的响应称为全响应（Complete Response）。全响应由零输入响应和零状态响应组成，它的一般形式为

$$f(t) = f(0_+)e^{-\frac{t}{\tau}} + f(\infty)(1 - e^{-\frac{t}{\tau}}) \quad (t \geq 0) \tag{5-24}$$

式中，$f(0_+)$ 为电路的初始值；$f(\infty)$ 为换路后的稳态值；τ 为时间常数。这三个值称为电路的三要素。用这三个要素求解电路的响应，称为三要素法。

例 5-8 电路如图 5-35 所示，开关动作前电路处于稳定，当 $t = 0$ 时，开关 S 由 1 扳向 2，求 $t \geq 0$ 后，电感电流 $i_L(t)$ 和电感电压 $u_L(t)$。

解 （1）计算电感电流的初始值 $i_L(0_+)$。

开关动作前电路处于稳定，电感相当于短路，

$$i_L(0_-) = \left[\frac{10 \times 10^3}{(10 + 10) \times 10^3} \times 20 \times 10^{-3}\right]A = 10mA。$$

由换路定律有

$$i_L(0_+) = i_L(0_-) = 10mA$$

图 5-35 例 5-8 图

（2）计算电感电流的稳态值 $i_L(\infty)$。

开关扳向 2 后，电感与电流源脱离，电路又达到稳定，电感相当于短路，电感上的储能

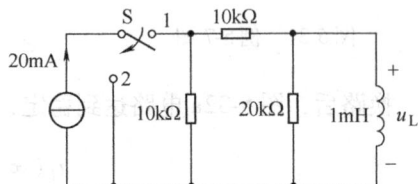

通过电阻完全释放完毕。所以，$i_L(\infty) = 0$。

（3）计算时间常数 τ。

由电感两端看进去的戴维南等效电阻 R_{eq} 为

$$R_{eq} = [20 \; // \; (10 + 10)] k\Omega = 10 k\Omega$$

则，$\tau = \dfrac{L}{R_{eq}} = \dfrac{10^{-3}}{10 \times 10^3} s = 1 \times 10^{-7} s$

代入式(5-24)，得

$$i_L(t) = 10 e^{-10^7 t} mA \quad (t \geqslant 0)$$

$$u_L(t) = L \frac{di_L}{dt} = -100 e^{-10^7 t} V \quad (t \geqslant 0)$$

例 5-9　电路如图 5-36 所示，开关动作前电路已处于稳态，当 $t = 0$ 时，开关 S 动作，求 $t \geqslant 0$ 后，电容电压 $u_C(t)$ 和电流 $i(t)$。

解　（1）计算电容电压的初始值 $u_C(0_+)$。

开关动作前，电路稳定时，电容相当于开路，$u_C(0_-) = -5V$。

由换路定律有

$$u_C(0_+) = u_C(0_-) = -5V$$

（2）计算电容电压的稳态值 $u_C(\infty)$。

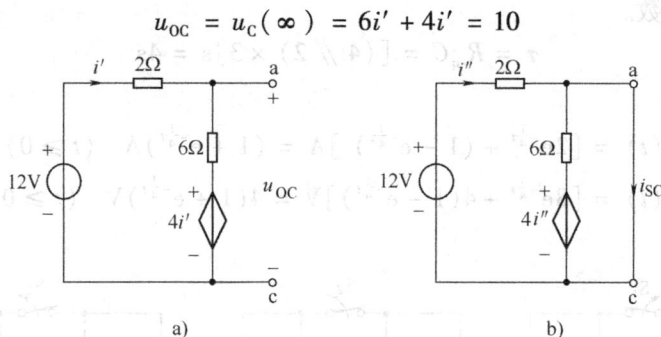

图 5-36　例 5-9 图

开关动作后，电路又达到稳定，电容相当于开路，如图 5-37a 所示。根据 KVL 有 $(2 + 6)i' + 4i' = 12$，解得

$$i' = 1A$$

故开路电压方程为

$$u_{OC} = u_C(\infty) = 6i' + 4i' = 10$$

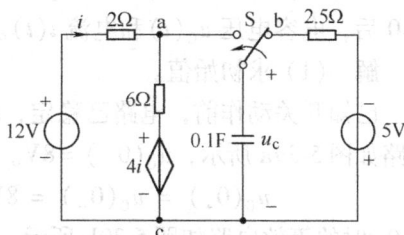

a)   b)

图 5-37　例 5-9 求解图

（3）计算时间常数 τ。

用短路电流法求等效电阻 R_{eq}，如图 5-37b 所示。已知 $i'' = (12/2)A = 6A$，根据 KCL 有

$$i_{SC} = i'' + \frac{4i''}{6} = 10$$

故，$R_{eq} = \dfrac{u_{OC}}{i_{SC}} = 1\Omega$。所以，$\tau = R_{eq}C = 0.1s$。

由式(5-24)得到，$u_C(t) = [-5e^{-10t} + 10(1 - e^{-10t})]V = (10 - 15e^{-10t})V \quad (t \geqslant 0)$

电流方程为

$$i(t) = \frac{12 - u_C(t)}{2}$$

解得

$$i(t) = (1 + 7.5e^{-10t})A \quad (t \geq 0)$$

由上可知，三要素的求解方法为

（1）求初始值 $f(0)$，用前述的初始值求解方法；

（2）求稳态值 $f(\infty)$，电路稳定时，电容用开路代替，电感用短路代替；

（3）求时间常数 τ，RC 电路为 $\tau = R_{eq}C$，RL 电路为 $\tau = L/R_{eq}$。R_{eq} 为从动态元件两端看进去的戴维南等效电阻。

例 5-10 电路如图 5-38 所示，开关动作前电路已处于稳态，当 $t = 0$ 时，开关 S_1 打开，S_2 合上。求 $t \geq 0$ 后，电容电压 $u_C(t)$ 和电流 $i(t)$。

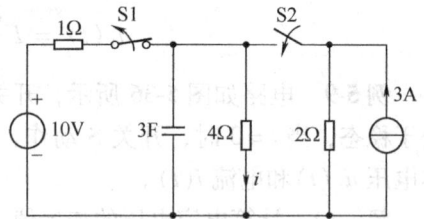

图 5-38 例 5-10 图

解 （1）求初始值。

已知开关动作前，电路已稳定，$t = 0_-$ 时的等效电路如图 5-39a 所示，$u_C(0_-) = 8V$。由换路定律得

$$u_C(0_+) = u_C(0_-) = 8V$$

$t = 0_+$ 时的等效电路如图 5-39b 所示，可求得

$$i(0_+) = \frac{8}{4}A = 2A$$

（2）求稳态值。

$t \to \infty$ 时的等效电路如图 5-39c 所示。

$$i(\infty) = \left(\frac{2}{4+2} \times 3\right)A = 1A$$

$$u_C(\infty) = 4V$$

（3）求时间常数。

$$\tau = R_{eq}C = [(4 /\!/ 2) \times 3]s = 4s$$

由式(5-24)得

$$i(t) = [2e^{-\frac{1}{4}t} + (1 - e^{-\frac{1}{4}t})]A = (1 + e^{-\frac{1}{4}t})A \quad (t \geq 0)$$

$$u_C(t) = [8e^{-\frac{1}{4}t} + 4(1 - e^{-\frac{1}{4}t})]V = 4(1 + e^{-\frac{1}{4}t})V \quad (t \geq 0)$$

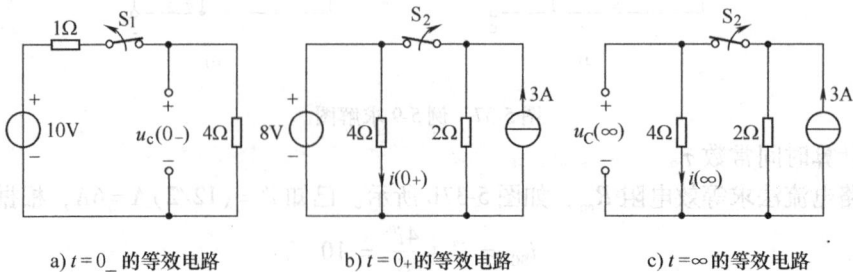

a) $t = 0_-$ 的等效电路   b) $t = 0_+$ 的等效电路   c) $t = \infty$ 的等效电路

图 5-39 例 5-10 求解图

练 习 题

5-13　电路如图 5-40 所示，原电路处于稳定状态。$t=0$ 时开关 S 打开，求 $t>0$ 后的电感电流 $i_L(t)$。

$$[i_L(t)=(0.2+0.05e^{-500t})\text{A}]$$

5-14　电路如图 5-41 所示，原电路处于稳定状态，$u_C(0_-)=1\text{V}$。$t=0$ 时开关 S 闭合，求 $t>0$ 后的电容电流 i_C 和电压 u_C 及电流源两端的电压 $u(t)$。

$$[i_C(t)=5e^{-0.5t}\text{A},\ u_C(t)=(11-10e^{-0.5t})\text{V},\ u(t)=(12-5e^{-0.5t})\text{V}]$$

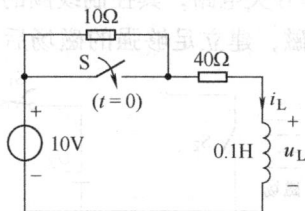

图 5-40　练习题 5-13 图　　　　　　　　　图 5-41　练习题 5-14 图

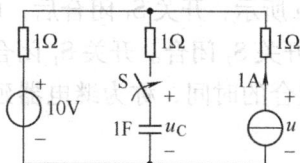

5.3.4　一阶电路的实际应用

在电子、通信等实际电路中，一阶电路的应用非常广泛，下面介绍两个 RC 和 RL 电路的应用实例。

1. 闪烁灯电路

道路施工现场对行人、车辆的警示闪烁灯，其电路模型如图 5-42 所示，电路由电容和氖灯泡并联组成。氖灯泡有足够的电压才能导通点亮，未导通时相当于开路。电路的工作过程是：开关闭合后，电压源向电容充电，当电容两端的电压超过氖灯泡导通电压时，氖灯泡导通点亮。导通后电容又通过氖灯泡放电，使电容电压急速

图 5-42　闪烁灯电路模型

降低，当低于氖灯泡导通电压，氖灯泡熄灭后再次相当于开路，电源又重新向电容充电。每循环一次，灯就闪烁一次。电路中的可调电阻 R_2 用来调节循环的时间。

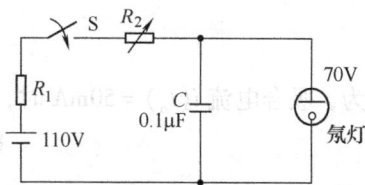

例 5-11　如果图 5-42 电路中的电阻 $R_1=1.5\text{M}\Omega$，$0<R_2<2.5\text{M}\Omega$，氖灯泡的导通电压为 70V。试求：(1)电路时间常数的范围；(2)当 $R_2=2.5\text{M}\Omega$ 时，开关闭合后第一次亮灯需要多少时间。

解　(1) 当 $R_2=0$ 时，对应的时间常数为

$$\tau=R_1C=[(1.5\times10^6)\times0.1\times10^{-6}]\text{s}=0.15\text{s}$$

当 $R_2=2.5\text{M}\Omega$ 时，对应的时间常数为

$$\tau=(R_1+R_2)C=[(1.5+2.5)\times10^6\times0.1\times10^{-6}]\text{s}=0.4\text{s}$$

故时间常数的范围是 $0.15\text{s}<\tau<0.4\text{s}$。

(2) 电路的初始值为 $u_C(0_+)=u_C(0_-)=0\text{V}$，稳态值为 $u_C(\infty)=110\text{V}$。

当时间常数为 $\tau=(R_1+R_2)C=0.4\text{s}$ 时，有

$$u_C(t)=u_C(\infty)(1-e^{-\frac{t}{\tau}})=110(1-e^{-\frac{t}{0.4}})\text{V}$$

设 $t=t_0$ 时氖灯泡导通点亮。此时，$u_C(t_0)=70\text{V}$，代入上式得

$$70V = 110(1 - e^{-\frac{t_0}{0.4}})V$$

解得
$$t_0 = 0.4s \ln \frac{11}{4} = 0.4046s$$

氖灯泡每隔 t_0 时间闪烁一次，合理调节电阻 R_2 就可调节时间常数即调节灯泡闪烁间隔时间。

2. 继电器电路

继电器是采用磁力控制的开关，被广泛应用于大功率开关电路，其控制线圈的电路模型如图 5-43a 所示，开关 S_1 闭合后，电压源向电感线圈充磁，建立足够强的磁场后，继电器吸合，即开关 S_2 闭合。开关 S_1 闭合到开关 S_2 吸合的时间，称为继电器延迟时间 t_d。

例 5-12　继电器的电路模型如图 5-43b 所示，电感线圈参数 $R = 150\Omega$，$L = 30mH$，供电电压 $U_S = 12V$，吸合电流 $i(t_d) = 50mA$，试求继电器的延迟时间 t_d。

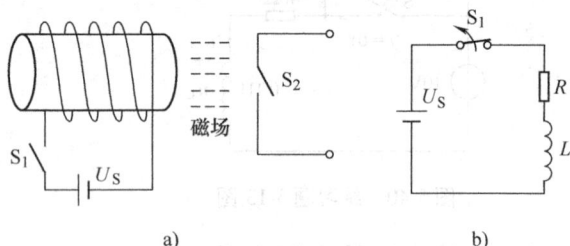

图 5-43　继电器电路

解　电路的初始值为 $i_L(0_+) = i_L(0_-) = 0$；电路的稳态值为 $i_L(\infty) = (12/150)A = 80mA$；电路的时间常数 $\tau = L/R = (30 \times 10^{-3}/150)s = 0.2ms$。故得

$$i_L(t) = 80(1 - e^{-5t})mA$$

因为，吸合电流 $i(t_d) = 50mA$ 时，开关吸合，代入上式得

$$80(1 - e^{-5t_d})mA = 50mA$$

解得
$$t_d = 0.2ms \ln \frac{8}{3} = 0.1962ms$$

所以，继电器的延迟时间为 0.1962ms。

5.4　二阶电路的分析

含有两个动态元件，且用二阶微分方程描述的动态电路称为二阶电路。求解二阶电路需要两个初始条件，它们由两个动态元件的初始值决定。

5.4.1　二阶电路的零输入响应

图 5-44 所示的 RLC 串联电路，假设电容已充电，其电压为 U_0，电感中的初始电流为 I_0。$t = 0$ 时，开关 S 闭合，此电路的放电过程就是二阶电路的零输入响应。

根据 KVL 有

$$u_R + u_L - u_C = 0 \tag{5-25}$$

由电流 $i = -C\dfrac{du_C}{dt}$ 和元件的 VAR 条件，可得

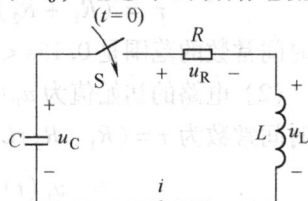

图 5-44　RLC 电路的零输入响应

$$u_R = Ri = -RC\frac{\mathrm{d}u_C}{\mathrm{d}t}, \quad u_L = L\frac{\mathrm{d}i}{\mathrm{d}t} = -LC\frac{\mathrm{d}^2 u_C}{\mathrm{d}t^2}$$

把这些关系代入式(5-25)，得

$$LC\frac{\mathrm{d}^2 u_C}{\mathrm{d}t^2} + RC\frac{\mathrm{d}u_C}{\mathrm{d}t} + u_C = 0 \tag{5-26}$$

式(5-26)是以 u_C 为变量的二阶线性常系数齐次微分方程，相应的特征方程为

$$LCp^2 + RCp + 1 = 0$$

方程有两个特征根，即

$$p_{1,2} = -\frac{R}{2L} \pm \sqrt{\left(\frac{R}{2L}\right)^2 - \frac{1}{LC}} \tag{5-27}$$

从式(5-27)可以看出，特征根 p_1 和 p_2 仅与电路参数和结构有关，而与激励和初始储能无关，故又把它们称为电路的固有频率。

由于电路中 R、L、C 的参数值不同，固有频率 p_1、p_2 可能有 3 种不同的情况：

1）当 $\left(\dfrac{R}{2L}\right)^2 > \dfrac{1}{LC}$ 时，即 $R > 2\sqrt{\dfrac{L}{C}}$ 时，p_1、p_2 是两个不相同的负实根。

2）当 $\left(\dfrac{R}{2L}\right)^2 = \dfrac{1}{LC}$ 时，即 $R = 2\sqrt{\dfrac{L}{C}}$ 时，p_1、p_2 是两个相同的负实根。

3）当 $\left(\dfrac{R}{2L}\right)^2 < \dfrac{1}{LC}$ 时，即 $R < 2\sqrt{\dfrac{L}{C}}$ 时，p_1、p_2 是一对实部为负的共轭复根。

下面分别讨论这三种情况。

1. $R > 2\sqrt{\dfrac{L}{C}}$，过阻尼情况

此时电阻较大，称过阻尼情况，固有频率 p_1、p_2 为两个不相同的负实根，齐次方程的通解为

$$u_C = A_1 \mathrm{e}^{p_1 t} + A_2 \mathrm{e}^{p_2 t} \tag{5-28}$$

式中

$$p_1 = -\frac{R}{2L} + \sqrt{\left(\frac{R}{2L}\right)^2 - \frac{1}{LC}}, \quad p_2 = -\frac{R}{2L} - \sqrt{\left(\frac{R}{2L}\right)^2 - \frac{1}{LC}} \tag{5-29}$$

式中的积分系数 A_1 和 A_2 由初始条件定出。通常给定的初始条件为 $u_C(0) = U_0$，$i_L(0) = I_0$。由于 $i = -C\dfrac{\mathrm{d}u_C}{\mathrm{d}t}$，因此有 $\dfrac{\mathrm{d}u_C}{\mathrm{d}t}\bigg|_0 = -\dfrac{1}{C}i(0) = -\dfrac{I_0}{C}$。将初始条件代入式(5-28)得

$$\begin{cases} u_C(0) = A_1 + A_2 \\ u_C'(0) = A_1 p_1 + A_2 p_2 = \dfrac{i_L(0)}{C} \end{cases} \tag{5-30}$$

由式(5-30)解得

$$A_1 = \frac{1}{p_2 - p_1}\left[p_2 u_C(0) - \frac{i_L(0)}{C}\right], \quad A_2 = \frac{1}{p_1 - p_2}\left[p_1 u_C(0) - \frac{i_L(0)}{C}\right]$$

因此，给定初始条件 $u_C(0)$、$i_L(0)$ 后，A_1 和 A_2 便可确定，最终解得 $u_C(t)$ 和电感电流 $i_L(t)$，

而且它们都是非振荡性响应。

2. $R = 2\sqrt{\dfrac{L}{C}}$，临界阻尼情况

临界阻尼情况，固有频率 p_1、p_2 为两个相同的负实根 p，齐次方程的通解为

$$u_C = (A_1 + A_2 t)\mathrm{e}^{pt} \tag{5-31}$$

式中的 p 由式(5-29)解得

$$p = -\frac{R}{2L} = -\alpha \tag{5-32}$$

式中的 A_1 和 A_2 由初始条件定出。最终解得电容的电压为

$$
\begin{aligned}
u_C(t) &= u_C(0)\mathrm{e}^{-\alpha t} + \left[\frac{i_L(0)}{C} + \alpha u_C(0)\right]t\mathrm{e}^{-\alpha t}\\
&= u_C(0)(1 + \alpha t)\mathrm{e}^{-\alpha t} + \frac{i_L(0)}{C}t\mathrm{e}^{-\alpha t}
\end{aligned} \tag{5-33}
$$

电感的电流为

$$i_L(t) = C\frac{\mathrm{d}u_C}{\mathrm{d}t} = -u_C(0)\alpha^2 C t\mathrm{e}^{-\alpha t} + i_L(t)(1 - \alpha t)\mathrm{e}^{-\alpha t} \tag{5-34}$$

由式(5-33)和式(5-34)可以看到，电路的响应仍然是非振荡性的。

3. $R < 2\sqrt{\dfrac{L}{C}}$，欠阻尼情况

此时电阻较小，称欠阻尼情况，固有频率为共轭复数，即

$$p_{1,2} = -\frac{R}{2L} \pm \sqrt{\left(\frac{R}{2L}\right)^2 - \frac{1}{LC}} = -\frac{R}{2L} \pm \mathrm{j}\sqrt{\frac{1}{LC} - \left(\frac{R}{2L}\right)^2} = -\alpha \pm \mathrm{j}\omega_d \tag{5-35}$$

式中

$$\alpha = \frac{R}{2L}, \quad \omega_d = \sqrt{\frac{1}{LC} - \left(\frac{R}{2L}\right)^2} = \sqrt{\omega_0^2 - \alpha^2}, \omega_0 = \frac{1}{\sqrt{LC}}$$

齐次方程的通解为

$$u_C(t) = \mathrm{e}^{-\alpha t}(A_1\cos\omega_d t + A_2\sin\omega_d t) \tag{5-36}$$

式中，常数 A_1 和 A_2 由初始条件确定。

由式(5-36)得

$$u_C(0) = A_1 \tag{5-37}$$

$$u_C'(0) = -\alpha A_1 + \omega_d A_2 = \frac{i_L(0)}{C} \tag{5-38}$$

将式(5-37)代入式(5-38)，可得

$$A_2 = \frac{1}{\omega_d}\left[\alpha u_C(0) + \frac{i_L(0)}{C}\right] \tag{5-39}$$

因此，给定 $u_C(0)$ 和 $i_L(0)$，A_1 和 A_2 就可由式(5-37)和式(5-39)确定，便可求得 $u_C(t)$。

为了便于反映响应的特点，式(5-36)也可写为

$$
\begin{aligned}
u_C(t) &= \mathrm{e}^{-\alpha t}\sqrt{A_1^2 + A_2^2}\left(\frac{A_1}{\sqrt{A_1^2 + A_2^2}}\cos\omega_d t + \frac{A_2}{\sqrt{A_1^2 + A_2^2}}\sin\omega_d t\right)\\
&= A\mathrm{e}^{-\alpha t}\cos(\omega_d t + \theta)
\end{aligned} \tag{5-40}
$$

式中 $A = \sqrt{A_1^2 + A_2^2}$；$\theta = -\arctan\dfrac{A_2}{A_1}$。它们的关系可用图 5-45 所示。

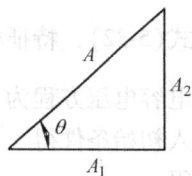

式(5-40)说明，$u_C(t)$ 是衰减振荡，如图 5-46 所示，它的振幅 $Ae^{-\alpha t}$ 是随时间作指数衰减的。α 称为衰减系数，α 越大，衰减越快；ω_d 是衰减振荡的角频率，ω_d 越大，振荡周期越小，振荡越快。如图中所示，按指数规律衰减的细虚线称为包络线。显然，如果 α 越大，包络线衰减得越快。

图 5-45　常数 A_1、A_2 间的关系

由上可知，当电路中电阻较小，$R < 2\sqrt{\dfrac{L}{C}}$ 时，响应是振荡性的。当电路中的电阻为零时，由图 5-44所示的电路可得

$$\alpha = 0,\quad \omega_d = \omega_0 = \frac{1}{\sqrt{LC}}$$

齐次方程的通解为

$$u_C(t) = A_1\cos\omega_d t + A_2\sin\omega_d t \qquad (5\text{-}41)$$

由式(5-37)和式(5-39)可得

$$A_1 = u_C(0),\quad A_2 = \frac{i_L(0)}{\omega_0 C}$$

图 5-46　震荡性响应，$u_C(t) = U_0$

故得

$$u_C(t) = u_C(0)\cos\omega_d t + \frac{i_L(0)}{\omega_0 C}\sin\omega_d t$$

$$i_L(t) = -u_C(0)\omega_0 C\sin\omega_0 t + i_L(0)\cos\omega_0 t$$

这时的响应是等幅振荡，其振荡角频率为 ω_0。

例 5-13　图 5-44 所示电路中，已知 $L = 1\text{H}$，$C = 0.25\text{F}$，$u_C(0) = 4\text{V}$，$i(0) = -2\text{A}$。试求：(1) $R = 5\Omega$；(2) $R = 4\Omega$；(3) $R = 2\Omega$；(4) $R = 0$ 时，不同的电容电压 u_C。

解　(1) $R = 5\Omega$ 时，$2\sqrt{L/C} = 4 < R$，电路为过阻尼情况。

由式(5-28)，$u_C = A_1 e^{p_1 t} + A_2 e^{p_2 t}$

由式(5-32)，特征根为

$$p_1 = -\frac{R}{2L} + \sqrt{\left(\frac{R}{2L}\right)^2 - \frac{1}{LC}} = -\frac{5}{2} + \sqrt{\left(\frac{5}{2}\right)^2 - 4} = -1$$

$$p_2 = -\frac{R}{2L} - \sqrt{\left(\frac{R}{2L}\right)^2 - \frac{1}{LC}} = -\frac{5}{2} - \sqrt{\left(\frac{5}{2}\right)^2 - 4} = -4$$

故电容电压方程为 $\qquad u_C = A_1 e^{-t} + A_2 e^{-4t}$

代入初始条件：$u_C(0_+) = u_C(0_-) = 4$，$\left.\dfrac{du_C}{dt}\right|_{0_+} = -\dfrac{1}{C}i(0_+) = 8$，得 $\begin{cases} A_1 + A_2 = 4 \\ -A_1 - 4A_2 = 8 \end{cases}$

解得 $\qquad A_1 = 8,\quad A_2 = -4$

因此有 $\qquad u_C = 8e^{-t} - 4e^{-4t} \quad (t \geq 0)$

(2) $R = 4\Omega$ 时，电路为临界阻尼情况。

由式(5-31)，$u_C = (A_1 + A_2 t)e^{pt}$

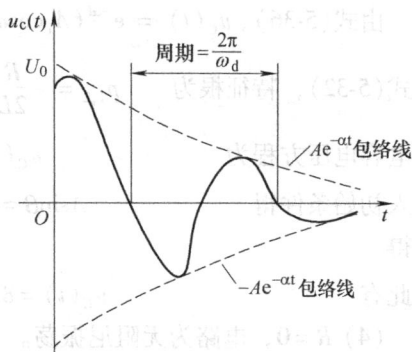

由式(5-32)，特征根为　　　　　　　　　$p = -\dfrac{R}{2L} = -2$

故电容电压方程为　　　　　　　　　$u_C = (A_1 + A_2 t) e^{-2t}$

代入初始条件得　　　　　　　　　$A_1 = 4,\ A_2 - 2A_1 = 8$

解得　　　　　　　　　　　　　　$A_1 = 4,\ A_2 = 16$

因此有　　　　　　　　　　　　$u_C = (4 + 16t) e^{-2t} \quad (t \geqslant 0)$

(3) $R = 2\Omega$ 时，电路为欠阻尼情况。

由式(5-36)，$u_C(t) = e^{-\alpha t}(A_1 \cos\omega_d t + A_2 \sin\omega_d t)$

由式(5-32)，特征根为　　$p_{1,2} = -\dfrac{R}{2L} \pm \sqrt{\left(\dfrac{R}{2L}\right)^2 - \dfrac{1}{LC}} = -1 \pm j\sqrt{3}$

故电容电压方程为　　　　　　$u_C(t) = Ae^{-t}\sin(\sqrt{3}t + \beta)$

代入初始条件得　　　　$A\sin\beta = 4,\ -A\sin\beta + \sqrt{3}A\cos\beta = 8$

解得　　　　　　　　　　　　$A = 8,\ \beta = 30°$

因此有　　　　　　　　$u_C(t) = 8e^{-t}\sin(\sqrt{3}t + 30°) \quad (t \geqslant 0)$

(4) $R = 0$，电路为无阻尼振荡。

由式(5-41)，$u_C(t) = A_1 \cos\omega_d t + A_2 \sin\omega_d t$

由式(5-32)，特征根为　　　　　　　$p_{1,2} = \pm j2$

故电容电压方程为　　　　　　　$u_C(t) = A\sin(2t + \beta)$

代入初始条件得　　　　　　$A\sin\beta = 4,\ 2A\cos\beta = 8$

解得　　　　　　　　　　　$A = 4\sqrt{2},\ \beta = 45°$

所以有　　　　　　　　$u_C(t) = 4\sqrt{2}\sin(2t + 45°) \quad (t \geqslant 0)$

练 习 题

5-15　在图 5-47 所示电路中，再添加一个虚线所示电容，其结果是使电路成为何种情况？［过阻尼］

5-16　在图 5-48 所示电路中，再添加一个虚线所示的受控源($0 < a < 1$)，其结果又如何？［过阻尼］

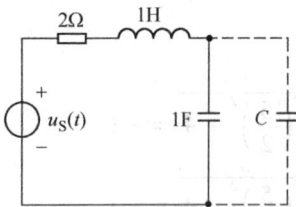

图 5-47　练习题 5-15 图　　　　　　图 5-48　练习题 5-16 图

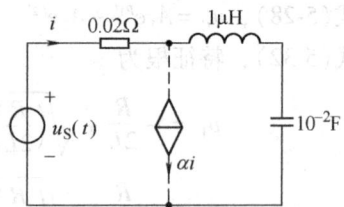

5.4.2　二阶电路的零状态响应与全响应

如果二阶电路的初始储能为零，电路的响应由外加的激励产生，则称二阶电路的零状态响应。

图 5-49 所示的 RLC 串联电路，$u_C(0) = 0$，$i_L(0) = 0$。$t = 0$ 时，开关 S 闭合，根据 KVL 有

$$u_R + u_L + u_C = u_S \qquad (5\text{-}42)$$

由电流 $i = C\dfrac{\mathrm{d}u_C}{\mathrm{d}t}$ 和元件的 VAR 条件，可得

$$u_R = Ri = RC\frac{\mathrm{d}u_C}{\mathrm{d}t}, \quad u_L = L\frac{\mathrm{d}i}{\mathrm{d}t} = LC\frac{\mathrm{d}^2 u_C}{\mathrm{d}t^2}$$

把这些关系代入式(5-42)，得

$$LC\frac{\mathrm{d}^2 u_C}{\mathrm{d}t^2} + RC\frac{\mathrm{d}u_C}{\mathrm{d}t} + u_C = u_S \quad (t \geqslant 0) \qquad (5\text{-}43)$$

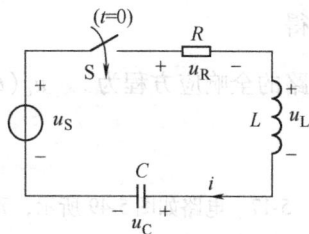

图 5-49 RLC 电路的零状态响应

式(5-43)是以 u_C 为变量的二阶线性常系数非齐次微分方程，方程的解由齐次方程通解 u_{ch} 和非齐次方程的特解 u_{cp} 组成，即

$$u_C = u_{ch} + u_{cp} \qquad (5\text{-}44)$$

式(5-44)中的通解 u_{ch} 与零输入响应相同，特解 u_{cp} 就是电路的稳态值。

二阶电路的全响应是由电路元件的初始储能和外加的激励共同产生的响应。它可以由零输入响应和零状态响应叠加得到，也可以由式(5-43)表示的非齐次微分方程求得。

例 5-14 电路如图 5-49 所示，已知 $R = 4\Omega$，$L = 1\mathrm{H}$，$C = 1/3\mathrm{F}$，$u_S = 10\mathrm{V}$。$t = 0$ 时作用于电路，试求：(1)电路的零状态响应 $u_C(t)$；(2)当电路的初始状态 $u_C(0) = 4\mathrm{V}$，$i(0) = 1\mathrm{A}$ 时，电路的全响应 $u_C(t)$。

解 电路方程为
$$LC\frac{\mathrm{d}^2 u_C}{\mathrm{d}t^2} + RC\frac{\mathrm{d}u_C}{\mathrm{d}t} + u_C = u_S$$

代入元件参数并整理后得
$$\frac{\mathrm{d}^2 u_C}{\mathrm{d}t^2} + 4\frac{\mathrm{d}u_C}{\mathrm{d}t} + 3u_C = 30$$

首先求通解 u_{ch}。由元件参数知 $R > 2\sqrt{\dfrac{L}{C}}$，电路属过阻尼情况。电路的固有频率为

$$p_1 = -\frac{R}{2L} + \sqrt{\left(\frac{R}{2L}\right)^2 - \frac{1}{LC}} = -2 + \sqrt{4 - 3} = -1$$

$$p_2 = -\frac{R}{2L} - \sqrt{\left(\frac{R}{2L}\right)^2 - \frac{1}{LC}} = -2 - \sqrt{4 - 3} = -3$$

故通解 u_{ch} 为
$$u_{ch} = A_1 \mathrm{e}^{-t} + A_2 \mathrm{e}^{-3t}$$

特解 u_{cp} 为
$$u_{cp} = 10$$

电路微分方程的解为
$$u_C(t) = A_1 \mathrm{e}^{-t} + A_2 \mathrm{e}^{-3t} + 10$$

(1) 代入零初始条件得
$$\begin{cases} u_C(0) = A_1 + A_2 + 10 = 0 \\ u_C'(0) = -A_1 - 3A_2 = 0 \end{cases}$$

解得
$$A_1 = -15, \; A_2 = 5$$

电路的零状态响应方程为
$$u_C(t) = (-15\mathrm{e}^{-t} + 5\mathrm{e}^{-3t} + 10) \quad (t \geqslant 0)$$

(2) 代入非零初始条件得
$$\begin{cases} u_C(0) = A_1 + A_2 + 10 = 4 \\ u_C'(0) = -A_1 - 3A_2 = 3 \end{cases}$$

解得 $A_1 = -7.5, \quad A_2 = 1.5$

电路的全响应方程为 $u_C(t) = (-7.5e^{-t} + 1.5e^{-3t} + 10) \quad (t \geqslant 0)$

练 习 题

5-17 电路如图 5-49 所示，元件的初始状态为零。$L = 1H$，$C = 1/3F$，$R = 4\Omega$，$u_S(t) = 16V(t \geqslant 0)$，求 $t \geqslant 0$ 时的 $u_C(t)$ 和 $i(t)$。 $[u_C(t) = (-24e^{-t} + 8e^{-3t} + 16)V, \ i(t) = 8(e^{-t} - e^{-3t})A]$

5-18 在练习题 5-17 中，若 R 改为 2Ω，求 $i(t)$。 $[11.3e^{-t}\sin\sqrt{2}t\ A]$

5.4.3 并联二阶电路的分析

GCL 并联二阶电路如图 5-50 所示，它的电路分析与 RLC 串联电路的分析具有对偶的关系。RLC 串联电路的微分方程为

$$LC \frac{d^2u_C}{dt^2} + RC \frac{du_C}{dt} + u_C = U_S$$

利用对偶关系分析 GLC 并联电路，它的微分方程为

$$CL \frac{d^2i_L}{dt^2} + GL \frac{di_L}{dt} + i_L = I_S \quad (t \geqslant 0) \quad (5\text{-}45)$$

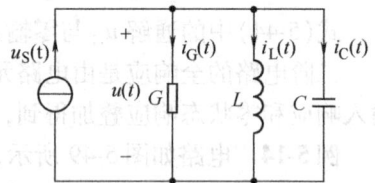

特征方程的根为

图 5-50 GCL 并联二阶电路

$$p_{1,2} = -\frac{G}{2C} \pm \sqrt{\left(\frac{G}{2C}\right)^2 - \frac{1}{LC}} \quad (5\text{-}46)$$

由于 G、L、C 的数值不同，固有频率 p_1 和 p_2 也会出现 3 种不同的情况，与 RLC 串联电路的分析相似。下面用例题说明。

例 5-15 电路如图 5-50 所示，$i_S(t) = 1A$，$L = 1H$，$C = 1F$，初始状态为零。若（1）$G = 10S$；（2）$G = 2S$；（3）$G = \frac{1}{10}S$。分别求 $i_L(t)$ 的零状态响应。

解 （1）$G = 10S$ 时，$G > 2\sqrt{\dfrac{C}{L}}$，属于过阻尼情况。

电路固有频率为

$$p_{1,2} = -\frac{G}{2C} \pm \sqrt{\left(\frac{G}{2C}\right)^2 - \frac{1}{LC}} = -5 \pm \sqrt{24}$$

即

$$p_1 = -5 + 2\sqrt{6}, \ p_2 = -5 - 2\sqrt{6}$$

电路微分方程的解为

$$i_L(t) = A_1 e^{p_1 t} + A_2 e^{p_2 t} + 1$$

已知 $u_C(0) = 0$，$i_L(0) = 0$，故得

$$\begin{cases} i_L(0) = A_1 + A_2 + 1 = 0 \\ i'_L(0) = p_1 A_1 + p_2 A_2 = \dfrac{u_C(0)}{L} = 0 \end{cases}$$

由此解得 $A_1 = -\dfrac{5 + 2\sqrt{6}}{4\sqrt{6}}, \ A_2 = -\dfrac{5 - 2\sqrt{6}}{4\sqrt{6}}$

故得 $\qquad i_L(t) = 1 + \dfrac{1}{4\sqrt{6}}[\,(5 - 2\sqrt{6})\,\mathrm{e}^{-(5+2\sqrt{6})t} - (5 + 2\sqrt{6})\,\mathrm{e}^{-(5-2\sqrt{6})t}\,]\,\mathrm{A} \quad (t \geqslant 0)$

(2) $G = 2\mathrm{S}$ 时，$G = 2\sqrt{\dfrac{C}{L}}$，属于临界阻尼情况。

电路微分方程的解为

$$i_L(t) = (A_1 + tA_2)\,\mathrm{e}^{pt} + 1$$

其中

$$p = -\frac{G}{2C} = -1$$

由初始条件可得

$$\begin{cases} i_L(0) = A_1 + 1 = 0 \\ i'_L(0) = p_1 A_1 + A_2 = \dfrac{u_C(0)}{L} = 0 \end{cases}$$

由此解得 $\qquad A_1 = A_2 = -1$

故得 $\qquad i_L(t) = [\,1 - (1 + t)\,\mathrm{e}^{-t}\,]\,\mathrm{A} \quad (t \geqslant 0)$

(3) $G = \dfrac{1}{10}\mathrm{S}$ 时，$G < 2\sqrt{\dfrac{C}{L}}$，属于欠阻尼情况。

电路微分方程的解为

$$i_L(t) = \mathrm{e}^{-\alpha t}(A_1 \cos\omega_d t + A_2 \sin\omega_d t) + 1$$

电路固有频率为

$$p_{1,2} = -\frac{G}{2C} \pm \mathrm{j}\sqrt{\frac{1}{LC} - \left(\frac{G}{2C}\right)^2} = -\frac{1}{20} \pm \mathrm{j}\sqrt{1 - \frac{1}{400}} \approx -0.05 \pm \mathrm{j} = -\alpha \pm \mathrm{j}\omega_d$$

由初始条件可得

$$\begin{cases} i_L(0) = A_1 + 1 = 0 \\ i'_L(0) = -\alpha A_1 + \omega_d A_2 = \dfrac{u_C(0)}{L} = 0 \end{cases}$$

由此解得 $\quad A_1 = -1,\ A_2 = -\dfrac{\alpha}{\omega_d} = -0.05$

故得

$$i_L(t) = [\,1 - \mathrm{e}^{-0.05t}(\cos t + 0.05\sin t)\,]\,\mathrm{A}$$

$$\approx (1 - \mathrm{e}^{-0.05t}\cos t)\,\mathrm{A} \quad (t \geqslant 0)$$

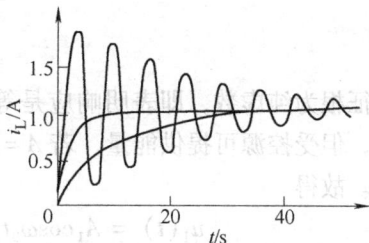

图 5-51　例 5-15 图

以上几种情况的波形如图 5-51 所示。

例 5-16 电路如图 5-52a 所示，已知初始状态为零。当输出 $u_o(t)$ 为等幅振荡，振荡角频率 $\omega_0 = \dfrac{1}{\sqrt{LC}}$ 时，试求 A 应为何值。

解 当 $t \geqslant 0$ 时，图 5-52a 可简画为图 5-52b 所示形式。根据 KCL，可得

$$i_L + i_R + i_C = \frac{U_S}{R} + \frac{Au_1}{R}$$

将元件的 VAR 代入上式，得

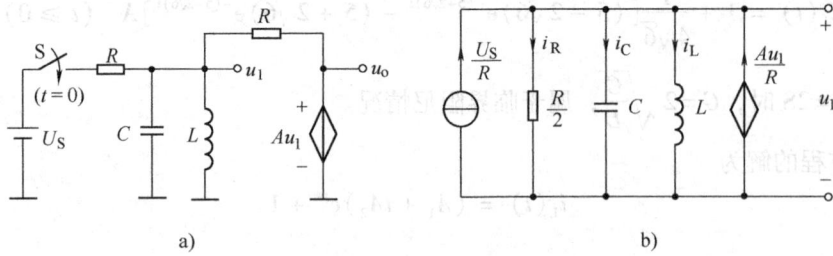

图 5-52　例 5-16 图

$$\frac{2}{R}u_1 + C\frac{\mathrm{d}u_1}{\mathrm{d}t} + \frac{1}{L}\int_{-\infty}^{t} u_1\mathrm{d}t = \frac{U_S}{R} + \frac{Au_1}{R}$$

对 u_1 求一次导数整理后得

$$\frac{\mathrm{d}^2 u_1}{\mathrm{d}t^2} + \frac{1}{RC}(2-A)\frac{\mathrm{d}u_1}{\mathrm{d}t} + \frac{1}{LC}u_1 = 0$$

由于 $u_o = Au_1$，若要求 u_o 为等幅振荡，u_1 也应为等幅振荡。又因为等幅振荡的条件是电路中的 $R = 0$，即 $\frac{1}{RC}(2-A)\frac{\mathrm{d}u_1}{\mathrm{d}t} = 0$，如果 $A = 2$，上述方程为

$$\frac{\mathrm{d}^2 u_1}{\mathrm{d}t^2} + \frac{1}{LC}u_1 = 0$$

特征方程为

$$p^2 + \frac{1}{LC} = 0$$

特征根为

$$p_{1,2} = \pm \mathrm{j}\frac{1}{\sqrt{LC}}$$

特征根为纯虚数，即表明响应是等幅振荡。从物理意义上讲，电路中虽有电阻，要消耗能量，但受控源可提供能量，若 $A = 2$，正好可以补偿电阻的消耗。故得

$$u_1(t) = A_1\cos\omega_0 t + A_2\sin\omega_0 t$$

由初始条件可确定 A_1 和 A_2，已知电容的初始电压为零，故得

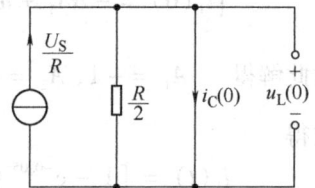

图 5-53　例 5-16 图

$$\begin{cases} u_1(0) = A_1 = 0 \\ u_1'(0) = \omega_0 A_2 = \dfrac{i_C(0)}{C} \end{cases}$$

这里要注意，因为在串联电路中 $i_C(0) = i_L(0)$，故 $u_C'(0) = \dfrac{i_C(0)}{C} = \dfrac{i_L(0)}{C}$；但在并联电路中 $i_C(0) \neq i_L(0)$，因此还需设法求 $i_C(0)$，$i_C(0)$ 必须在 $t = 0_+$ 时的等效电路中求。已知初始状态为零，即 $u_C(0) = 0$，$i_L(0) = 0$，故 $t = 0_+$ 时的等效电路如图 5-53 所示，可得

$$i_C(0) = \frac{U_S}{R}$$

因此

$$\omega_0 A_2 = \frac{U_S}{RC}$$

即得

$$A_2 = \frac{U_S}{\omega_0 RC} = \frac{U_S}{R} \sqrt{\frac{L}{C}}$$

故得

$$u_1(t) = A_2 \sin\omega_0 t = \frac{U_S}{R} \sqrt{\frac{L}{C}} \sin\frac{1}{\sqrt{LC}}t \quad (t \geq 0)$$

于是求得

$$u_o(t) = A u_1(t) = 2\frac{U_S}{R} \sqrt{\frac{L}{C}} \sin\frac{1}{\sqrt{LC}}t \quad (t \geq 0)$$

可见，当 A 取 2 时，$u_o(t)$ 为正弦振荡。

练 习 题

5-19　在 RLC 串联电路中，特征根 $p_{1,2} = -3 \pm j4$，此时 $R = 2\Omega$。若使电路为临界阻尼情况，R 应为多大？

$$\left[\frac{10}{3}\Omega\right]$$

5-20　在 GCL 并联电路中，$C = \frac{1}{2}$F，$L = \frac{1}{50}$H，$G = 1$S，$u_C(0) = 1$V，$i_L(0) = 2$A，求 $u_C(t)$ 的零输入响应。

$$\left[e^{-t}(\cos10t - 0.55\sin10t)\ V\right]$$

5.5　阶跃函数和阶跃响应

在动态电路的分析中，常引用阶跃函数(Step Function)来描述电路的激励和响应。

5.5.1　阶跃函数

1. 单位阶跃函数
单位阶跃函数记为 $\varepsilon(t)$，其定义为

$$\varepsilon(t) = \begin{cases} 0 & (t < 0) \\ 1 & (t > 0) \end{cases} \tag{5-47}$$

波形如图 5-54 所示，$\varepsilon(t)$ 在 t 小于零时为零，在 t 大于零时为 1，函数在 $t = 0$ 时发生阶跃。

2. 延迟单位阶跃函数
延迟单位阶跃函数记为 $\varepsilon(t - t_0)$，其定义为

$$\varepsilon(t - t_0) = \begin{cases} 0 & (t < t_0) \\ 1 & (t > t_0) \end{cases} \tag{5-48}$$

波形如图 5-55 所示，它在 t_0 时发生阶跃，可看成 $\varepsilon(t)$ 延迟了 t_0 时间。

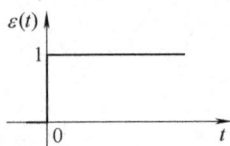

图 5-54　　单位阶跃函数　　　　　　　　图 5-55　　延迟单位阶跃函数

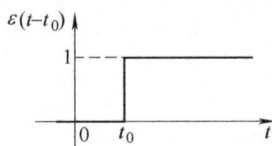

5.5.2　阶跃函数的作用

1. 模拟开关的作用

直流电压在 $t=0$ 时作用于电路，用开关来表示，如图 5-56a 所示。利用阶跃函数后，可以用图 5-56b 表示。阶跃函数 $\varepsilon(t)$ 起到开关的作用，表示在 $t=0$ 时电压接入电路，省略了开关。阶跃函数可作为开关的数学模型，所以也称为开关函数。

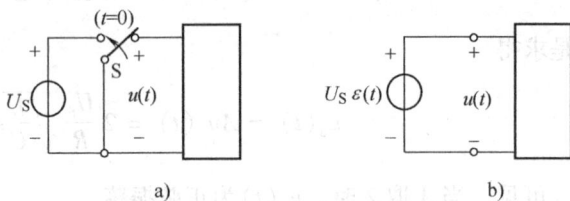

图 5-56　　激励在 $t=0$ 时作用于电路

2. 表示时间区间

如果某一电路的解为

$$u_{\mathrm{C}}(t) = 4(1 + e^{-2t}) \text{ V} \quad t > 0$$

用阶跃函数可以表示为

$$u_{\mathrm{C}}(t) = 4(1 + e^{-2t})\varepsilon(t) \text{ V}$$

可见，阶跃函数 $\varepsilon(t)$ 可以代替 $t>0$ 这个符号。

3. 表示分段常量信号

在电子技术问题中，常遇到如图 5-57 所示的信号作用于电路。这类信号称为分段常量信号或称为矩形脉冲信号，可以用一系列阶跃信号之和表示。

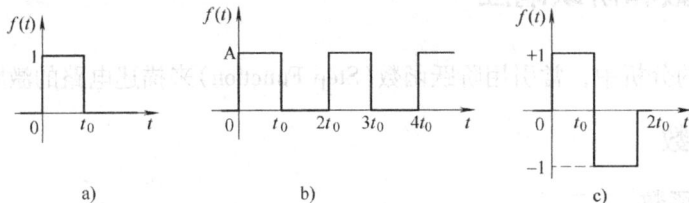

图 5-57　　矩形脉冲信号

图 5-57a 可以分解为图 5-58 所示形式。

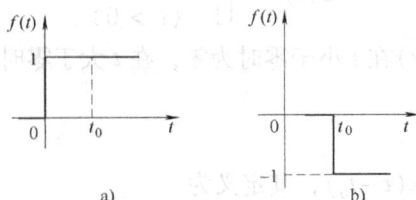

图 5-58　　单个脉冲分解图

所以，图 5-57a 所示的波形可表示为

$$f(t) = \varepsilon(t) - \varepsilon(t - t_0)$$

图 5-57b 所示的波形可表示为

$$f(t) = A\varepsilon(t) - A\varepsilon(t - t_0) + A\varepsilon(t - 2t_0) - A\varepsilon(t - 3t_0) + A\varepsilon(t - 4t_0) - \cdots$$

图 5-57c 所示的波形可表示为

$$f(t) = \varepsilon(t) - 2\varepsilon(t - t_0) + \varepsilon(t - 2t_0)$$

5.5.3 阶跃函数响应

阶跃函数响应是指在单位阶跃函数的激励下，电路中产生的零状态响应。阶跃函数响应的求法与恒定激励下的零状态响应的求法基本相同，只不过是激励用阶跃函数表示。

例 5-17 电路如图 5-59a 所示，已知 $u_C(0_-) = 0$。电压源的波形如图 5-59b 所示。试求电容中的电压 $u_C(t)$ 和电流 $i_C(t)$。

解 图 5-59b 所示电压源波形，用阶跃函数可表示为

$$u_S(t) = 10\varepsilon(t) - 10\varepsilon(t - 0.5)$$

图 5-59a 所示电路的戴维南等效电路如图 5-60a 所示，电源可以看成是阶跃激励和延迟阶跃激励的叠加，如图 5-60b、c 所示。

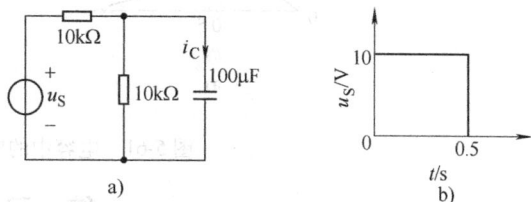

图 5-59 例 5-17 图

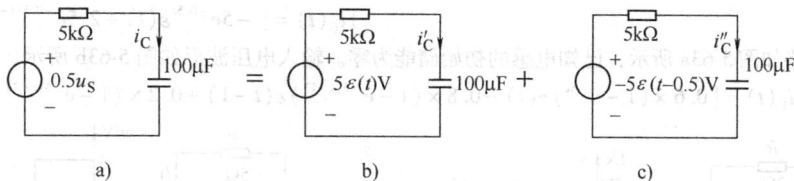

图 5-60 例 5-17 求解图

电路的时间常数为

$$\tau = RC = (5 \times 10^3 \times 100 \times 10^{-6})\,\text{s} = 0.5\text{s}$$

图 5-60b 的阶跃响应为

$$u_C'(t) = 5(1 - e^{-2t})\varepsilon(t)\ \text{V}$$

$$i_C'(t) = C\frac{du_C}{dt} = e^{-2t}\varepsilon(t)\ \text{mA}$$

图 5-60c 的阶跃响应为

$$u_C''(t) = -5(1 - e^{-2(t-0.5)})\varepsilon(t - 0.5)\ \text{V}$$

$$i_C''(t) = C\frac{du_C}{dt} = -e^{-2(t-0.5)}\varepsilon(t - 0.5)\ \text{mA}$$

由叠加定理，图 5-60a 的阶跃响应为

$$u_C(t) = 5[(1 - e^{-2t})\varepsilon(t) - (1 - e^{-2(t-0.5)})\varepsilon(t - 0.5)]\text{V}$$

$$i_C(t) = [e^{-2t}\varepsilon(t) - e^{-2(t-0.5)}\varepsilon(t - 0.5)]\ \text{mA}$$

用分段函数，上式可表示为

$$u_C(t) = \begin{cases} 5(1 - e^{-2t}) \text{ V} & (0 < t < 0.5\text{s}) \\ 3.16e^{-2(t-0.5)} \text{ V} & (t > 0.5\text{s}) \end{cases}$$

$$i_C(t) = \begin{cases} e^{-2t} \text{ mA} & (0 < t < 0.5\text{s}) \\ -0.632e^{-2(t-0.5)} \text{ mA} & (t > 0.5\text{s}) \end{cases}$$

电容中电压和电流的波形如图 5-61 所示。

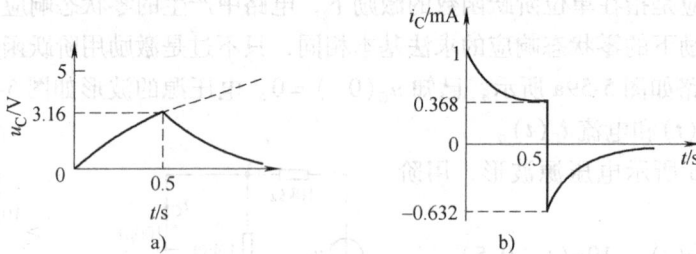

图 5-61　电容中的电压和电流波形

练 习 题

5-21　电路如图 5-62a 所示，已知电容的初始储能为零。输入电压波形如图 5-62b 所示，求电容上的电流 $i_C(t)$。　　　　　　　　　　　　　　　$\{i_C(t) = [-5e^{-0.5t}\varepsilon(t) + 2.5e^{-0.5(t-2)}\varepsilon(t-2)]\text{A}\}$

5-22　电路如图 5-63a 所示，已知电感的初始储能为零。输入电压波形如图 5-63b 所示，求电感上的电流 $i_L(t)$。　　$\{i_L(t) = [0.6 \times (1 - e^{-5t})\varepsilon(t) - 0.8 \times (1 - e^{-5(t-1)})\varepsilon(t-1) + 0.2 \times (1 - e^{-5(t-2)})\varepsilon(t-2)]\text{A}\}$

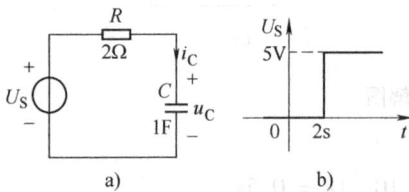

图 5-62　练习题 5-21 图

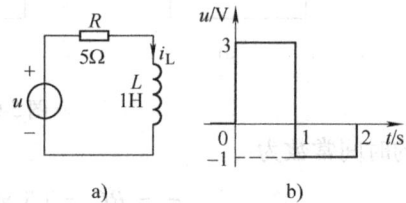

图 5-63　练习题 5-22 图

习 题 5

5-1　某电容元件的电容量 $C = 50\text{mF}$，在 $t = 0$ 时，电容两端电压 $u = 10\text{V}$，当 $t > 0$ 时流过电容的电流是 $2t$（mA），试求电容两端的电压 u_C。

5-2　某电感元件的电感量 $L = 10\text{mH}$，电感电压波形如图 5-64 所示，已知 $i(0) = 0$，试求电感电流 i_L。

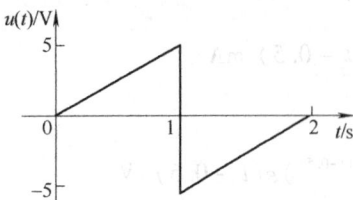

图 5-64　习题 5-2 图

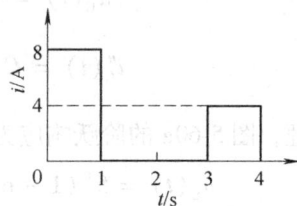

图 5-65　习题 5-3 图

5-3　某电容元件的电容量 $C=4F$，其电流波形如图 5-65 所示。试求：(1) 若 $u(0)=0$，求 $t \geq 0$ 时的电容电压 u_C；(2) 计算 $t=2s$ 时，电容的功率 P_C 和储能 W_C。

5-4　电路如图 5-66 所示，已知 $R=1k\Omega$，$L=100mH$，若 $u_R=\begin{cases} 15(1-e^{-10^4t}) \text{ V} & t>0 \\ 0 & t<0 \end{cases}$ 时，求电感电压 u_L 和电源电压 u_S。

5-5　电路如图 5-67 所示，已知 $u_C(t)=te^{-t}$ V，求 $i(t)$ 及 $u_L(t)$。

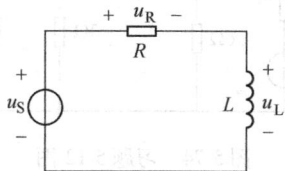

图 5-66　习题 5-4 图　　　　　　　　　　　图 5-67　习题 5-5 图

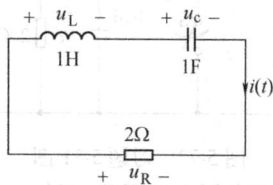

5-6　在图 5-68a 所示的二端网络 N 中，仅含一个电阻和一个电感，其端电压 u 及电流 i 的波形分别如图 5-68b 和 c 所示。试确定 R、L 的值及它们的连接方式。

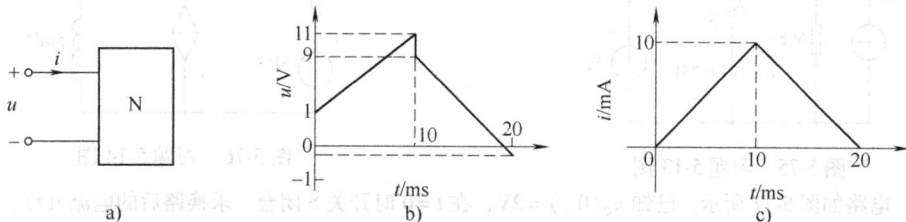

图 5-68　习题 5-6 图

5-7　电路如图 5-69 所示，$t=0$ 时开关 S 闭合，已知 $u_C(0_-)=6V$，求 $i_C(0_+)$ 和 $i_R(0_+)$。

5-8　电路如图 5-70 所示，在 $t<0$ 电路已处于稳态，$t=0$ 时开关 S 由 1 扳向 2，求 $i(0_+)$ 和 $u(0_+)$。

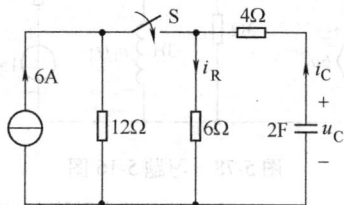

图 5-69　习题 5-7 图　　　　　　　　　　　图 5-70　习题 5-8 图

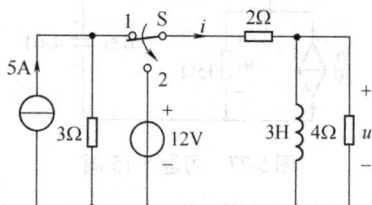

5-9　电路如图 5-71 所示，$t<0$ 时电路已处于稳态，$t=0$ 时开关 S 打开。求换路后 i_C 和 u_R 的初始值。

5-10　电路如图 5-72 所示，$t<0$ 时电路已处于稳态，$t=0$ 时开关 S 打开。求换路后的 $i_L(0_+)$、$u_C(0_+)$、$i(0_+)$ 和 $u(0_+)$。

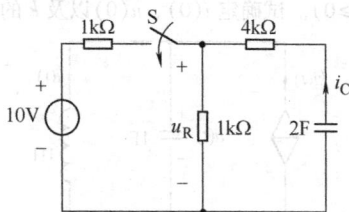

图 5-71　习题 5-9 图　　　　　　　　　　　图 5-72　习题 5-10 图

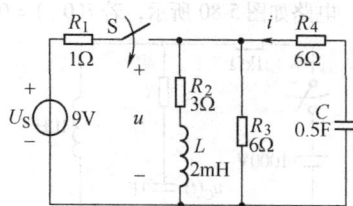

5-11 电路如图 5-73 所示，$t<0$ 时电路已处于稳态，$t=0$ 时开关 S 闭合。求换路后的电容电压 $u_C(t)$ 和电阻电流 $i_R(t)$ 的零输入响应和零状态响应。

5-12 电路如图 5-74 所示，$t<0$ 时电路已处于稳态，$t=0$ 时开关 S 打开。求换路后电路的时间常数 τ 和 $i_L(t)$ 的零状态响应。

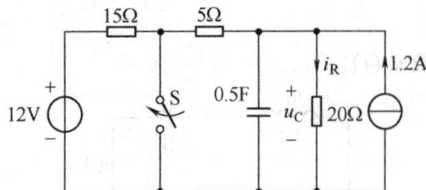

图 5-73 习题 5-11 图　　　　图 5-74 习题 5-12 图

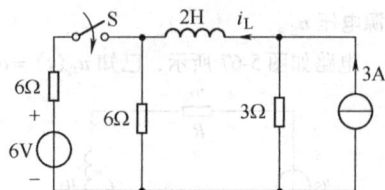

5-13 电路如图 5-75 所示，已知 $u_C(0_-)=0\text{V}$，在 $t=0$ 时开关 S 闭合。求换路后的电流 $i(t)$。

5-14 电路如图 5-76 所示，已知 $i_L(0_-)=0\text{A}$，在 $t=0$ 时开关 S 闭合。求换路后的电流 $i_L(t)$。

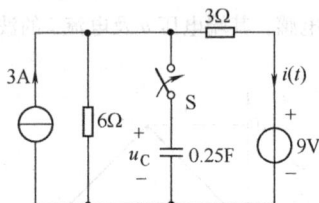

图 5-75 习题 5-13 图　　　　图 5-76 习题 5-14 图

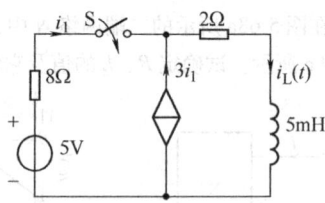

5-15 电路如图 5-77 所示，已知 $u_C(0_-)=2\text{V}$，在 $t=0$ 时开关 S 闭合。求换路后的电流 $i(t)$。

5-16 电路如图 5-78 所示，在 $t=0$ 时开关 S 打向"2"闭合。求换路后的电压 $u_L(t)$。

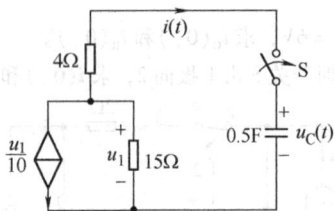

图 5-77 习题 5-15 图　　　　图 5-78 习题 5-16 图

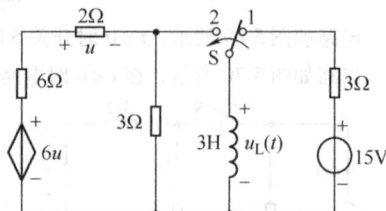

5-17 在 RLC 串联电路中，$R=4\Omega$，$L=1\text{H}$，$C=\dfrac{1}{4}\text{F}$；$u_C(0)=4\text{V}$，$i_L(0)=2\text{A}$，试求零输入响应 $i_L(t)$。

5-18 在 RLC 串联电路中，若其固有频率为 (1) $p_1=-1$，$p_2=-3$；(2) $p_1=p_2=-2$；(3) $p_1=\text{j}2$，$p_2=-\text{j}2$；(4) $p_1=-2+\text{j}3$，$p_2=-2-\text{j}3$。试写出各种情况时的零输入响应 $u_C(t)$ 和 $i_L(t)$ 的表达式。

5-19 电路如图 5-79 所示，开关在 $t=0$ 时打开，打开前电路已处于稳态。求 $u_C(t)$，并选择 R，使两个固有频率之和为 -5。

5-20 电路如图 5-80 所示，若 $i(0_-)=0$，$i(t)=5\sin3t\ \text{A}(t\geq0)$。试确定 $i(0)$、$u(0)$ 以及 k 的值。

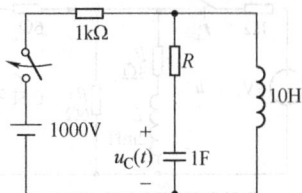

图 5-79 习题 5-19 图　　　　图 5-80 习题 5-20 图

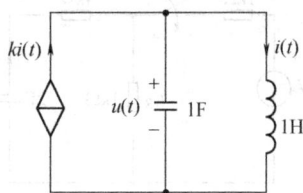

5-21 电路如图 5-81 所示，开关都在 $t=0$ 时打开，开关打开前电路都已处于稳态。分别求各电路的 $u_C(t)$ 和 $i_L(t)$。

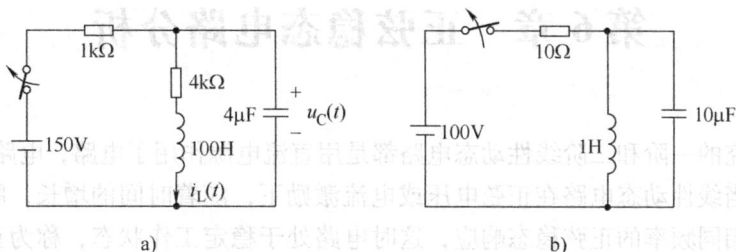

图 5-81 习题 5-21 图

5-22 电路如图 5-82 所示，已知初始状态 $i_L(0_-)=0A$，$u_C(0_-)=5V$。试求（1）$0 \leqslant t \leqslant 1s$ 时的 $i_L(t)$；（2）若 $t=1s$ 时开关闭合，求 $t>1s$ 时的 $i_L(t)$。

5-23 电路如图 5-83 所示，$R_1=0.5\Omega$，$R_2=1\Omega$，$L=0.5H$，$C=1F$。求特征方程，并讨论电路响应与 A 的关系。

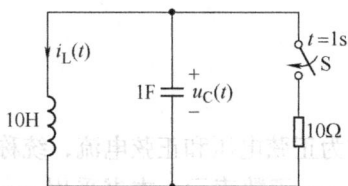

图 5-82 习题 5-22 图

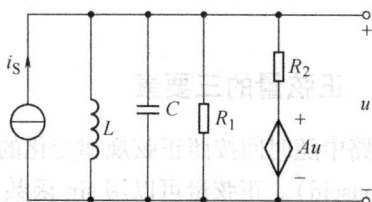

图 5-83 习题 5-23 图

5-24 电路如图 5-84 所示，已知 $i_L(0)=-2A$，$u_C(0)=2V$，求 $u_C(t)$。

5-25 电路如图 5-85a 所示，激励源如图 5-85b 所示，求响应 $u(t)$。

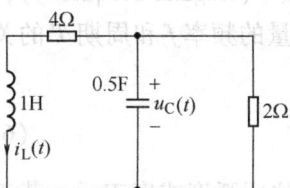

图 5-84 习题 5-24 图

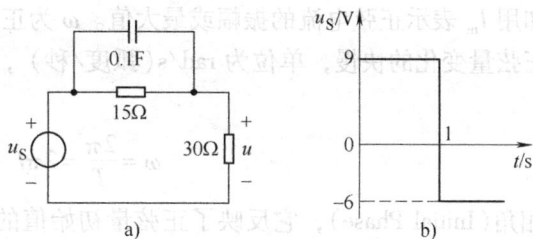

图 5-85 习题 5-25 图

5-26 电路如图 5-86 所示，已知 $i_s(0)=10\varepsilon(t)A$，$u_C(0_-)=2V$，$g=0.25$。求全响应 $i_1(t)$，$i_C(t)$ 和 $u_C(t)$。

5-27 电路如图 5-87a 所示，激励源如图 5-87b 所示，已知 $i_L(0)=0$，求 $i(t)$。

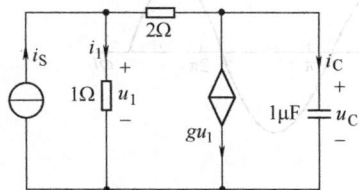

图 5-86 习题 5-26 图

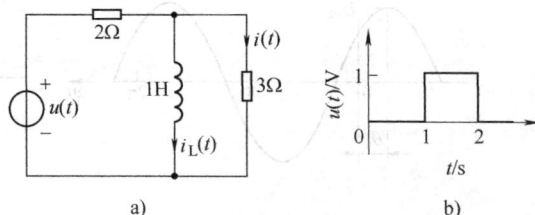

图 5-87 习题 5-27 图

5-37 ... 在题解 5-37 图所示，开关闭合 $t=0$ 前已打开，求：闭合开关后电感电流 i_L 及其时间常数。（画略）

第6章 正弦稳态电路分析

第5章研究的一阶和二阶线性动态电路都是用直流电源作用于电路，电路存在瞬态响应和稳态响应。当线性动态电路在正弦电压或电流激励下，随着时间的增长，瞬态响应消失，只剩下与激励相同频率的正弦稳态响应，这时电路处于稳定工作状态，称为正弦稳态电路。正弦稳态电路是研究在正弦电压或电流激励下的动态电路的稳态响应。

本章先介绍正弦量的基本概念、表示方法及其运算，然后介绍正弦稳态电路的相量分析法和电路的谐振状态及电路的功率问题。

6.1 正弦量的基本概念

6.1.1 正弦量的三要素

电路中随时间按照正弦规律变化的电压和电流，称为正弦电压和正弦电流，统称为正弦量（Sinusoid）。正弦量可以用 sin 函数表示，也可以用 cos 函数表示，本书采用 cos 函数表示。图 6-1 所示的正弦电压波形可表示为

$$u(t) = U_m\cos(\omega t \pm \theta_u) \tag{6-1}$$

式中的 U_m 称为正弦电压的振幅、最大值或幅值（Amplitude），通常用大写字母和下标 m 表示，如用 I_m 表示正弦电流的振幅或最大值。ω 为正弦量的角频率（Angular Frequency），它反映了正弦量变化的快慢，单位为 rad/s（弧度/秒），它与正弦量的频率 f 和周期 T 的关系为

$$\omega = \frac{2\pi}{T} = 2\pi f \tag{6-2}$$

θ_u 为初相角（Initial Phase），它反映了正弦量初始值的大小，单位用弧度或度表示。若正弦量的正最大值发生在计时起点之前，则 θ_u 为正值，如图 6-1a 所示，若正弦量的正最大值发生在计时起点之后，则 θ_u 为负值，如图 6-1b 所示。可见初相角的大小与计时起点的选择有关，一般选择 $|\theta_u| \leqslant 180°$。

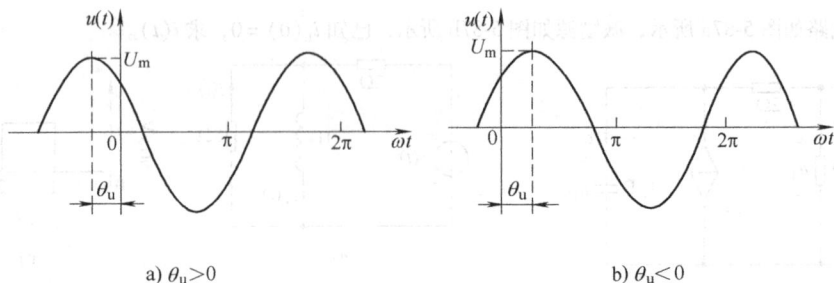

a) $\theta_u > 0$ b) $\theta_u < 0$

图 6-1 正弦电压波形

综上所述，我们把正弦量的振幅、角频率、初相角称为正弦量的三要素，如果知道了这 3 个量，正弦量就确定了。

例 6-1 已知正弦电流 $i(t)$ 的振幅 $I_m = 10\text{mA}$ ，周期 $T = 1\text{ms}$ ，初相角 $\theta_i = -45°$ ，试写出 $i(t)$ 的函数表达式，并绘出它的波形。

解 角频率 $\omega = \dfrac{2\pi}{T} = \dfrac{2\pi}{10^{-3}} = 6280\text{rad/s}$ ；为绘

图方便，初相角可写为 $\theta_i = -45° = -\dfrac{\pi}{4}$ 。

由正弦量的三要素得

$$i(t) = 10\cos\left(6280t - \dfrac{\pi}{4}\right)\ \text{mA}$$

电流 $i(t)$ 的波形如图 6-2 所示。

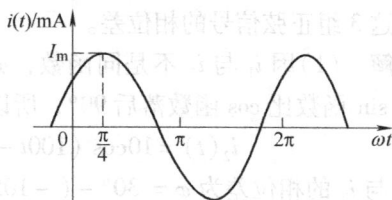

图 6-2 例 6-1 的电流波形

6.1.2 正弦量的相位差

相位差（Phase Difference）就是两个同频率的正弦量的相位之差，描述的是同频率正弦量之间的相位关系。如图 6-3 所示，两个同频率的正弦波，它们分别表示为

$$u_1(t) = U_{1m}\cos(\omega t + \theta_1)$$

$$u_2(t) = U_{2m}\cos(\omega t + \theta_2)$$

在同一时刻的相位差用 φ 表示为

$$\varphi = (\omega t + \theta_1) - (\omega t + \theta_2) = \theta_1 - \theta_2$$

可见，两个同频率正弦量的相位差等于它们的初相角之差，且与角频率 ω 和时间 t 无关。

图 6-3 不同相位的正弦量

若 $\varphi = \theta_1 - \theta_2 > 0$ ，从图 6-3 可看出，u_1 比 u_2 先到达正最大值，称 u_1 超前 u_2 ，或称 u_2 滞后 u_1 。

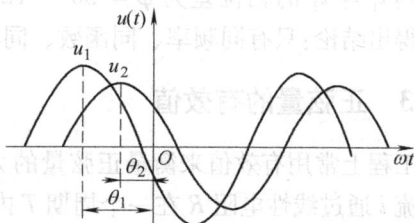

在分析计算同频率正弦量的相位差时，经常遇到下面 3 种特殊情况：

1）若 $\varphi = \theta_1 - \theta_2 = 0$ ，即 $\theta_1 = \theta_2$ ，则称 u_1 与 u_2 两个正弦波的相位相同，简称同相。u_1 与 u_2 同时到达最大值和最小值，如图 6-4a 所示。

2）若 $\varphi = \theta_1 - \theta_2 = \pm\dfrac{\pi}{2}$ ，即 θ_1 与 θ_2 相位差 90°，则称 u_1 与 u_2 相位正交，如图 6-4b 所示。

3）若 $\varphi = \theta_1 - \theta_2 = \pm\pi$ ，即 θ_1 与 θ_2 相位差 ± 180°，则称 u_1 与 u_2 相位相反，简称反相，如图 6-4c 所示。

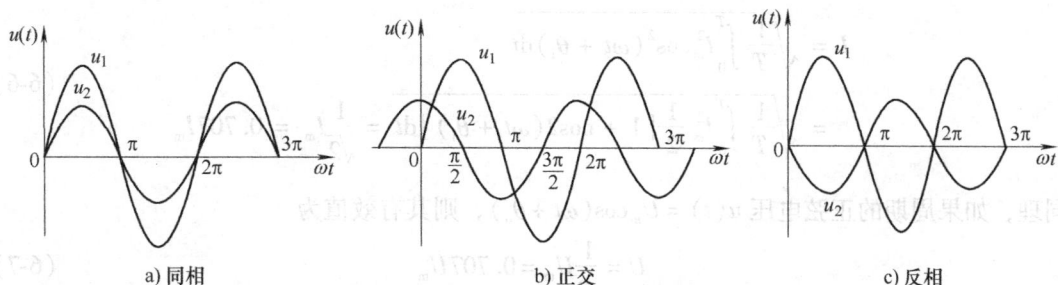

a) 同相

b) 正交

c) 反相

图 6-4 不同相位的正弦量

例 6-2 已知有 3 组正弦信号，它们分别是

（1）$i_1(t) = 10\cos(100t + 30°)\text{A}$，$i_2(t) = 10\sin(100t - 15°)\text{A}$

（2）$i_1(t) = 10\cos(100t + 30°)\text{A}$，$i_2(t) = 10\cos(200t + 15°)\text{A}$

（3）$i_1(t) = 10\cos(100t + 30°)\text{A}$，$i_2(t) = -10\cos(100t - 60°)\text{A}$

试求这 3 组正弦信号的相位差。

解 （1）因 i_1 与 i_2 不是同函数，必须先将它们化成同函数，即把 i_2 中的 sin 化为 cos。因为 sin 函数比 cos 函数落后 $90°$，所以应在 i_2 的相位角中加 $-90°$，故

$$i_2(t) = 10\cos(100t - 15° - 90°)\text{A} = 10\cos(100t - 105°)\text{A}$$

则 i_1 与 i_2 的相位差为 $\varphi = 30° - (-105°) = 135°$，故 i_1 超前 i_2 $135°$，或 i_2 滞后 i_1 $135°$。

（2）i_1 的频率为 100rad/s，i_2 的频率为 200rad/s，因为它们的频率不同，所以相位不能比较。

（3）i_1 为正信号，i_2 为负信号，必须先把 i_2 化为正信号才能比较。负号表示反相，与原信号相位相差 $\pm 180°$。若原信号初相位为负，则相差 $+180°$；若原信号初相位为正，则相差 $-180°$。故

$$i_2(t) = 10\cos(100t - 60° + 180°)\text{A} = 10\cos(100t + 120°)\text{A}$$

则 i_1 与 i_2 的相位差为 $\varphi = 30° - 120° = -90°$，故 i_1 滞后 i_2 $90°$，或 i_2 超前 i_1 $90°$。由此得出结论：只有同频率、同函数、同符号的正弦信号才能比较相位差。

6.1.3　正弦量的有效值

工程上常用有效值来衡量正弦量的大小。有效值（Effective Value）的定义是：一个周期性电流 i 通过线性电阻 R 在一个周期 T 内所消耗的能量，与一直流电流 I 通过同样电阻 R 在同样时间内所消耗的能量相等。即

$$\int_0^T Ri^2 \mathrm{d}t = RI^2 T \tag{6-3}$$

由此得出，周期电流 i 的有效值为

$$I = \sqrt{\frac{1}{T} \int_0^T i^2 \mathrm{d}t} \tag{6-4}$$

同理，周期电压 u 的有效值为

$$U = \sqrt{\frac{1}{T} \int_0^T u^2 \mathrm{d}t} \tag{6-5}$$

如果周期的正弦电流 $i(t) = I_\mathrm{m}\cos(\omega t + \theta_\mathrm{i})$，则其有效值为

$$\begin{aligned} I &= \sqrt{\frac{1}{T} \int_0^T I_\mathrm{m}^2 \cos^2(\omega t + \theta_\mathrm{i}) \mathrm{d}t} \\ &= \sqrt{\frac{1}{T} \int_0^T I_\mathrm{m}^2 \frac{1}{2}\left[1 + \cos 2(\omega t + \theta_\mathrm{i})\right] \mathrm{d}t} = \frac{1}{\sqrt{2}} I_\mathrm{m} = 0.707 I_\mathrm{m} \end{aligned} \tag{6-6}$$

同理，如果周期的正弦电压 $u(t) = U_\mathrm{m}\cos(\omega t + \theta_\mathrm{u})$，则其有效值为

$$U = \frac{1}{\sqrt{2}} U_\mathrm{m} = 0.707 U_\mathrm{m} \tag{6-7}$$

可见，正弦量的有效值等于其振幅除以 $\sqrt{2}$，与角频率和初相角无关，不随时间变化。引入有

效值的概念后，正弦量 u 的瞬时值表达式可写成

$$u(t) = \sqrt{2}U\cos(\omega t + \theta_u) \tag{6-8}$$

振幅和有效值均可以表征正弦量的大小，但有效值应用更为广泛，通常使用的交流电流表和电压表的读数，以及交流电气设备铭牌上的额定值都是有效值。

例 6-3　写出正弦量 $i(t) = 120\cos 314t$ A，$u(t) = 70.7\cos(\omega t - 15°)$ V 的有效值。

解　电流的有效值为

$$I = \frac{I_m}{\sqrt{2}} = \frac{120}{\sqrt{2}}\text{A} = 84.85\text{A}$$

电压的有效值为

$$U = \frac{U_m}{\sqrt{2}} = \frac{70.7}{\sqrt{2}}\text{V} = 50\text{V}$$

6.2　正弦量的相量表示

分析正弦量时，需要利用三角函数进行运算，运算比较繁琐。为能快捷的进行正弦量的分析，引入了正弦量的相量表示法。相量表示法是建立在复数的基础上，把三角函数的运算变换为复数运算。为写出正弦量的相量，我们先学习复数及其运算和运算中的几个定理。

6.2.1　复数及其运算

复数 A 的直角坐标型为

$$A = a_1 + ja_2$$

式中，a_1 为复数 A 的实部；a_2 为复数 A 的虚部；j 为虚数单位，$j = \sqrt{-1}$。

对复数取实部和虚部分别表示为

$$\text{Re}[A] = \text{Re}[a_1 + ja_2] = a_1$$

$$\text{Im}[A] = \text{Im}[a_1 + ja_2] = a_2$$

复数 A 的极坐标型为

$$A = ae^{j\theta} = a \angle \theta$$

式中，模 $a = \sqrt{a_1^2 + a_2^2}$；辐角 $\theta = \arctan\dfrac{a_2}{a_1}$。

进行复数运算时，常需要进行直角坐标型和极坐标型之间的相互转换。由图 6-5 可知，$a_1 = a\cos\theta$，$a_2 = a\sin\theta$。

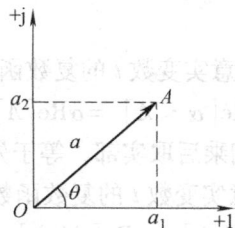

图 6-5　复数 A 的模和辐角

练习题

6-1 把下列复数用极坐标型表示。

(1) $A = 5 + j4$；(2) $A = 2 - j4$；(3) $A = -2 - j4$；(4) $A = -j10$

$$\left[\ 6.4\ \underline{/38.7°}\ ;\ 4.47\ \underline{/-63.4°}\ ;\ 4.47\ \underline{/-116.6°}\ ;\ 10\ \underline{/-90°}\ \right]$$

6-2 把下列复数用直角坐标型表示。

(1) $A = 9.5\ \underline{/73°}$；(2) $A = 1.2\ \underline{/-152°}$；(3) $A = 10\ \underline{/90°}$；(4) $A = 10\ \underline{/-180°}$。

$$\left[\ 2.78 + j9.08\ ;\ -1.06 - j0.563\ ;\ j10\ ;\ -10\ \right]$$

1. 复数相等

若两个复数 $A = a_1 + ja_2$，$B = b_1 + jb_2$ 的实部和虚部分别相等，即有

$$a_1 = b_1,\ a_2 = b_2$$

则两个复数就相等，即

$$A = B$$

2. 复数加减运算

两个复数 $A = a_1 + ja_2$，$B = b_1 + jb_2$ 相加减，等于两个复数的实部和虚部分别相加减，即

$$A \pm B = (a_1 + ja_2) \pm (b_1 + jb_2) = (a_1 \pm b_1) + j(a_2 \pm b_2) \tag{6-9}$$

复数的加减运算也可以在复平面上采用平行四边形法则进行，如图6-6所示。

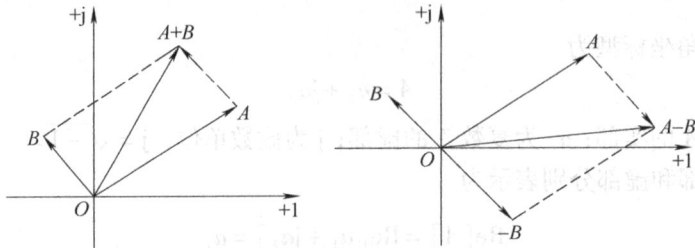

图6-6 复数加减运算平行四边形法则

3. 复数乘除运算

复数乘除运算一般采用极坐标型，若两个复数分别为 $A = a\underline{/\theta_a}$，$B = b\underline{/\theta_b}$。

两个复数相乘时，其模相乘，辐角相加。即

$$A \cdot B = a \cdot b\ \underline{/\theta_a + \theta_b} \tag{6-10}$$

两个复数相除时，其模相除，辐角相减。即

$$\frac{A}{B} = \frac{a}{b}\underline{/\theta_a - \theta_b} \tag{6-11}$$

4. 复数运算的几个定理

定理1：若 α 为实数，$A(t)$ 为任意实变数 t 的复数函数，则有

$$\text{Re}[\alpha \cdot A] = \alpha\text{Re}[A] \tag{6-12}$$

式(6-12)说明，一个实数与一复数相乘后取实部，等于先把这个实数取出后再取实部。

定理2：若 $A(t)$ 和 $B(t)$ 为任意实变数 t 的复数函数，则有

$$\text{Re}[A(t) + B(t)] = \text{Re}[A(t)] + \text{Re}[B(t)] \tag{6-13}$$

式(6-13)说明，两个复数相加后取实部，等于每个复数取实部后再相加。

定理3：若复数 A 的极坐标型为 $A = A_m e^{j\theta}$，$\theta = \omega t$，则有

$$\frac{\mathrm{d}}{\mathrm{d}t}\mathrm{Re}[A_{\mathrm{m}}\mathrm{e}^{\mathrm{j}\omega t}] = \mathrm{Re}\left[\frac{\mathrm{d}}{\mathrm{d}t}A_{\mathrm{m}}\mathrm{e}^{\mathrm{j}\omega t}\right] = \mathrm{Re}[\mathrm{j}\omega A_{\mathrm{m}}\mathrm{e}^{\mathrm{j}\omega t}] \tag{6-14}$$

式(6-14)说明，复数取实部和求导数运算可以交换；复值函数对 t 求导等于该函数与 $\mathrm{j}\omega$ 的乘积。

定理4：设 A、B 为复常数，ω 为角频率。若在所有时刻有

$$\mathrm{Re}[A\mathrm{e}^{\mathrm{j}\omega t}] = \mathrm{Re}[B\mathrm{e}^{\mathrm{j}\omega t}]，则 A = B \tag{6-15}$$

例6-4 已知复数 $A = 5\underline{/60°}$，$B = 4\underline{/-45°}$。试计算 $A+B$ 和 $A-B$ 的值。

解 先将复数 A、B 化成直角坐标型，故

$$A = 5\cos60° + \mathrm{j}5\sin60° = 5\times\frac{1}{2} + \mathrm{j}5\times\frac{\sqrt{3}}{2} = 2.5 + \mathrm{j}4.33$$

$$B = 4\cos(-45°) + \mathrm{j}4\sin(-45°) = 4\cos45° - \mathrm{j}4\sin45°$$

$$= 4\times\frac{\sqrt{2}}{2} - \mathrm{j}4\times\frac{\sqrt{2}}{2} = 2.83 - \mathrm{j}2.83$$

故得 $\quad A+B = (2.5+\mathrm{j}4.33) + (2.83-\mathrm{j}2.83) = 5.33 + \mathrm{j}1.5 = 5.5\underline{/15.17°}$

$$A-B = (2.5+\mathrm{j}4.33) - (2.83-\mathrm{j}2.83) = -0.33 + \mathrm{j}7.16 = 7.17\underline{/92.64°}$$

例6-5 已知复数 $A = 5+\mathrm{j}6$，$B = 4-\mathrm{j}3$。试计算 $A\cdot B$ 和 A/B 的值。

解 先将 A、B 化为极坐标型，故

$$a = \sqrt{5^2+6^2} = 7.81，\quad \theta_{\mathrm{a}} = \arctan\frac{6}{5} = 50.19°$$

$$b = \sqrt{4^2+3^2} = 5，\quad \theta_{\mathrm{b}} = \arctan\frac{-3}{4} = -36.86°$$

故得 $\quad A\cdot B = a\cdot b\underline{/\theta_{\mathrm{a}}+\theta_{\mathrm{b}}} = 7.81\times5\underline{/50.19°+(-36.86°)} = 39.05\underline{/13.33°}$

$$A/B = \frac{a}{b}\underline{/\theta_{\mathrm{a}}-\theta_{\mathrm{b}}} = \frac{7.81}{5}\underline{/50.19°-(-36.86°)} = 1.56\underline{/87.05°}$$

练 习 题

6-3 已知复数 $A = 50\underline{/30°}$，$B = 30\underline{/0°}$，$C = 40\underline{/-150°}$，试计算 $A-B+C$ 的值。

$$[-21.34 + \mathrm{j}5 \text{ 或 } 21.92\underline{/166.81°}]$$

6-4 已知复数 $A = 2+\mathrm{j}4$，$B = \mathrm{j}10$，$C = -4+\mathrm{j}3$，试计算 $A\cdot B\cdot C$ 的值。

$$[223.6\underline{/-163.44°}]$$

6.2.2 正弦量的相量

正弦量用相量(Pharos)表示，是建立在复数和欧拉公式的基础上。欧拉公式为

$$\mathrm{e}^{\mathrm{j}\varphi} = \cos\varphi + \mathrm{j}\sin\varphi \tag{6-16}$$

若令 $\varphi = \omega t + \theta$，便有

$$\mathrm{e}^{\mathrm{j}(\omega t+\theta)} = \cos(\omega t+\theta) + \mathrm{j}\sin(\omega t+\theta)$$

由上式可知

$$\cos(\omega t+\theta) = \mathrm{Re}[\mathrm{e}^{\mathrm{j}(\omega t+\theta)}]$$

$$\sin(\omega t+\theta) = \mathrm{Im}[\mathrm{e}^{\mathrm{j}(\omega t+\theta)}]$$

因此，正弦电压可以写成

$$u(t) = U_m \cos(\omega t + \theta_u) = \text{Re}\left[U_m e^{j(\omega t + \theta_u)} \right] = \text{Re}\left[U_m e^{j\omega t} e^{j\theta_u} \right]$$

$$= \text{Re}\left[\dot{U}_m e^{j\omega t} \right] = \text{Re}\left[\dot{U}_m \underline{/\omega t} \right] = \text{Re}\left[\sqrt{2}\, \dot{U}\ \underline{/\omega t} \right] \tag{6-17}$$

式中

$$\dot{U}_m = U_m \underline{/\theta_u}, \quad \dot{U} = U \underline{/\theta_u} \tag{6-18}$$

$\dot{U}_m$ 称为电压振幅相量，它的模是该正弦电压的振幅，辐角是该正弦电压的初相角。$\dot{U}$ 称为电压有效值相量，它的模是该正弦电压的有效值，辐角是该正弦电压的初相角。

同理，正弦电流的振幅相量和有效值相量可以写成

$$\dot{I}_m = I_m \underline{/\theta_i}, \quad \dot{I} = I \underline{/\theta_i} \tag{6-19}$$

同一正弦量的振幅相量和有效值相量之间为$\sqrt{2}$倍的关系，即 $\dot{U}_m = \sqrt{2}\,\dot{U}$，$\dot{I}_m = \sqrt{2}\dot{I}$。

从式(6-18)和式(6-19)中可以看出，$\dot{U}_m(\dot{I}_m)$ 和 $\dot{U}(\dot{I})$ 分别包含了正弦量的振幅或有效值，以及初相角这两个要素。另外，在正弦稳态电路中，电压与电流都是同频率的正弦量，通常频率是已知的，所以振幅相量或有效值相量都代表了正弦量的特征。

例 6-6　已知正弦电流 $i_1(t) = 10\cos(314t + 150°)\,\text{A}$，$i_2(t) = 5\sin(314t + 150°)\,\text{A}$，$i_3(t) = -4\cos(314t + 60°)\,\text{A}$，试写出代表这 3 个正弦量的有效值相量，并绘出相量图（Phasor Diagrams）。

解　（1）$i_1(t) = 10\cos(314t + 150°)\,\text{A}$，$i_1$ 的有效值相量为

$$\dot{I}_1 = \frac{10}{\sqrt{2}}\ \underline{/150°}\,\text{A} = 7.07\ \underline{/150°}\,\text{A}$$

（2）$i_2(t) = 5\sin(314t + 150°)\,\text{A} = 5\cos(314t + 150° - 90°)\,\text{A}$，$i_2$ 的有效值相量为

$$\dot{I}_2 = \frac{5}{\sqrt{2}}\ \underline{/60°}\,\text{A} = 3.54\ \underline{/60°}\,\text{A}$$

（3）$i_3(t) = -4\cos(314t + 60°)\,\text{A} = 4\cos(314t + 60° - 180°)\,\text{A}$，$i_3$ 的有效值相量为

$$\dot{I}_3 = \frac{4}{\sqrt{2}}\ \underline{/-120°}\,\text{A}$$

图 6-7　例 6-6 的相量图

相量图如图 6-7 所示。

例 6-7　已知电压振幅相量 $\dot{U}_{1m} = 50\ \underline{/-30°}\,\text{V}$，$\dot{U}_{2m} = 100\ \underline{/120°}\,\text{V}$，频率 $f = 50\,\text{Hz}$，试写出它们所代表的正弦电压。

解　因为 $\omega = 2\pi f = (2 \times 3.14 \times 50)\,\text{rad/s} = 314\,\text{rad/s}$，故得

$$u_1(t) = 50\cos(314t - 30°)\,\text{V}\,; \quad u_2(t) = 100\cos(314t + 120°)\,\text{V}$$

练　习　题

6-5　已知 $u_1(t) = 5\cos(\omega t + 30°)\,\text{V}$，$u_2(t) = 6\sin(\omega t + 120°)\,\text{V}$，$u_3(t) = -8\cos(\omega t - 45°)\,\text{V}$，求相量

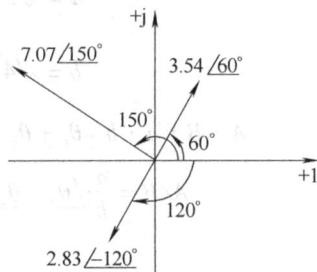

$\dot{U}_1$、$\dot{U}_2$、$\dot{U}_3$，并绘出相量图。　　　　　[3.536 $\underline{/30°}$V, 4.24 $\underline{/30°}$ V, 5.658 $\underline{/135°}$ V]

　　6-6　已知电压有效值相量 $\dot{U}_1 = 50 \underline{/-30°}$V，$\dot{U}_2 = 100 \underline{/120°}$V，频率 $f = 50$Hz，试写出它们所代表的正弦电压。　[$u_1(t) = 50\sqrt{2}\cos(314t - 30°)$V，$u_2(t) = 100\sqrt{2}\cos(314t + 120°)$V]

6.3　基本元件伏安关系的相量形式

　　在正弦稳态电路中，电阻、电容和电感元件两端的电压 u 和流过的电流 i 都可以用相量表示。根据电阻、电容和电感的伏安关系（VAR），可以推导出它们的相量形式。

6.3.1　电阻元件的相量形式

　　设图 6-8a 所示电阻 R 上的电流为 $i(t) = \sqrt{2}I\cos(\omega t + \theta_i)$，则电压为

$$u(t) = R\sqrt{2}I\cos(\omega t + \theta_i) = \sqrt{2}U\cos(\omega t + \theta_u)$$

式中，$U = RI$，$\theta_u = \theta_i$，即电阻元件上的电压和电流相位相同，如图 6-8b 所示。

若用相量表示 u 和 i 的关系，有

$$\dot{U} = R\dot{I} \tag{6-20}$$

式（6-20）就是电阻元件伏安关系的相量形式。

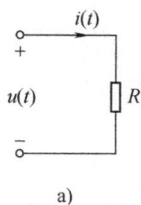

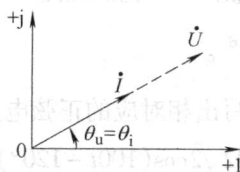

图 6-8　电阻元件和相量图

6.3.2　电容元件的相量形式

　　电容元件如图 6-9a 所示。设电压为 $u(t) = \sqrt{2}U\cos(\omega t + \theta_u)$，则电容上的电流为

$$i(t) = C\frac{\mathrm{d}u}{\mathrm{d}t} = C\frac{\mathrm{d}}{\mathrm{d}t}\sqrt{2}U\cos(\omega t + \theta_u)$$

$$= \omega C\sqrt{2}U\cos(\omega t + \theta_u + 90°) = \sqrt{2}I\cos(\omega t + \theta_i)$$

式中，电流与电压有效值之间的关系为

$$I = \omega CU \tag{6-21}$$

电流与电压相位之间的关系为

$$\theta_i = \theta_u + 90° \tag{6-22}$$

　　式（6-21）表明，电容元件上电流、电压的有效值不仅和电容量 C 有关，而且还和角频率 ω 有关。当 C 值一定时，对一定的 U 来说，ω 越高，则 I 越大，电流越容易通过；ω 越低，则 I 越小，电流越难通过；当 $\omega = 0$ 时（相当于直流），则 $I = 0$，电容相当于开路。所以，电容在电路中有两个作用：一是通交流，而且频率越高的信号越容易通过；二是隔直流，直流信号通不过电容。电容的这两个作用，在电子技术中非常有用。

式(6-22)表明,电容元件上的电流超前电压90°,如图6-9b所示。

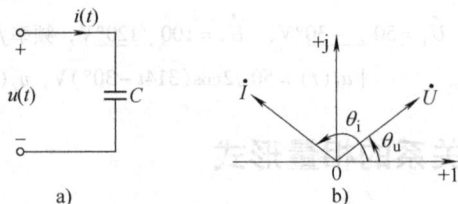

图6-9 电容和相量图

若用相量表示 u 和 i 的关系,电容元件伏安关系的相量形式为

$$\dot{I} = j\omega C\,\dot{U} \tag{6-23}$$

例6-8 若有一个0.5F的电容,流过它的电流为 $i(t) = \sqrt{2}\cos(100t - 30°)$ A 。试求电容两端的电压 $u(t)$,并绘出相量图。

解 (1)已知电流 i 的相量为 $\dot{I} = 1\,\underline{/-30°}$

(2)利用相量关系式(6-23),得

$$\dot{U} = \frac{\dot{I}}{j\omega C} = -j\frac{\dot{I}}{\omega C} = -j\frac{1\,\underline{/-30°}}{100 \times 0.5}V = -j0.02\,\underline{/-30°}V = 0.02\,\underline{/-120°}V$$

式中, $-j = -90°$; $j = 90°$ 。

(3)根据所得相量 $\dot{U}$ 写出相对应的正弦电压为

$$u(t) = 0.02\sqrt{2}\cos(100t - 120°)\,V$$

(4)相量图如图6-10所示,表明电流超前电压90°。

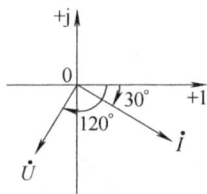

图6-10 例6-8的相量图

6.3.3 电感元件的相量形式

电感元件如图6-11a所示。根据电容元件与电感元件的对偶性,可以得到电感元件伏安关系的相量形式为

$$\dot{U} = j\omega L\,\dot{I} \tag{6-24}$$

式(6-24)又可写为

$$U\,\underline{/\theta_u} = j\omega LI\,\underline{/\theta_i} = \omega LI\,\underline{/\theta_i + 90°}$$

得出电流与电压有效值之间的关系为

$$U = \omega LI \tag{6-25}$$

电流与电压相位之间的关系为

$$\theta_u = \theta_i + 90° \tag{6-26}$$

式(6-25)表明,电感元件上电流、电压的有效值不仅和电感量 L 有关,而且还和角频率 ω 有关。与电容元件不同之处是,当 L 值一定时,对一定的 I 来说, ω 越高,则 U 越大; ω 越低,则 U 越小;当 $\omega = 0$ 时(相当于直流),则 $U = 0$,电感相当于短路。

式(6-26)表明，电感元件上的电压超前电流90°，如图6-11b 所示。

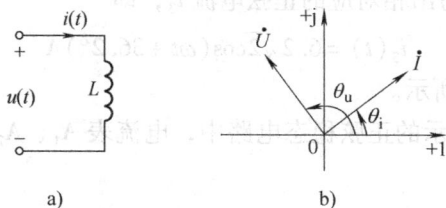

图 6-11　电感元件和相量图

练 习 题

6-7　电容两端的电压为 $u(t) = 141\cos(314t + 15°)\,\mathrm{V}$，若 $C = 0.01\,\mu\mathrm{F}$，求流过电容的电流 $i(t)$。

$$[\,0.4427\cos(314t + 105°)\,\mathrm{mA}\,]$$

6-8　电感两端的电压为 $u(t) = 80\cos(1000t + 105°)\,\mathrm{V}$，若 $L = 0.02\mathrm{H}$，求流过电感的电流 $i(t)$。

$$[\,4\cos(1000t + 15°)\,\mathrm{A}\,]$$

6.4　基尔霍夫定律的相量形式

6.4.1　基尔霍夫电流定律的相量形式

在正弦稳态电路中，若所有支路电流都是同频率的正弦量，基尔霍夫电流定律的时域形式为 $\sum_{k=1}^{b} i_k = 0$，将正弦量用相量表示后，得到基尔霍夫电流定律的相量形式，即

$$\sum_{k=1}^{b} \dot{I}_{mk} = 0 \quad \text{或} \quad \sum_{k=1}^{b} \dot{I}_k = 0 \tag{6-27}$$

式中，$\dot{I}_{mk}$ 和 $\dot{I}_k$ 分别为任一节点的第 k 条支路正弦电流的振幅相量和有效值相量。

例 6-9　图 6-12a 所示为正弦稳态电路中的一个节点，已知 $i_1(t) = 10\sqrt{2}\cos(\omega t + 60°)\,\mathrm{A}$，$i_2(t) = 5\sqrt{2}\sin\omega t\,\mathrm{A}$，试求 $i_3(t)$，并绘出相量图。

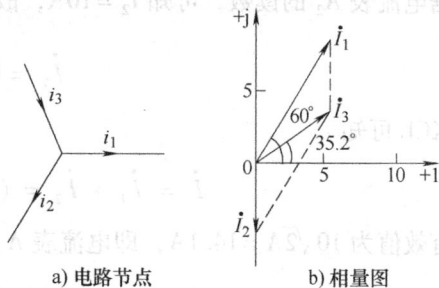

a) 电路节点　　b) 相量图

图 6-12　例 6-9 图

解　(1) 写出已知电流 i_1 和 i_2 的相量，即

$$\dot{I}_1 = 10\,\underline{/60°}\,\mathrm{A}, \quad \dot{I}_2 = 5\,\underline{/-90°}\,\mathrm{A}$$

(2) 利用 KCL 的相量形式，由式(6-27)可得

$$\dot{I}_1 + \dot{I}_2 - \dot{I}_3 = 0$$

故有

$$\dot{I}_3 = \dot{I}_1 + \dot{I}_2 = (10\,\underline{/60°} + 5\,\underline{/-90°})\,\mathrm{A}$$
$$= (5 + j8.66 - j5)\,\mathrm{A} = (5 + j3.66)\,\mathrm{A} = 6.2\,\underline{/36.2°}\,\mathrm{A}$$

（3）根据所得相量 $\dot{I}_3$ 写出相对应的正弦电流 i_3，即

$$i_3(t) = 6.2\sqrt{2}\cos(\omega t + 36.2°)\,\text{A}$$

（4）相量图如图6-12b所示。

例6-10 在图6-13a所示的正弦稳态电路中，电流表 A_1、A_2 的读数均为10A。求电流表 A 的读数。

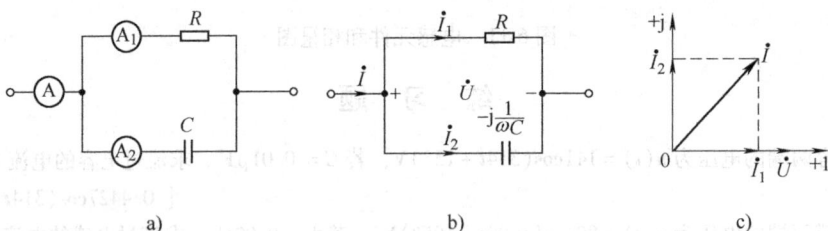

图6-13 例6-10图

解 方法一：电路等效为图6-13b所示，其中电流、电压均用相量表示。设 $\dot{U} = U\underline{/0°}$

则

$$\dot{I}_1 = \frac{\dot{U}}{R} = \frac{U\underline{/0°}}{R} = I_1\underline{/0°}$$

电流表 A_1 的读数为正弦电流的有效值，即 $I_1 = 10\text{A}$，故得

$$\dot{I}_1 = 10\underline{/0°}\,\text{A}$$

又

$$\dot{I}_2 = \frac{\dot{U}}{-j\dfrac{1}{\omega C}} = \frac{U\underline{/0°}}{\dfrac{1}{\omega C}\underline{/-90°}} = U\omega C\underline{/90°} = I_2\underline{/90°}$$

根据电流表 A_2 的读数，可知 $I_2 = 10\text{A}$，故得

$$\dot{I}_2 = 10\underline{/90°}\,\text{A} = j10\text{A}$$

由 KCL 可知

$$\dot{I} = \dot{I}_1 + \dot{I}_2 = (10 + j10)\text{A} = 10\sqrt{2}\underline{/45°}\,\text{A}$$

其有效值为 $10\sqrt{2}\text{A} = 14.1\text{A}$，即电流表 A 的读数应为 14.1A。

方法二：利用相量图求解。在复平面水平方向上作参考相量 $\dot{U}$，其初始相位为零，如图6-13c所示。因电阻上的电压、电流同相，故相量 $\dot{I}_1$ 与 $\dot{U}$ 同相。又因电容上的电流超前电压90°，故相量 $\dot{I}_2$ 与 $\dot{U}$ 垂直，即 $\dot{I}_2$ 超前 $\dot{U}$ 相量90°。已知 $\dot{I}_1$ 和 $\dot{I}_2$ 的长度都等于10，由这两个相量构成的平行四边形对角线的长度为 $\dot{I}$，它的长度为

$$I = \sqrt{I_1^2 + I_2^2} = \sqrt{10^2 + 10^2}\text{A} = 10\sqrt{2}\text{A} = 14.1\text{A}$$

故电流表 A 的读数应为 14.1A。

6.4.2　基尔霍夫电压定律的相量形式

在正弦稳态电路中，若所有支路电压都是同频率的正弦量，基尔霍夫电压定律的时域形式为 $\sum_{k=1}^{b} u_k(t) = 0$，将正弦量用相量表示后，就得到基尔霍夫电压定律的相量形式，即

$$\sum_{k=1}^{b} \dot{U}_{mk} = 0 \qquad 或 \qquad \sum_{k=1}^{b} \dot{U}_k = 0 \tag{6-28}$$

式中，$\dot{U}_{mk}$ 和 $\dot{U}_k$ 分别为任一回路中第 k 条支路正弦电压的振幅相量和有效值相量。

在正弦稳态电路中，基尔霍夫定律可用振幅相量或有效值相量写出，在没有特殊说明的情况下，一般用有效值相量。

例6-11　图6-14所示电路中，已知 $u_1(t) = 5\sqrt{2}\cos(\omega t - 120°)$ V，$u_2(t) = 8\sqrt{2}\cos(\omega t + 45°)$ V，$u_3(t) = 1.414\sqrt{2}\cos(\omega t + 45°)$ V。试求 $u_S(t)$ 的表达式。

解　(1)写出已知电压 u_1、u_2 和 u_3 的相量分别为

$$\dot{U}_1 = 5\underline{/-120°}\text{V}, \quad \dot{U}_2 = 8\underline{/45°}\text{V}, \quad \dot{U}_3 = 1.414\underline{/45°}\text{V}$$

(2)利用 KVL 的相量形式，即式(6-28)，且按顺时针方向，可得

$$\dot{U}_1 + \dot{U}_2 - \dot{U}_3 - \dot{U}_S = 0$$

故有

$$\dot{U}_S = \dot{U}_1 + \dot{U}_2 - \dot{U}_3 = (5\underline{/-120°} + 8\underline{/45°} - 1.414\underline{/45°})\text{V}$$
$$= [(-2.5 - j4.33) + (5.66 + j5.66) - (1+j)]\text{V}$$
$$= (2.16 + j0.33)\text{V} = 2.18\underline{/8.6°}\text{V}$$

图6-14　例6-11图

(3)根据所得相量 $\dot{U}_S$ 写出对应的正弦量，即 $u_S(t) = 2.18\sqrt{2}\cos(\omega t + 8.6°)$ V。

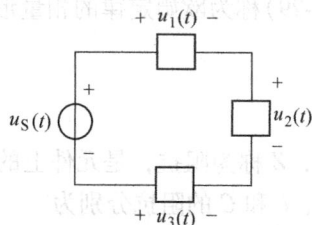

练 习 题

6-9　电路如图6-15所示，各电压表指示均为有效值，其中 $V_1 = 60$V，$V_3 = 100$V。求表 V_2 的读数。
$$[80V]$$
6-10　电路如图6-16所示，各电流表指示均为有效值，其中 $A_1 = 6$A，$A_2 = 8$A。求表 A 的读数。
$$[10A]$$

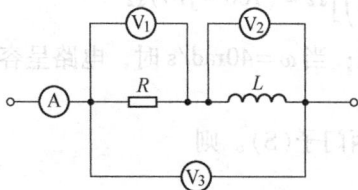

图6-15　练习题6-9图

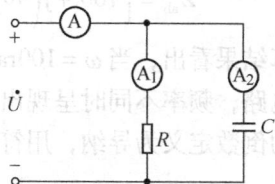

图6-16　练习题6-10图

6.5　正弦稳态电路的分析

6.5.1　阻抗和导纳

电压、电流为正弦量并在关联参考方向情况下，R、L 和 C 元件伏安特性的相量形式分别为

$$\dot{U}_R = R\dot{I}_R, \quad \dot{U}_L = j\omega L\dot{I}_L, \quad \dot{U}_C = -j\frac{1}{\omega C}\dot{I}_C$$

可见，这三种元件伏安特性的相量形式可归纳为

$$\dot{U} = Z\dot{I} \qquad\qquad (6\text{-}29)$$

式(6-29)称为欧姆定律的相量形式，其中

$$Z = \frac{\dot{U}}{\dot{I}} = \frac{U}{I}\underline{/\theta_u - \theta_i} \qquad\qquad (6\text{-}30)$$

式中，Z 称为阻抗，是元件上的电压相量与电流相量之比，单位为 Ω。

故 R、L 和 C 的阻抗分别为

$$Z_R = R, \quad Z_L = j\omega L, \quad Z_C = \frac{1}{j\omega C} = -j\frac{1}{\omega C}$$

R、L 和 C 的串联总阻抗可写为

$$Z = R + j\omega L - j\frac{1}{\omega C} = R + j\left(\omega L - \frac{1}{\omega C}\right) = R + jX$$

式中，R 为等效电阻分量，X 为等效电抗分量，$X > 0$ 时 Z 称为感性阻抗，$X < 0$ 时 Z 称为容性阻抗。

例 6-12　图 6-17 所示电路，求 $\omega = 100\text{rad/s}$ 和 $\omega = 40\text{rad/s}$ 时，a、b 两端的阻抗，并说明电路呈何种性质。

解　电路总阻抗为　$Z_{ab} = R + j\left(\omega L - \frac{1}{\omega C}\right)$

当 $\omega = 100\text{rad/s}$ 时

$$Z_{ab} = \left[100 + j\left(100 \times 1 - \frac{1}{100 \times 500 \times 10^{-6}}\right)\right]\Omega = (100 + j80)\,\Omega$$

当 $\omega = 40\text{rad/s}$ 时

图 6-17　例 6-12 图

$$Z_{ab} = \left[100 + j\left(40 \times 1 - \frac{1}{40 \times 500 \times 10^{-6}}\right)\right]\Omega = (100 - j10)\,\Omega$$

从计算结果看出，当 $\omega = 100\text{rad/s}$ 时，电路呈感性；当 $\omega = 40\text{rad/s}$ 时，电路呈容性。因此，同一电路，频率不同时呈现出的电路性质也不同。

阻抗的倒数定义为导纳，用符号 Y 表示，单位是西门子(S)。则

$$Y = \frac{\dot{I}}{\dot{U}} \quad \text{或} \quad Y = \frac{1}{Z} \qquad\qquad (6\text{-}31)$$

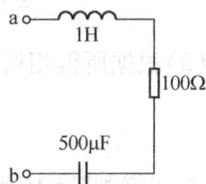

故，R、L 和 C 的导纳分别为

$$Y_R = \frac{1}{R} = G, \qquad Y_L = \frac{1}{\mathrm{j}\omega L} = -\mathrm{j}\frac{1}{\omega L}, \qquad Y_C = \mathrm{j}\omega C$$

R、L 和 C 的并联总导纳可写为

$$Y = Y_R + Y_C + Y_L = \frac{1}{R} + \mathrm{j}\omega C - \mathrm{j}\frac{1}{\omega L} = G + \mathrm{j}\left(\omega C - \frac{1}{\omega L}\right) = G + \mathrm{j}B$$

式中，G 为等效电导；B 为等效电纳，$B > 0$ 时 Y 称为容性导
纳，$B < 0$ 时 Y 称为感性导纳。

例 6-13　图 6-18 所示电路，求 $\omega = 8\mathrm{rad/s}$ 时，a、b 两端
的导纳和阻抗，并说明电路的性质。

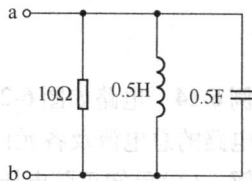

解　电路的导纳为

$$Y_{ab} = \frac{1}{R} + \mathrm{j}\left(\omega C - \frac{1}{\omega L}\right) = \left[\frac{1}{10} + \mathrm{j}\left(8 \times 0.5 - \frac{1}{8 \times 0.5}\right)\right]\mathrm{S}$$

$$= (0.1 + \mathrm{j}3.75)\,\mathrm{S}$$

电路的阻抗为

$$Z_{ab} = \frac{1}{Y_{ab}} = \frac{1}{0.1 + \mathrm{j}3.75}\,\Omega = \frac{0.1 - \mathrm{j}3.75}{(0.1 + \mathrm{j}3.75)(0.1 - \mathrm{j}3.75)}\,\Omega$$

$$= \left(\frac{0.1}{14.07} - \mathrm{j}\frac{3.75}{14.07}\right)\Omega = (0.007 - \mathrm{j}0.266)\,\Omega$$

可看出，当 $\omega = 8\mathrm{rad/s}$ 时，电路的导纳为容性；电路的阻抗为容性。

图 6-18　例 6-13 图

练　习　题

6-11　图 6-19 所示各电路，求 $\omega = 20\mathrm{rad/s}$ 时，a、b 两端的导纳或阻抗，并说明电路呈何种性质。

$$[\,\text{a)}\,Y_{ab} = (0.1 - \mathrm{j}0.1)\mathrm{S}\,;\ \text{b)}\,Z_{ab} = (5 + \mathrm{j}4)\,\Omega\,;\ \text{c)}\,Z_{ab} = (100 + \mathrm{j}0.0002)\,\Omega\,]$$

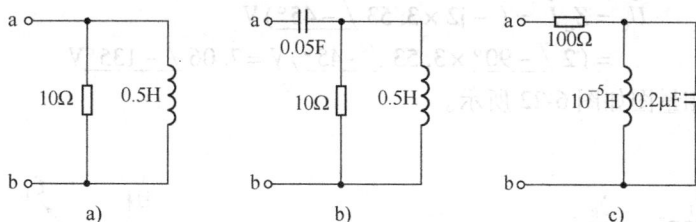

图 6-19　练习题 6-11 图

6-12　图 6-17 所示电路中，若 $\omega = 314\mathrm{rad/s}$，要使电路呈感性，电容最小选多大。　　　［大于 $10\mu\mathrm{F}$］

6.5.2　相量模型

引入相量、阻抗和导纳的概念后，正弦稳态电路的计算就可以仿照电阻电路的分析方法
来进行。具体做法是，将原电路中所有正弦量用相量代替，所有元件用阻抗或导纳表示，这
样就得到与原电路有相同拓扑结构的一个电路模型，即相量模型，如图 6-20b 所示。图
6-20a 为原电路模型，也称时域模型。

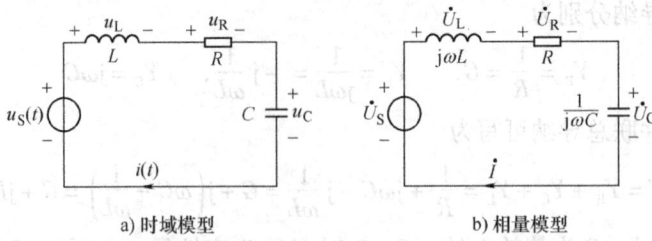

a) 时域模型　　　　　　b) 相量模型

图 6-20　时域和相量模型

例 6-14　电路如图 6-20a 所示，已知 $u_S(t) = 10\sqrt{2}\cos 2t$ V，$R = 2\Omega$，$L = 2$H，$C = 0.25$F。试求电路的总电流及各元件的电压。

解　(1)已知正弦电压的相量为

$$\dot{U}_S = 10\ \underline{/0°}\text{V}$$

(2)各元件的阻抗分别为

$$Z_R = R = 2\Omega,\ Z_L = j\omega L = j4\Omega,\ Z_C = -j\frac{1}{\omega C} = -j2\Omega$$

画出相量模型，如图 6-21 所示。由相量模型可求得

$$Z = Z_R + Z_L + Z_C = (2 + j4 - j2)\Omega = (2 + j2)\Omega = 2.83\ \underline{/45°}\Omega$$

$$\dot{I} = \frac{\dot{U}_S}{Z} = \frac{10\ \underline{/0°}}{2.83\ \underline{/45°}}\text{A} = 3.53\ \underline{/-45°}\text{A}$$

$$\dot{U}_R = Z_R\dot{I} = (2 \times 3.53\ \underline{/-45°})\text{V} = 7.06\ \underline{/-45°}\text{V}$$

$$\dot{U}_L = Z_L\dot{I} = (j4 \times 3.53\ \underline{/-45°})\text{V}$$
$$= (4\ \underline{/90°} \times 3.53\ \underline{/-45°})\text{V} = 14.1\ \underline{/45°}\text{V}$$

$$\dot{U}_C = Z_C\dot{I} = (-j2 \times 3.53\ \underline{/-45°})\text{V}$$
$$= (2\ \underline{/-90°} \times 3.53\ \underline{/-45°})\text{V} = 7.06\ \underline{/-135°}\text{V}$$

各电压、电流的相量图如图 6-22 所示。

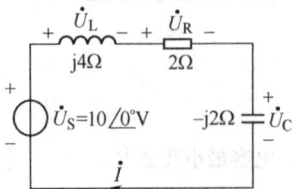

图 6-21　相量模型

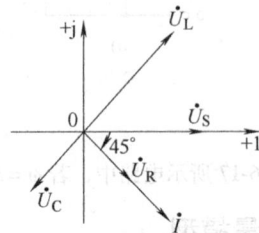

图 6-22　相量图

(3)根据各相量写出相应的正弦量

$$i(t) = 3.53\sqrt{2}\cos(2t - 45°)\text{A}$$
$$u_R(t) = 7.06\sqrt{2}\cos(2t - 45°)\text{V}$$
$$u_L(t) = 14.1\sqrt{2}\cos(2t + 45°)\text{V}$$

$$u_{\text{C}}(t) = 7.06\sqrt{2}\cos(2t - 135°)\,\text{V}$$

例 6-15　电路如图 6-23 所示，已知 $u_{\text{S}}(t) = 120\sqrt{2}\cos(1000t + 90°)\,\text{V}$，$R = 15\Omega$，$L = 30\text{mH}$，$C = 83.8\mu\text{F}$。试求电路的总电流。

解　（1）已知正弦电压的相量为

$$\dot{U}_{\text{S}} = 120\underline{/90°}\,\text{V}$$

（2）各元件的导纳分别为

$$Y_{\text{R}} = \frac{1}{R} = \frac{1}{15}\text{S}$$

$$Y_{\text{L}} = -\text{j}\frac{1}{\omega L} = -\text{j}\frac{1}{1000 \times 30 \times 10^{-3}}\text{S} = -\text{j}\frac{1}{30}\text{S}$$

$$Y_{\text{C}} = \text{j}\omega C = (\text{j}1000 \times 83.3 \times 10^{-6})\,\text{S} = (\text{j}83.3 \times 10^{-3})\,\text{S}$$

画出相量模型，如图 6-24 所示。由相量模型可求得

$$Y = Y_{\text{R}} + Y_{\text{L}} + Y_{\text{C}} = \left(\frac{1}{15} - \text{j}\frac{1}{30} + \text{j}83.3 \times 10^{-3}\right)\text{S}$$

$$= (0.0667 + \text{j}0.05)\,\text{S} = 0.083\underline{/37°}\,\text{S}$$

$$\dot{I} = Y\dot{U}_{\text{S}} = (0.083\underline{/37°} \times 120\underline{/90°})\,\text{A} = 10\underline{/127°}\,\text{A}$$

（3）写出相应的正弦量

$$i(t) = 10\sqrt{2}\cos(1000t + 127°)\,\text{A}$$

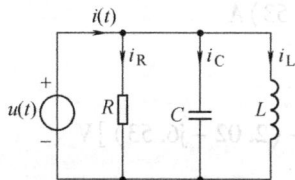

图 6-23　例 6-15 图　　　　　　　　图 6-24　相量图

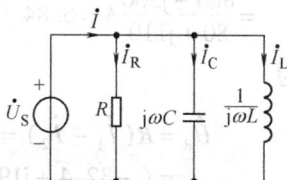

6.5.3　相量模型的分析方法

在相量模型中，电阻电路的各种公式、分析方法和定理以及各种等效变换都适用。下面用例题来说明具体的用法。

例 6-16　在图 6-25a 所示的电路中，已知 $R = 10\Omega$，$L = 40\text{mH}$，$C = 500\mu\text{F}$，$u_1(t) = 40\sqrt{2}\cos400t\,\text{V}$，$u_2(t) = 30\sqrt{2}\cos(400t + 90°)\,\text{V}$，用网孔分析法求电阻两端的电压 $u_{\text{R}}(t)$。

解　作相量模型如图6-25b 所示，其中

$$\dot{U}_1 = 40\underline{/0°}\,\text{V}, \quad \dot{U}_2 = 30\underline{/90°}\,\text{V}$$

$$\text{j}\omega L = (\text{j}400 \times 40 \times 10^{-3})\Omega = \text{j}16\Omega$$

$$\frac{1}{\text{j}\omega C} = -\text{j}\frac{1}{400 \times 500 \times 10^{-6}}\Omega = -\text{j}5\Omega$$

$\dot{I}_1$ 和 $\dot{I}_2$ 为网孔电流相量，网孔相量方程为

$$
\begin{cases}
(R + \mathrm{j}\omega L)\,\dot{I}_1 - R\,\dot{I}_2 = \dot{U}_1 \\
-R\,\dot{I}_1 + \left(R + \dfrac{1}{\mathrm{j}\omega C}\right)\dot{I}_2 = -\dot{U}_2
\end{cases}
$$

代入数据，得其方程为

$$
\begin{cases}
(10 + \mathrm{j}16)\dot{I}_1 - 10\,\dot{I}_2 = 40\ \underline{/0^\circ} \\
-10\,\dot{I}_1 + (10 - \mathrm{j}5)\,\dot{I}_2 = -30\ \underline{/90^\circ}
\end{cases}
$$

利用行列式，解得

$$
\dot{I}_1 = \frac{\begin{vmatrix} 40 & -10 \\ -\mathrm{j}30 & 10 - \mathrm{j}5 \end{vmatrix}}{\begin{vmatrix} 10 + \mathrm{j}16 & -10 \\ -10 & 10 - \mathrm{j}5 \end{vmatrix}}\mathrm{A} = \frac{[40 \times (10 - \mathrm{j}5)] - [-10 \times (-\mathrm{j}30)]}{[(10 + \mathrm{j}16) \times (10 - \mathrm{j}5)] - [-10 \times (-10)]}\mathrm{A}
$$

$$
= \frac{400 - \mathrm{j}500}{80 + \mathrm{j}110}\mathrm{A} = 4.71\ \underline{/-105.3^\circ}\mathrm{A} = (-1.22 - \mathrm{j}4.54)\,\mathrm{A}
$$

$$
\dot{I}_2 = \frac{\begin{vmatrix} 10 + \mathrm{j}16 & 40 \\ -10 & -\mathrm{j}30 \end{vmatrix}}{\begin{vmatrix} 10 + \mathrm{j}16 & -10 \\ -10 & 10 - \mathrm{j}5 \end{vmatrix}}\mathrm{A} = \frac{[(10 + \mathrm{j}16) \times (-\mathrm{j}30)] - [40 \times (-10)]}{[(10 + \mathrm{j}16) \times (10 - \mathrm{j}5)] - [-10 \times (-10)]}\mathrm{A}
$$

$$
= \frac{880 - \mathrm{j}300}{80 + \mathrm{j}110}\mathrm{A} = 6.84\ \underline{/-72.8^\circ}\mathrm{A} = (2.02 - \mathrm{j}6.53)\,\mathrm{A}
$$

电压相量为

$$
\dot{U}_\mathrm{R} = R(\dot{I}_1 - \dot{I}_2) = 10[(-1.22 - \mathrm{j}4.54) - (2.02 - \mathrm{j}6.53)]\,\mathrm{V}
$$

$$
= (-32.4 + \mathrm{j}19.9)\,\mathrm{V} = 38\ \underline{/121.56^\circ}\mathrm{V}
$$

由相量写出对应的正弦量为

$$
u_\mathrm{R}(t) = 38\sqrt{2}\cos(400t + 121.56^\circ)\,\mathrm{V}
$$

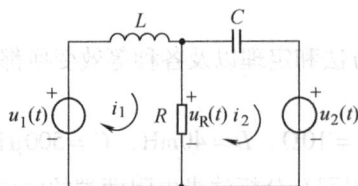 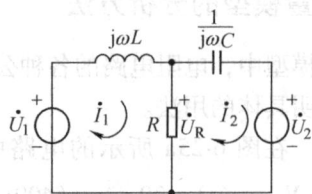

a)时域模型　　　　　　b)相量模型

图 6-25　例 6-16 图

例 6-17　电路的相量模型如图 6-26 所示，已知，$R_1 = R_2 = 1\Omega$，$R_3 = 4\Omega$，$L = 0.4\mathrm{mH}$，$C = 400\mu\mathrm{F}$，$u_\mathrm{S}(t) = 10\sqrt{2}\cos 10000t\ \mathrm{V}$，试用节点分析法求电阻 R_3 两端的电压 $u_3(t)$，并比较 u_2 与 u_3 间的相位差。

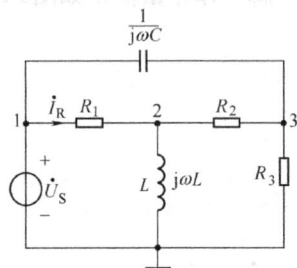

图 6-26　例 6-17 图

解　节点电压相量方程为

$$\begin{cases} \dot{U}_1 = \dot{U}_S \\ -\dfrac{1}{R_1}\dot{U}_1 + \left(\dfrac{1}{R_1} + \dfrac{1}{R_2} + \dfrac{1}{\mathrm{j}\omega L}\right)\dot{U}_2 - \dfrac{1}{R_2}\dot{U}_3 = 0 \\ -\mathrm{j}\omega C\,\dot{U}_1 - \dfrac{1}{R_2}\dot{U}_2 + \left(\dfrac{1}{R_2} + \dfrac{1}{R_3} + \mathrm{j}\omega C\right)\dot{U}_3 = 0 \end{cases}$$

代入数据得

$$\begin{cases} \dot{U}_1 = 10\ \underline{/0^\circ} \\ -\dot{U}_1 + (2 - \mathrm{j}0.25)\,\dot{U}_2 - \dot{U}_3 = 0 \\ -\mathrm{j}4\,\dot{U}_1 - \dot{U}_2 + (1.25 + \mathrm{j}4)\,\dot{U}_3 = 0 \end{cases}$$

化简得

$$\begin{cases} (2 - \mathrm{j}0.25)\,\dot{U}_2 - \dot{U}_3 = 10\ \underline{/0^\circ} \\ -\dot{U}_2 + (1.25 + \mathrm{j}4)\,\dot{U}_3 = 40\ \underline{/90^\circ} \end{cases}$$

解得节点电压相量为

$$\dot{U}_2 = 10\ \underline{/-26.88^\circ}\,\mathrm{V}, \qquad \dot{U}_3 = 11.2\ \underline{/-24.34^\circ}\,\mathrm{V}$$

因此，电阻 R_3 两端的电压为

$$u_3(t) = 11.2\sqrt{2}\cos(10000t - 24.34^\circ)\,\mathrm{V}$$

u_2 与 u_3 间的相位差

$$\varphi = \varphi_2 - \varphi_3 = -26.88^\circ - (-24.34^\circ) = -2.54^\circ$$

即 u_2 滞后 u_3 为 2.54°。

例6-18 已知图 6-27a 所示电路中 $g = 1\mathrm{S}$，$u_S(t) = 10\sqrt{2}\sin t\ \mathrm{V}$，$i_S(t) = 10\sqrt{2}\cos t\ \mathrm{A}$，求受控电流源两端的电压 $u_{12}(t)$。

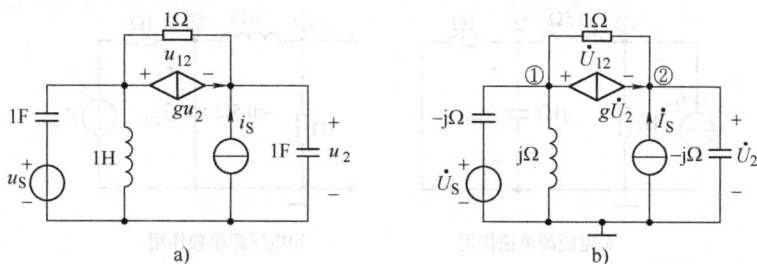

图 6-27 例 6-18 图

解 电路的相量模型如图 6-27b 所示，其中 $\dot{U}_S = 10\ \underline{/-90^\circ}\,\mathrm{V}$，$\dot{I}_S = 10\ \underline{/0^\circ}\,\mathrm{A}$。利用节点电压分析法求 $\dot{U}_{12}$，节点电压相量方程为

$$\begin{cases} \left(1 + \mathrm{j}\omega C + \dfrac{1}{\mathrm{j}\omega L}\right)\dot{U}_1 - \dot{U}_2 = \mathrm{j}\omega C\,\dot{U}_S - g\dot{U}_2 \\ -\dot{U}_1 + (1 + \mathrm{j}\omega C)\,\dot{U}_2 = g\dot{U}_2 + \dot{I}_S \end{cases}$$

代入数据得

$$\begin{cases} \dot{U}_1 - \dot{U}_2 = 10 - \dot{U}_2 \\ -\dot{U}_1 + (1 + \mathrm{j}) \dot{U}_2 = \dot{U}_2 + 10 \end{cases}$$

解得节点电压相量

$$\dot{U}_1 = 10 \underline{/0°}\,\mathrm{V}, \qquad \dot{U}_2 = 20 \underline{/-90°}\,\mathrm{V}$$

故有

$$\dot{U}_{12} = \dot{U}_1 - \dot{U}_2 = (10 \underline{/0°} - 20 \underline{/-90°})\,\mathrm{V} = 22.36 \underline{/63.4°}\,\mathrm{V}$$

最终得

$$u_{12}(t) = 22.36\sqrt{2}\cos(t + 63.4°)\,\mathrm{V}$$

例 6-19 电路如图 6-28 所示，已知 $i_\mathrm{S}(t) = 3\cos t$ A，$u_\mathrm{S}(t) = 3\cos 2t$ V，试求 $u_\mathrm{C}(t)$。

解 图中有两个频率不同的电源，所以只能用叠加定理求解。

当 $i_\mathrm{S}(t) = 3\cos t$ A 单独作用时，相量模型如图 6-29a 所示，利用节点电压分析法求 $\dot{U}'_{\mathrm{cm}}$，节点电压相量方程为

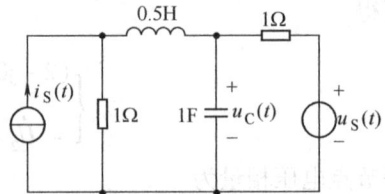

图 6-28 例 6-19 图

$$\begin{cases} \left(1 + \dfrac{1}{\mathrm{j}0.5}\right)\dot{U}_1 - \dfrac{1}{\mathrm{j}0.5}\dot{U}_2 = 3\underline{/0°} \\ -\dfrac{1}{\mathrm{j}0.5}\dot{U}_1 + \left(1 + \dfrac{1}{\mathrm{j}0.5} + \dfrac{1}{-\mathrm{j}}\right)\dot{U}_2 = 0 \end{cases}$$

解得，$\dot{U}_2 = \dot{U}'_{\mathrm{cm}} = \sqrt{2}\underline{/-45°}\,\mathrm{V}$。故有 $u'_\mathrm{C}(t) = \sqrt{2}\cos(t - 45°)\,\mathrm{V}$。

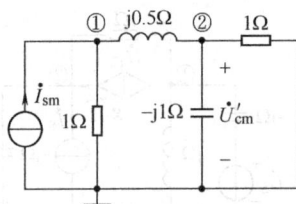

a)电流源单独作用   b)电压源单独作用

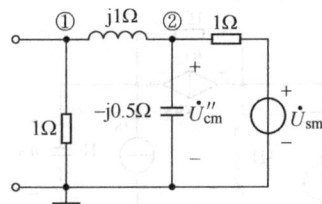

图 6-29 例 6-19 求解图

当 $u_\mathrm{S}(t) = 3\cos 2t$ V 单独作用时，相量模型如图 6-29b 所示，再利用节点电压分析法求 $\dot{U}''_{\mathrm{cm}}$，节点电压相量方程为

$$\begin{cases} \left(1 + \dfrac{1}{\mathrm{j}}\right)\dot{U}_1 - \dfrac{1}{\mathrm{j}}\dot{U}_2 = 0 \\ -\dfrac{1}{\mathrm{j}}\dot{U}_1 + \left(1 + \dfrac{1}{\mathrm{j}} + \dfrac{1}{-\mathrm{j}0.5}\right)\dot{U}_2 = 3\underline{/0°} \end{cases}$$

解得 $\dot{U}_2 = \dot{U}''_{cm} = \sqrt{2}\underline{/-45°}\text{V}$。故有 $u''_c(t) = \sqrt{2}\cos(2t - 45°)\text{V}$。

当 $i_S(t)$ 和 $u_S(t)$ 共同作用时，得

$$u_c(t) = u'_c(t) + u''_c(t) = \left[\sqrt{2}\cos(t - 45°) + \sqrt{2}\cos(2t - 45°)\right]\text{V}$$

例 6-20 求图 6-30a 所示电路的戴维南等效电路。已知，$\dot{I}_S = 0.2\underline{/0°}\text{A}$，$R = 250\Omega$，$X_C = -250\Omega$，$\beta = 0.5$。

解 (1)求开路电压 $\dot{U}_{OC}$。在图 6-30a 所示电路中，对于 a 点，根据 KCL 有

$$\dot{I}_C = \dot{I}_S + \beta\dot{I}_C = 0.2\underline{/0°} + 0.5\dot{I}_C$$

即

$$\dot{I}_C = 0.4\underline{/0°}\text{A}$$

开路电压为

$$\dot{U}_{OC} = R\beta\dot{I}_C + jX_C\dot{I}_C = (R\beta + jX_C)\dot{I}_C = (250 \times 0.5 - j250)\dot{I}_C$$

$$= (125 - j250)\dot{I}_C = 50 - j100 = 111.8\underline{/-63.4°}\text{V}$$

(2)求等效阻抗 Z_{eq}。用外加电压法求等效阻抗 Z_{eq}，电路如图 6-30b 所示，由 KCL 得

$$\dot{I} = \dot{I}_C - \beta\dot{I}_C = 0.5\dot{I}_C$$

由欧姆定律得

$$\dot{I}_C = \frac{\dot{U}}{R + jX_C} = \frac{\dot{U}}{250 - j250}$$

因此，得到

$$Z_{eq} = \frac{\dot{U}}{\dot{I}} = \frac{\dot{U}}{0.5\dot{I}_C} = \frac{250 - j250}{0.5}\Omega = (500 - j500)\Omega$$

最终求得戴维南等效电路如图 6-30c 所示。

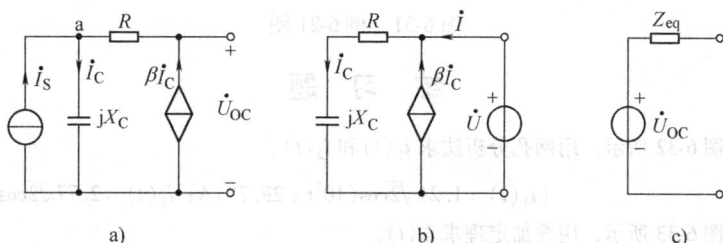

图 6-30 例 6-20 图

例 6-21 图 6-31a 电路中 $Z_1 = (10 + j50)\Omega$，$Z_2 = (400 + j1000)\Omega$，如果要使电路中的 $\dot{I}_2$ 与 $\dot{U}_S$ 的相位差为 90°，β 值应选多大？如果电路的 $\omega = 314\text{rad/s}$，若要把 CCCS 用一个可变电容代替，可变电容值应为多大？

解 端口的总电流为

$$\dot{I} = \dot{I}_2 - \beta\dot{I}_2$$

端口的总电压方程为

$$\dot{U}_S = Z_1\dot{I} + Z_2\dot{I}_2 = [(1-\beta)Z_1 + Z_2]\dot{I}_2$$

$$= [(1-\beta)(10+j50) + (400+j1000)]\dot{I}_2$$

$$= [(410-10\beta) + j(1050-50\beta)]\dot{I}_2$$

要使 $\dot{I}_2$ 与 $\dot{U}_S$ 相位差 $90°$，上式的实部必须为零，即 $410-10\beta=0$，故解得 $\beta=41$。

用可变电容代替 CCCS 后，电路如图 6-31b 所示，端口的总电流为

$$\dot{I} = \dot{I}_2 + j\omega C Z_2\dot{I}_2$$

电路端口的总电压为

$$\dot{U}_S = [(1+j\omega C Z_2)Z_1 + Z_2]\dot{I}_2$$

$$= [(410-30000\omega C) + j(1050-46000\omega C)]\dot{I}_2$$

同理，要使 $\dot{I}_2$ 与 $\dot{U}_S$ 相位差 $90°$，上式的实部必须为零，即 $410-30000\omega C=0$，解得 $\omega C = 13.67\times10^{-3}$，故可变电容应为 $43.5\mu F$。

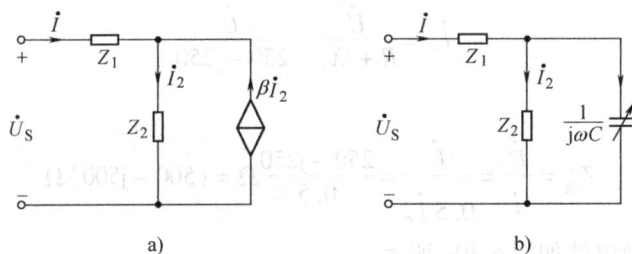

a)　　　　　　　　　b)

图 6-31　例 6-21 图

练 习 题

6-13　电路如图 6-32 所示，用网孔分析法求 $i_1(t)$ 和 $i_2(t)$。

$$[i_1(t) = 1.24\sqrt{2}\cos(10^3 t + 29.7°)\text{A}；\quad i_2(t) = 2.77\sqrt{2}\cos(10^3 t + 56.3°)\text{A}]$$

6-14　电路如图 6-33 所示，用叠加定理求 $i_0(t)$。

$$[i_0(t) = 10.2\cos(5t + 11.8°)\text{A} + 2.06\cos(4t + 14.9°)\text{A}]$$

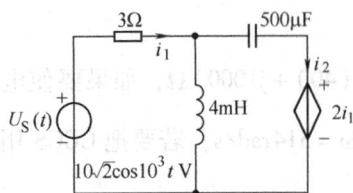

图 6-32　练习题 6-13 图

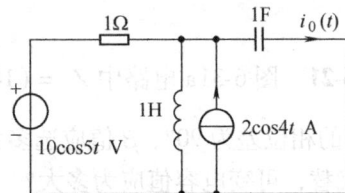

图 6-33　练习题 6-14 图

6-15　试求图 6-34 所示电路的戴维南等效电路。　　$\left[\ \dot{U}_{\text{OC}} = \dfrac{1}{j\omega C}\ \dot{I}_{\text{S}},\ Z_{\text{ab}} = \dfrac{1}{j\omega C(1+\alpha)}\right]$

6-16　电路如图 6-35 所示，若要满足端口电压和电流的关系，试求框内最简单的串联组合元件值。

$[R = 4\Omega,\ C = 0.0577\text{F}]$

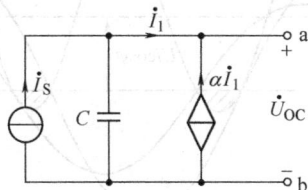

图 6-34　练习题 6-15 图　　　　　　　　　　　　图 6-35　练习题 6-16 图

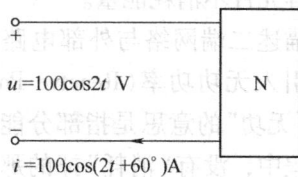

6.6　正弦稳态电路的功率

　　研究正弦稳态电路的功率，涉及有功功率、无功功率、视在功率、复功率、功率因数等概念，下面将逐一介绍。

6.6.1　有功功率和无功功率

　　设图 6-36 二端网络的端口电压和电流分别为

$$u(t) = \sqrt{2}U\cos(\omega t + \theta_{\text{u}}),\quad i(t) = \sqrt{2}I\cos(\omega t + \theta_{\text{i}})$$

则其瞬时功率为

图 6-36　二端网络

$$p = ui = \sqrt{2}U\cos(\omega t + \theta_{\text{u}}) \times \sqrt{2}I\cos(\omega t + \theta_{\text{i}})$$
$$= 2UI\cos(\omega t + \theta_{\text{u}})\cos(\omega t + \theta_{\text{i}})$$

根据三角积化和差公式，$2\cos\alpha\cos\beta = \cos(\alpha + \beta) + \cos(\alpha - \beta)$，上式可写为

$$p = UI\cos(2\omega t + \theta_{\text{u}} + \theta_{\text{i}}) + UI\cos(\theta_{\text{u}} - \theta_{\text{i}})$$
$$= UI\cos(2\omega t + \theta_{\text{u}} + \theta_{\text{i}}) + UI\cos\varphi \tag{6-32}$$

式中，第一项是以 2 倍角频率变化的正弦量；第二项为恒定分量。

　　该瞬时功率的变化曲线如图 6-37 所示。在一个周期内的平均功率为

$$P = \frac{1}{T}\int_0^T p(t)\,\mathrm{d}t = \frac{1}{T}\int_0^T \left[UI\cos(2\omega t + \theta_{\text{u}} + \theta_{\text{i}}) + UI\cos\varphi\right]\mathrm{d}t$$

$$= UI\cos\varphi = UI\lambda \tag{6-33}$$

　　式(6-33)说明，平均功率等于瞬时功率中的恒定分量，它不仅与端口电压和电流有效值的大小有关，而且还和它们的相位差有关。平均功率又称有功功率(Active Power)，它表示二端网络实际消耗的功率。通常，家用电器标记的功率都是指平均功率，如空调 200W，荧光灯 40W 等。

　　式(6-33)中，$\lambda = \cos\varphi$ 称二端网络的功率因数(Power Factor)，φ 称为功率因数角，又可称为阻抗角，因为阻抗

$$Z = \frac{\dot{U}}{\dot{I}} = \frac{U}{I}\underline{/\theta_{\text{u}} - \theta_{\text{i}}} = \frac{U}{I}\underline{/\varphi}$$

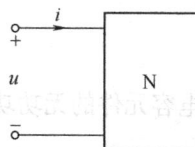

若 Z 为纯电阻，电压和电流同相，$\varphi = 0$，$\lambda = 1$，$P = UI$；若 Z 为纯电感或纯电容，电压和电流的相位差 $|\varphi| = \pi/2$，$\lambda = 0$，$P = 0$，即电感和电容元件不消耗能量。

为了描述二端网络与外部电路能量交换的情况，引入无功功率（Reactve Power）的概念。这里"无功"的意思是指部分能量在往复交换的过程中，没有"消耗"掉的那部分，即是图 6-37 中阴影的那部分。其定义为

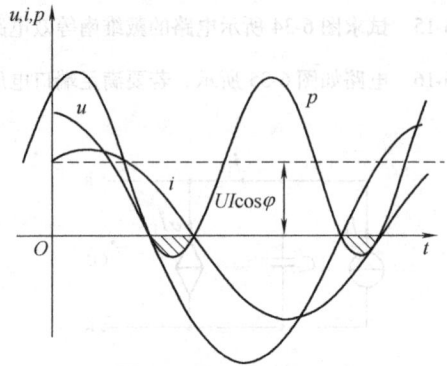

图 6-37 瞬时功率的变化曲线

$$Q = UI\sin\varphi \qquad (6\text{-}34)$$

它的单位为 var(乏)。

理想电阻元件只消耗能量，不能储存能量，它的无功功率为 0。

电感元件的无功功率为

$$Q_L = U_L I_L \sin\varphi = U_L I_L = \omega L I_L^2 = \frac{U_L^2}{\omega L}$$

电容元件的无功功率为

$$Q_C = U_C I_C \sin\varphi = -U_C I_C = -\frac{I_C^2}{\omega C} = -\omega C U_C^2$$

因为电感和电容不消耗功率，所以二端网络吸收的有功功率等于二端网络内部各电阻吸收的有功功率之和。而电阻元件的无功功率为零，所以二端网络吸收的无功功率等于二端网络内部电感和电容元件吸收的无功功率之和。可以证明，正弦稳态电路中总的有功功率是电路各部分有功功率之和，总的无功功率是电路各部分无功功率之和，即有功功率和无功功率是分别守恒的。

一般电气设备都要规定额定电压和额定电流，工程上用它们的乘积来表示电气设备的容量，因此引入了视在功率（Apparent Power）的概念。其定义为

$$S = UI \qquad (6\text{-}35)$$

它的单位为 V·A(伏安)。

有功功率 P、无功功率 Q 和视在功率 S 三者之间的关系可以用图 6-38 功率三角形来表示，即

$$S^2 = \sqrt{P^2 + Q^2}$$

式中，$P = S\cos\varphi$；$Q = S\sin\varphi$，$\varphi = \arctan\dfrac{Q}{P}$。

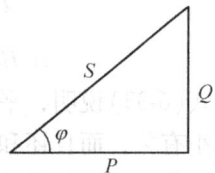

图 6-38 功率三角形

例 6-22 正弦交流电路如图 6-39a 所示，已知 $R = 100\Omega$，$U_1 = U_R = 100V$，$\dot{U}_1$ 超前 $\dot{U}_R$ 相位 60°，求二端网络 N 吸收的平均功率。

解 由已知条件得

$$I = \frac{U_R}{R} = \frac{100}{100}A = 1A$$

取电流 $\dot{I}$ 为参考相量，设 $\dot{I} = 1\underline{/0°}$，作相量图如图 6-39b 所示，$\dot{U}_1$、$\dot{U}_R$ 和 $\dot{U}_A$ 构成等边三

角形，$\dot{U}_A$超前 $\dot{I}$ 的相位为120°，则网络 N 吸收的平均功率为

$$p_A = U_A I\cos\varphi = (100 \times 1 \times \cos120°)\text{W} = 50\text{W}$$

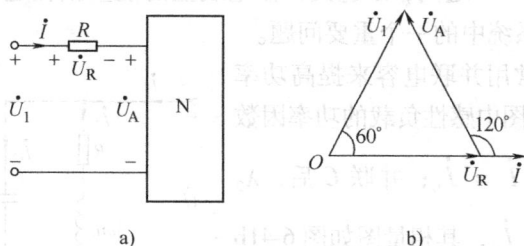

图6-39　例6-22图

6.6.2　复功率

在正弦稳态电路中，为了直接用电压相量和电流相量计算功率，引入了复功率(Complex Power)的概念。它定义为二端网络端口上的电压相量和电流相量共轭复数的乘积，即

$$\bar{S} = \dot{U}\,\dot{I}^* = UI\underline{/\theta_u - \theta_i} = UI\cos\varphi + \mathrm{j}UI\sin\varphi = P + \mathrm{j}Q \tag{6-36}$$

由式(6-36)可见，复功率的实部为有功功率，虚部为无功功率，模为视在功率，辐角为功率因数角。复功率的单位为 V·A(伏安)。

当二端网络不含独立源时，其等效特性可以用等效阻抗 Z_{eq} 或等效导纳 Y_{eq} 表示，有

$$\dot{U} = Z_{eq}\,\dot{I} = (R + \mathrm{j}X)\,\dot{I}\ \text{或}\ \dot{I} = Y_{eq}\,\dot{U} = (G + \mathrm{j}B)\,\dot{U}$$

复功率又可以表示为

$$\bar{S} = \dot{U}\,\dot{I}^* = Z_{eq}\,\dot{I}\,\dot{I}^* = Z_{eq}I^2$$

或

$$\bar{S} = \dot{U}\,\dot{I}^* = \dot{U}(Y_{eq}\,\dot{U})^* = Y_{eq}^*U^2$$

例6-23　电路如图6-40所示，求各支路的复功率。

解　电流源的端电压为

$$\dot{U} = 10\underline{/0°}\frac{(10 + \mathrm{j}25) \times (5 - \mathrm{j}15)}{(10 + \mathrm{j}25) + (5 - \mathrm{j}15)}\text{V} = 236.14\underline{/-37.1°}\text{V}$$

各支路的复功率分别为

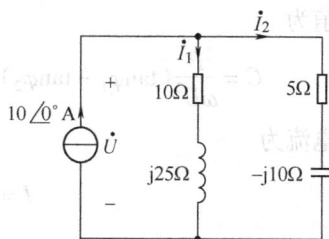

图6-40　例6-23图

$$\bar{S} = \dot{U}\,\dot{I}^* = -10\underline{/0°} \times 236.14\underline{/-37.1°}\text{V}\cdot\text{A}$$
$$= 2361.4\underline{/142.9°}\text{V}\cdot\text{A} = (-1883.41 + \mathrm{j}1424.41)\text{V}\cdot\text{A}$$

$$\bar{S}_1 = U^2Y_1^* = 236.14^2 \times \left(\frac{1}{10 + \mathrm{j}25}\right)^*\text{V}\cdot\text{A} = (768.4 + \mathrm{j}1920.82)\text{V}\cdot\text{A}$$

$$\bar{S}_2 = U^2Y_2^* = 236.14^2 \times \left(\frac{1}{5 - \mathrm{j}15}\right)^*\text{V}\cdot\text{A} = (1115.14 + \mathrm{j}3345.43)\text{V}\cdot\text{A}$$

6.6.3　功率因数的提高

功率因数 λ 一般在 $0 \sim 1$ 之间，λ 越大，输电线上的能量损耗越小。所以设法提高用电设备的功率因数是电力系统中的一个重要问题。

对于感性负载，通常用并联电容来提高功率因数，如图 6-41a 所示。图中感性负载的功率因数 $\lambda_1 = \cos\varphi_1$，未并 C 时，$\dot{I} = \dot{I}_L$；并联 C 后，$\lambda_2 = \cos\varphi_2$，这时 $\dot{I} = \dot{I}_L + \dot{I}_C$，其相量图如图 6-41b 所示。由于 $\varphi_2 < \varphi_1$，故 $\dot{I}$ 比未并 C 时要小，电流减小使功率因数得到提高。可见，适当选取 C 值可提高功率因数，下面来分析如何选择电容 C。

图 6-41　提高功率因数的分析图

由有功功率定义 $P = UI\lambda$ 得

$$I = \frac{P}{U\lambda} = \frac{P}{U\cos\varphi} \tag{6-37}$$

由 6-41b 相量图可看出

$$I_C = I_L\sin\varphi_1 - I\sin\varphi_2 = \left(\frac{P}{U\cos\varphi_1}\right)\sin\varphi_1 - \left(\frac{P}{U\cos\varphi_2}\right)\sin\varphi_2 = \frac{P}{U}(\tan\varphi_1 - \tan\varphi_2)$$

又因为

$$I_C = \frac{U}{X_C} = U\omega C$$

故有

$$C = \frac{P}{\omega U^2}(\tan\varphi_1 - \tan\varphi_2) \tag{6-38}$$

例 6-24　若某一感性负载电路，如图 6-41a 所示。其功率 $P = 10\text{kW}$，功率因数 $\lambda_1 = 0.6$，外加电压 $U = 220\text{V}$，工作频率 $f = 50\text{Hz}$。试问：若将功率因数提高到 0.95，图中的电容 C 应选多大？此时的工作电流多大？

解　当 $\lambda_1 = 0.6$ 时，$\varphi_1 = 53.13°$；若 $\lambda_2 = 0.95$ 时，$\varphi_2 = 18.2°$

电容值为

$$C = \frac{P}{\omega U^2}(\tan\varphi_1 - \tan\varphi_2) = \frac{10 \times 10^3}{314 \times (220)^2}(\tan53.13° - \tan18.2°)\text{F} \approx 661\mu\text{F}$$

工作电流为

$$I = \frac{P}{U\lambda_2} = \frac{10 \times 10^3}{220 \times 0.95}\text{A} = 47.85\text{A}$$

例 6-25　某水电站以 $U = 22 \times 10^4\text{V}$ 的高压向用户输送 $P = 24 \times 10^4\text{kW}$ 的电力，若输电线的总电阻为 10Ω。试计算当功率因数由 0.6 提高到 0.9 时，输电线在一年中节约多少电能。

解　当 $\lambda_1 = 0.6$ 时，用户从电站获取的电流为

$$I_1 = \frac{P}{U\lambda_1} = \frac{24 \times 10^7}{22 \times 10^4 \times 0.6}\text{A} \approx 1818\text{A}$$

当 $\lambda_2 = 0.9$ 时，用户从电站获取的电流为

$$I_2 = \frac{P}{U\lambda_2} = \frac{24 \times 10^7}{22 \times 10^4 \times 0.9}\text{A} \approx 1212\text{A}$$

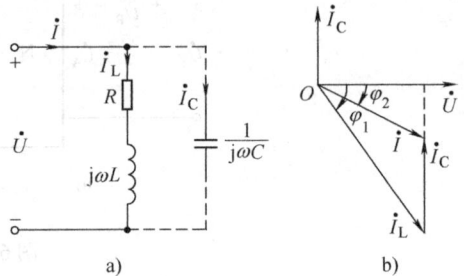

一年中输电线上节约的电能为

$$E = RI_1^2 t - RI_1^2 t = R(I_1^2 - I_2^2)t = [10 \times (1818^2 - 1212^2) \times 365 \times 24] \text{kW}$$
$$= 1.6 \times 10^9 \text{kW} \cdot \text{h} = 1.6 \text{ 亿度}$$

6.6.4 最大功率传输

在正弦稳态电路中，可以通过调节电路的负载获得最大的功率。图 6-42a 所示为含源二端网络，根据戴维南定理，电路可等效为图 6-42b 所示形式。图中 $Z_{eq} = R_{eq} + jX_{eq}$，$Z_L = R_L + jX_L$，负载中的电流相量为

$$\dot{I} = \frac{\dot{U}_{OC}}{(R_{eq} + R_L) + j(X_{eq} + X_L)}$$

图 6-42   最大功率匹配电路

负载吸收的功率为

$$P_L = I^2 R_L = \frac{U_{OC}^2 R_L}{(R_{eq} + R_L)^2 + (X_{eq} + X_L)^2}$$

可见，R_L 和 X_L 都是 P_L 的函数。若 R_L 为定值，$X_L = -X_{eq}$ 时，功率为

$$P_L = \frac{U_{OC}^2 R_L}{(R_{eq} + R_L)^2}$$

若此式对 R_L 求导，并令其为零，得 $R_L = R_{eq}$，此时功率最大，最大功率为

$$P_{L\max} = \frac{U_{OC}^2}{4R_{eq}} \tag{6-39}$$

所以，获得最大功率的条件为负载阻抗等于二端网络等效阻抗的共轭复数，即

$$Z_L = Z_{eq}^* = R_{eq} - jX_{eq} \tag{6-40}$$

此时电路的传输效率为

$$\eta = \frac{I^2 R_L}{I^2(R_L + R_{eq})} = \frac{R_L}{2R_L} = 50\% \tag{6-41}$$

可见，最大功率传输时，效率很低，因此传输电能时不能采用这种工作状态。而在通信系统中，由于传输信号的功率很小，常常不考虑效率问题，才在这种状态下工作。

当 Z_L 等于 Z_{eq} 的共轭复数时，才能获得最大功率。但在实际情况下很难实现。例如，当 Z_L 的模值可以变化，相位角固定时，获得最大功率的条件为

$$|Z_L| = |Z_{eq}|$$

当 Z_L 为纯电阻负载时，获得最大功率的条件为 $R_L = |Z_{eq}|$。

例 6-26 电路如图 6-43 所示。试求：（1）Z_L 为何值时可获最大功率？此最大功率为何值？（2）若 Z_L 为纯电阻时，电阻值为多大可获最大功率？此最大功率为何值？

解 （1）断开 Z_L 后，开路电压为

$$\dot{U}_{OC} = (8\underline{/0°} + 4 \times 1\underline{/0°}) \text{V} = 12\underline{/0°}\text{V}$$

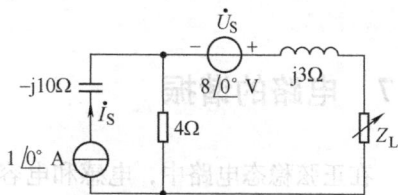

图 6-43   例 6-26 图

戴维南等效阻抗为

$$Z_{eq} = (4 + j3)\,\Omega$$

当 $Z_L = Z_{eq}^*$ 时，即

$$Z_L = (4 - j3)\,\Omega$$

负载可获最大功率，最大功率为

$$P_{Lmax} = \frac{U_{OC}^2}{4R_{eq}} = \frac{12^2}{4 \times 4}\,W = 9\,W$$

（2）负载 Z_L 为纯电阻时，获得最大功率的条件为

$$R_L = |Z_{eq}| = \sqrt{4^2 + 3^2}\,\Omega = 5\,\Omega$$

负载上的电流为

$$\dot{I} = \frac{\dot{U}_{OC}}{Z_{eq} + R_L} = \frac{12\,\underline{/0°}}{(4 + j3) + 5}\,A = \frac{12\,\underline{/0°}}{9.49\,\underline{/18.4°}}\,A = 1.26\,\underline{/-18.4°}\,A$$

负载获得的最大功率为

$$P_{Lmax} = I^2 R_L = (1.26^2 \times 5)\,W = 7.9\,W$$

可见，负载阻抗与电路的等效阻抗共轭匹配时，可获得最大功率。

练 习 题

6-17　电路如图 6-44 所示。问 Z_L 为何值时可获最大功率？此最大功率为何值？

$$[\,Z_L = (0.5 - j0.5)\,\Omega,\ P_{Lmax} = 50\,W\,]$$

6-18　电路如图 6-45 所示。试问：（1）Z_L 为何值时可获最大功率？此最大功率为何值？（2）若 Z_L 为纯电阻时，电阻值为多大可获最大功率？此最大功率为何值？

$$[\,(1)Z_L = (3 + j3)\,\Omega,\ P_{Lmax} = 20.44\,W；\ (2)Z_L = 3\sqrt{2}\,\Omega,\ P_{Lmax} = 16.2\,W\,]$$

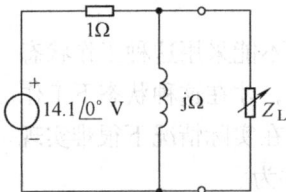

图 6-44　练习题 6-17 图　　　　　　　图 6-45　练习题 6-18 图

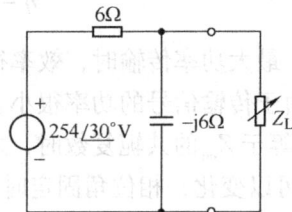

6.7　电路的谐振

在正弦稳态电路中，电感和电容的阻抗（或导纳）都是频率的函数。因此，在同一电路中，当频率不同时，电路阻抗（或导纳）的性质也不同。当在某一频率下电路阻抗（或导纳）为纯电阻性时，称电路为谐振状态。

6.7.1 串联谐振

RLC 串联电路的相量模型，如图 6-46 所示。电路的总阻抗为

$$Z = R + j\left(\omega L - \frac{1}{\omega C}\right) = R + jX$$

当式中 X 为零时，即满足条件 $\omega L = \frac{1}{\omega C}$ 时，电路发生

串联谐振（Series Resonant），此时的角频率称为谐振

角频率，即

$$\omega_0 = \frac{1}{\sqrt{LC}} \qquad (6\text{-}42)$$

串联谐振的特征有：

1）谐振回路总阻抗最小，$Z_0 = R$；电流最大，
$I_0 = U_S/R$。

2）谐振时电压与电流同相，$\varphi_Z = 0$。

图 6-46 RLC 串联电路相量模型

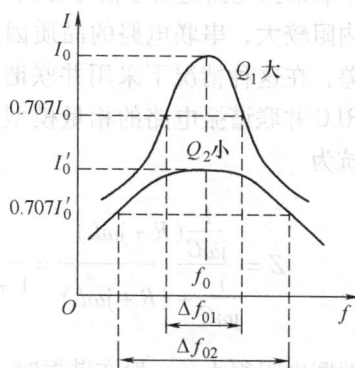

3）谐振时可得到比信号源还大的电压，故称电压谐振。电阻、电感和电容的电压分别为

$$\dot{U}_R = R\dot{I}_0 = \dot{U}_S \qquad (6\text{-}43)$$

$$\dot{U}_L = j\omega_0 L\,\dot{I}_0 = j\frac{\omega_0 L}{R}\dot{U}_S = j\frac{1}{R}\sqrt{\frac{L}{C}}\,\dot{U}_S \qquad (6\text{-}44)$$

$$\dot{U}_C = \frac{1}{j\omega_0 C}\dot{I}_0 = -j\frac{1}{\omega_0 RC}\dot{U}_S = -j\frac{1}{R}\sqrt{\frac{L}{C}}\,\dot{U}_S \qquad (6\text{-}45)$$

可见，谐振时电阻电压等于电源电压，电感电压和电容电压的大小相等、方向相反。

RLC 串联谐振，电感电压或电容电压与信号源电压的比值，称串联电路的品质因数（Q 值）。即

$$Q = \frac{U_L}{U_S} = \frac{U_C}{U_S} = \frac{\omega_0 L}{R} = \frac{1}{\omega_0 RC} = \frac{1}{R}\sqrt{\frac{L}{C}} \qquad (6\text{-}46)$$

Q 值由电路参数确定。通常 $R\downarrow \rightarrow Q\uparrow$，有 U_L
$= U_C = QU_S$。当 $X_L = X_C > R$ 时，U_L 和 U_C 相等并高
于电源电压的 Q 倍。因此，在电力工程中应避免发
生串联谐振。因为谐振时 Q 值较大，可能会击穿线
圈和电容的绝缘层。但在无线电工程中常利用串联
谐振，使输入微弱的信号电压变成较高的信号电压。

Q 值与电路谐振曲线的关系，如图 6-47 所示。
Q 值越大，谐振曲线越尖锐，通频带宽度越窄，电
路的选择性越好。

选择性是无线接收机的一个重要指标。谐振频

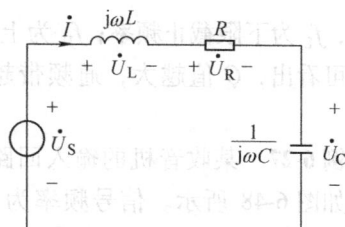

图 6-47 Q 值与谐振曲线的关系

率 f_0 稍有偏离,电路中的电流就会迅速减小。谐振曲线越尖锐,电流减小越快,选择性越好。

通频带的定义是在谐振电流 I_0 下降到 $0.707I_0$ 时,所对应的频率宽度,如图 6-47 所示。即

$$\Delta f = f_H - f_L \tag{6-47}$$

式中,f_L 为下限截止频率;f_H 为上限截止频率。

可看出,Q 值越大,通频带越窄,选择性越好。

例 6-27 某收音机的输入回路为串联谐振电路,如图 6-48 所示。信号频率为 $f = 630\text{kHz}$,信号电压幅度为 $u_S = 0.25\text{mV}$,$R = 5\Omega$,$L = 20\text{mH}$。试求:(1)收音机要接收到这个信号,电容 C 应调到何值;(2)当收音机接收到这个信号时,电容两端的电压为何值;(3)该收音机的选择性如何。

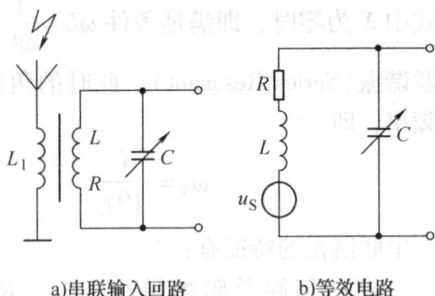

a)串联输入回路   b)等效电路

图 6-48   收音机的输入回路

解 (1) $$\omega_0 = \frac{f}{2\pi} = \frac{630 \times 10^3}{2 \times 3.14}\text{rad/s} = 100320\text{rad/s}$$

$$X_L = \omega_0 L = 100320 \times 20 \times 10^{-3}\Omega = 2006.4\Omega$$

电路谐振时,$X_L = X_C$,所以应有 $X_C = \dfrac{1}{\omega_0 C} = \dfrac{1}{100320 \times C}\Omega = 2006.4\Omega$

故得,电容值 $C = 0.005\mu\text{F}$。

(2)电容电压 $$U_C = I_0 X_C = \frac{U_S}{R} X_C = \frac{0.25 \times 10^{-3}}{5} \times 318.5\text{V} = 16\text{mV}$$

(3)品质因数 $$Q = \frac{U_C}{U_S} = \frac{16 \times 10^{-3}}{0.25 \times 10^{-3}} = 64$$

该收音机中输入回路的品质因数 Q 值很高,所以它的选择性很好。

6.7.2 并联谐振

串联谐振电路适用于信号源内阻比较小的情况。如果信号源内阻较大,串联电路的品质因数 Q 将很低,使谐振特性变差,在这种情况下采用并联谐振(Paralled Resonant)电路。RLC 并联谐振电路的相量模型如图 6-49 所示。电路的总阻抗为

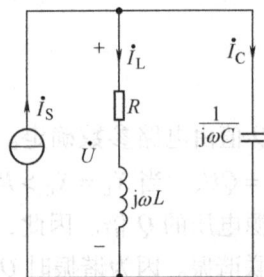

图 6-49   并联电路相量模型

$$Z = \frac{\dfrac{1}{j\omega C}(R + j\omega L)}{\dfrac{1}{j\omega C} + (R + j\omega L)} = \frac{R + j\omega L}{1 + j\omega RC - \omega^2 LC}$$

通常线圈电阻很小,一般在谐振时 $\omega L \gg R$,则上式可写成

$$Z \approx \frac{\mathrm{j}\omega L}{1 + \mathrm{j}\omega RC - \omega^2 LC} = \frac{1}{\dfrac{RC}{L} + \mathrm{j}\left(\omega C - \dfrac{1}{\omega L}\right)}$$

当 $\omega C - \dfrac{1}{\omega L} = 0$ 时，电路发生并联谐振。并联谐振时的角频率与串联谐振电路相同，均为 ω_0 $= \dfrac{1}{\sqrt{LC}}$。

并联谐振的特征有

1）谐振时阻抗最大，$Z_0 = \dfrac{L}{RC}$；电流最小，$I_0 = \dfrac{U}{Z_0}$。

2）谐振时电压与电流同相，$\varphi_Z = 0$。

3）谐振时支路电流远大于信号源电流，故称电流谐振。电感和电容支路上的电流分别为

$$\dot{I}_L = -\mathrm{j}Q\,\dot{I}_S \tag{6-48}$$

$$\dot{I}_C = \mathrm{j}Q\,\dot{I}_S \tag{6-49}$$

式中，Q 为支路电流与总电流的比值，$Q = \dfrac{I_C}{I_S} = \dfrac{I_L}{I_S} = \dfrac{\omega_0 L}{R} = \dfrac{1}{\omega_0 RC} = \dfrac{1}{R}\sqrt{\dfrac{L}{C}}$。

品质因数 Q 与谐振电路的阻抗模 $|Z_0|$ 的关系为

$$|Z_0| = Q\sqrt{\frac{L}{C}} \tag{6-50}$$

品质因数 Q 值越大，谐振电路的阻抗模 $|Z_0|$ 也越大，谐振曲线也越尖锐，选择性越好。并联谐振广泛应用在无线电工程中和工业电子技术中，如选频电路、带通滤波器等。

例 6-28　并联谐振电路如图 6-50 所示。已知电路已发生谐振，求电路的谐振频率、谐振电压和电容支路的电流。

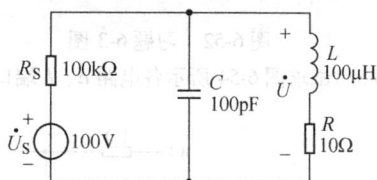

解　谐振频率 $f_0 = \dfrac{1}{2\pi\sqrt{LC}} = 1600\mathrm{kHz}$

谐振阻抗　　　　$Z_0 = \dfrac{L}{RC} = 100\mathrm{k\Omega}$

图 6-50　例 6-28 图

考虑电源内阻后的谐振阻抗　　　　$Z'_0 = \dfrac{Z_0 R_S}{Z_0 + R_S} = 50\mathrm{k\Omega}$

电源电流　　　　$I_S = \dfrac{U_S}{R_S} = \dfrac{100}{100 \times 10^3}\mathrm{A} = 1\mathrm{mA}$

谐振电压　　　　$U_0 = Z'_0 I_S = (50 \times 10^3 \times 1 \times 10^{-3})\,\mathrm{V} = 50\mathrm{V}$

考虑电源内阻后的品质因数　　　　$Q' = Z'_0\sqrt{\dfrac{C}{L}} = 50 \times 10^3\sqrt{\dfrac{100 \times 10^{-12}}{100 \times 10^{-6}}} = 50$

电容支路的电流　　　　$I_C = Q' I_S = 50\mathrm{mA}$

练 习 题

6-19　某收音机的输入电路如图 6-48 所示。$R = 16\Omega$，$L = 0.3\text{mH}$。若要收听幅度为 $2\mu\text{V}$、频率为 640kHz 的电台广播，电容 C 应调到何值。此时电容两端的电压为何值。　　　　　　　$[\,C = 206\text{pF}, \ U_C = 150\mu\text{V}\,]$

6-20　并联谐振电路如图 6-51 所示。$R = 25\Omega$，$L = 0.25\text{mH}$，$C = 85\text{pF}$，求电路的谐振频率、品质因数和谐振阻抗。

$$[\,f_0 = 1100\text{kHz}, \ Q = 68.6, \ Z_0 = 117\text{k}\Omega\,]$$

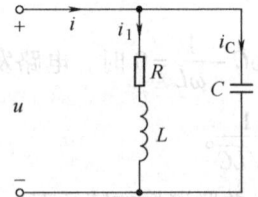

图 6-51　练习题 6-20 图

习 题 6

6-1　已知两个正弦电压信号分别为 $u_1(t) = 50\cos(10t - 30°)\text{V}$，$u_2(t) = 10\sqrt{2}\cos(10t + 75°)\text{V}$。试求：(1) u_1 和 u_2 的最大值相量和有效值相量；(2) $u = u_1 + u_2$ 的表达式。

6-2　已知电压振幅相量 $\dot{U}_1 = 50\,\underline{/-30°}\text{V}$，$\dot{U}_2 = -100\,\underline{/120°}\text{V}$，频率 $f = 50\text{Hz}$，试写出它们所代表的正弦电压及它们之间的相位差。

6-3　电路如图 6-52 所示，已知 $\dot{U}_1 = (5 + j4)\text{V}$，$\dot{U}_2 = 10\,\underline{/90°}\text{V}$，$\dot{U}_3 = 20\,\underline{/-30°}\text{V}$。试求电压 $\dot{U}$。

6-4　某一电路如图 6-53 所示，已知 $\dot{I}_1 = (4 + j3)\text{A}$，$\dot{I}_2 = (3 + j4)\text{A}$，$\dot{I}_4 = (2 + j4.5)\text{A}$。试求电感电压 $\dot{U}_L$。

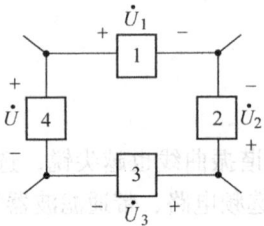

图 6-52　习题 6-3 图

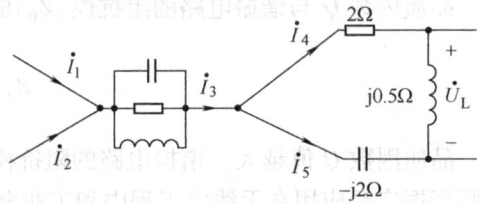

图 6-53　习题 6-4 图

6-5　试求图 6-54 所示各电路 a、b 端口的输入阻抗 Z_i。

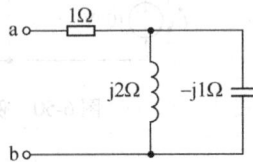

a)

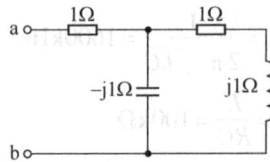

b)

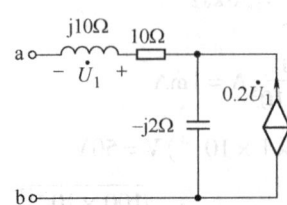

c)

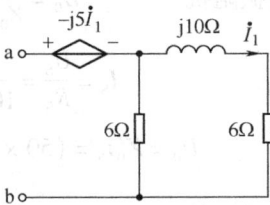

d)

图 6-54　习题 6-5 图

6-6 电路如图 6-55 所示，试求电流 i、电压 u_{ab}、u_{bc} 和 u_{cd}。

6-7 电路如图 6-56 所示，试求电压 $\dot{U}_{ab}$ 和 $\dot{U}_{bc}$。

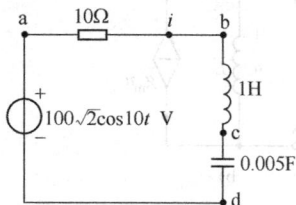

图 6-55 习题 6-6 图

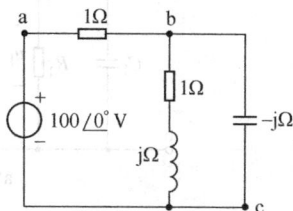

图 6-56 习题 6-7 图

6-8 电路如图 6-57 所示，用电流表测得 $A_1 = 5A$，$A_2 = 25A$，$A_3 = 20A$，求表 A 的读数。

6-9 电路如图 6-58 所示，已知 $\omega = 314\,\mathrm{rad/s}$。用电压表测得 $V_1 = 15V$，$V_2 = 80V$，$V_3 = 100V$，求 $u_S(t)$。

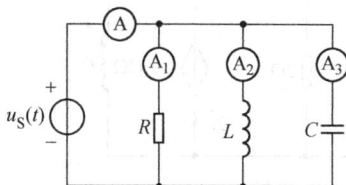

图 6-57 习题 6-8 图

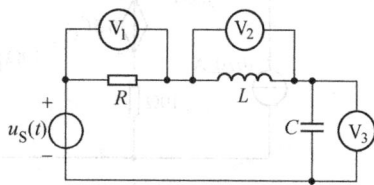

图 6-58 习题 6-9 图

6-10 电路如图 6-59 所示，已知电压 $U = 220V$，$f = 50Hz$。3 只理想电流表读数均为 $0.5A$，试计算 r 与 L 的值。

6-11 电路如图 6-60 所示，已知电源频率 $f = 50Hz$，$R = 25\Omega$，电压表读数分别为 $V_1 = 50V$，$V_2 = 128V$，$V_3 = 116V$。试计算 r 与 L 的值。

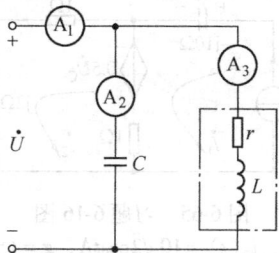

图 6-59 习题 6-10 图

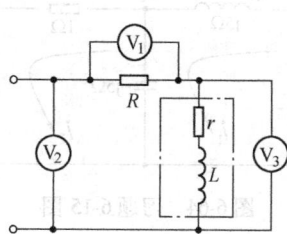

图 6-60 习题 6-11 图

6-12 电路如图 6-61 所示，若要满足端口电压和电流的关系，试求框内最简单的串联组合元件值。

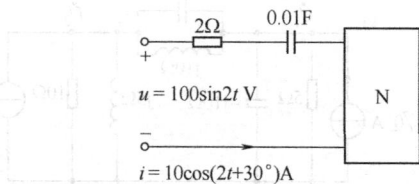

a)

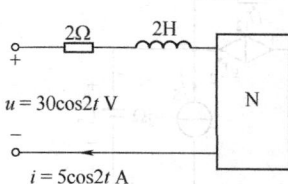

b)

图 6-61 习题 6-12 图

6-13   电路如图 6-62 所示。试求各电路的输入阻抗 Z_{ab}。

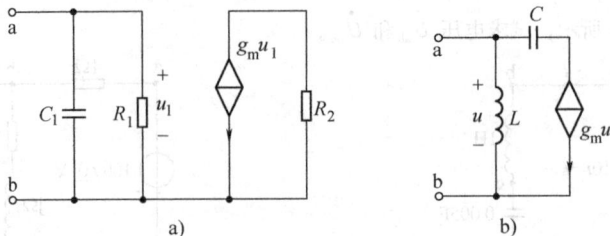

图 6-62   习题 6-13 图

6-14   电路如图 6-63 所示，试求各电路中的电压 $\dot{U}$。

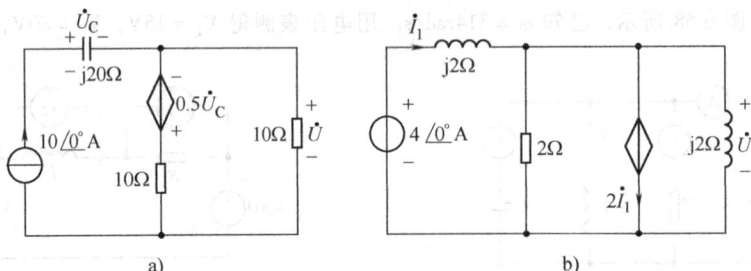

图 6-63   习题 6-14 图

6-15   电路如图 6-64 所示，已知 $\dot{U}_S = 10 \underline{/0°}\mathrm{V}$，$g = 2$。试用网孔法求网孔电流 $\dot{I}_1$、$\dot{I}_2$ 和电压 $\dot{U}_o$。

6-16   电路如图 6-65 所示，已知 $\dot{I}_S = 10 \underline{/0°}\mathrm{A}$。试用网孔法求网孔电流 $\dot{I}_1$、$\dot{I}_2$ 和电压 $\dot{U}_C$。

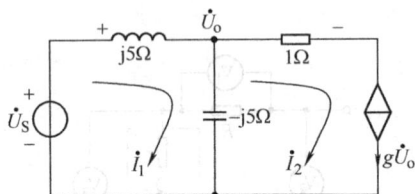

图 6-64   习题 6-15 图

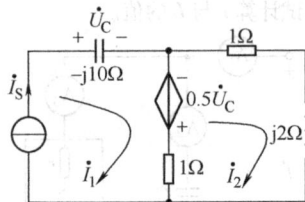

图 6-65   习题 6-16 图

6-17   电路的相量模型如图 6-66 所示，已知 $u_S(t) = 10\sqrt{2}\sin t\,\mathrm{V}$，$i_S(t) = 10\sqrt{2}\cos t\,\mathrm{A}$，$g = 1\mathrm{S}$。试求受控电流源两端的电压 $u_{12}(t)$。

6-18   电路的相量模型如图 6-67 所示，试求节点电压 $\dot{U}_1$ 和 $\dot{U}_2$。

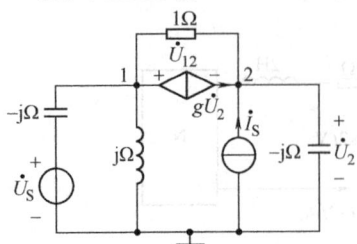

图 6-66   习题 6-17 图

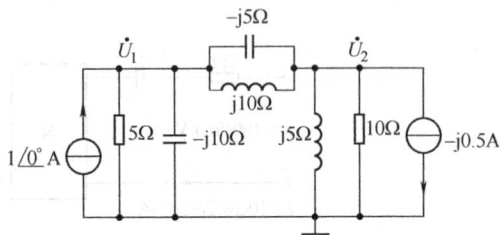

图 6-67   习题 6-18 图

6-19   电路如图 6-68 所示，已知 $U_S = 10\mathrm{V}$，$i_S = 2\cos(10^6 t + 45°)\,\mathrm{A}$，$L = 1\mu\mathrm{H}$，$R_1 = 1\Omega$。试用叠加定理求 u_C 和 i_L。

6-20　试求图 6-69 所示电路的戴维南等效电路。

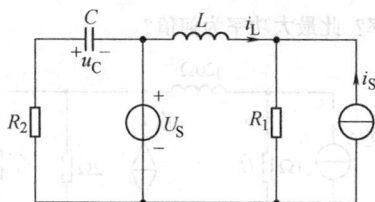

图 6-68　习题 6-19 图

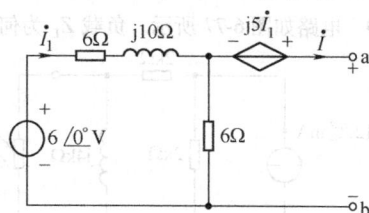

图 6-69　习题 6-20 图

6-21　电路如图 6-70 所示，已知 $\omega = 10^3 \text{rad/s}$。要使 u_2 超前 $u_1 36.9°$，电容值应选多大？

6-22　电路如图 6-71 所示，要使 u_1 超前 $u_2 90°$，角频率 ω 与电路元件 L 和 C 有何种关系？

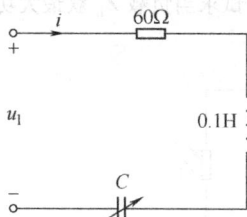

图 6-70　习题 6-21 图

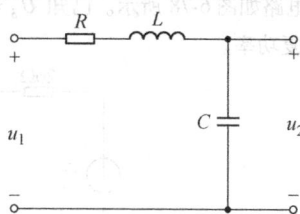

图 6-71　习题 6-22 图

6-23　电路如图 6-72 所示，试求等效阻抗 Z_{ab} 的表达式，若要使 Z_{ab} 为纯电阻，角频率 ω 与电路元件参数有何种关系？

6-24　某收音机的输入回路如图 6-73 所示。如果要接收频率 $f = 535 \sim 1605 \text{kHz}$ 的信号，若回路中电感 $L = 20\text{mH}$。试问回路中电容 C 的调整范围是多少。

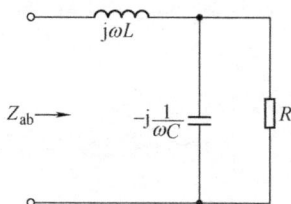

图 6-72　习题 6-23 图

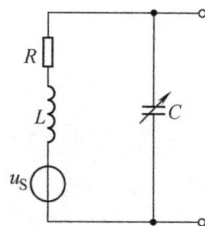

图 6-73　习题 6-24 图

6-25　电路如图 6-74 所示。电源为 220V 的工频电，图中电感线圈的电阻为 10Ω，若调节电容，使 $U_1 = U_C = 220\text{V}$。计算电流 I 和电路消耗的功率。

6-26　感性负载电路如图 6-74 所示，已知 $U_R = 110\text{V}$，$P_R = 40\text{W}$，功率因数 $\lambda = 0.8$，工作频率 $f = 50\text{Hz}$。试问若将功率因数提高到 0.95，图中的电容 C 应选多大？

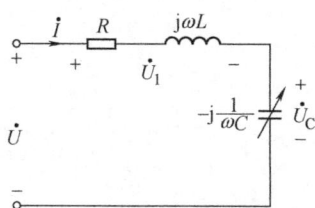

图 6-74　习题 6-25 图

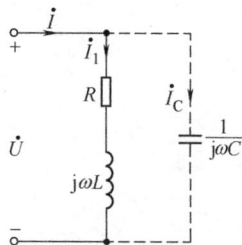

图 6-75　习题 6-26 图

6-27　某一异步电动机接在 220V 的工频电源上，其功率 $P = 20\text{kW}$，功率因数 $\lambda = 0.7$，若将功率因数提高到 0.85，问应并联多大的电容。

6-28　电路如图 6-76 所示。负载 Z_L 为何值时可获最大功率，此最大功率为何值？若 Z_L 为纯电阻时，此最大功率为何值。

6-29　电路如图 6-77 所示。负载 Z_L 为何值时可获最大功率？此最大功率为何值？

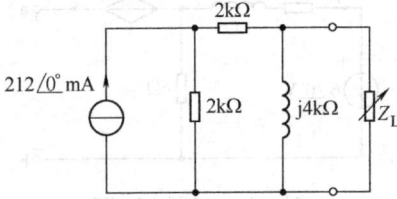

图 6-76　习题 6-28 图

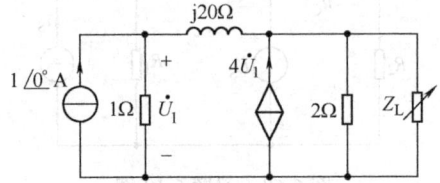

图 6-77　习题 6-29 图

6-30　电路如图 6-78 所示。已知 $\dot{U}_S = 100\underline{/90°}\text{V}$，$\dot{I}_S = 5\underline{/0°}\text{A}$。试求当负载 Z_L 获最大功率时各独立电源发出的复功率。

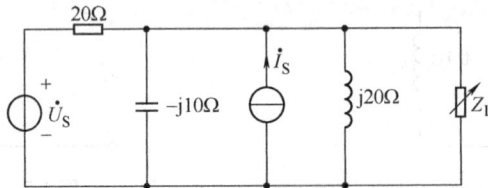

图 6-78　习题 6-30 图

它们上端是异名端或下端是异名端, 既是"进"的端和不标"·"的端个数对应相等或不对应, 所以, 当两端线圈分别流入自感电压就可以算出, 两端电压相应增加。两个电容器就是利用A, A', ... 相对应各个参数。

例 7-1 如图说明为此, 确定一次绕组的同名端, 先连电路如图 7-2 所示, 确定电路的同名端。

第7章 耦合电感和理想变压器

耦合电感和理想变压器都属于耦合元件，都是由一条以上的支路组成，但这两种元件的性质不同。耦合电感是储能元件具有记忆性，而理想变压器既不储能也不耗能且没有记忆性。在含有耦合电感和理想变压器元件的正弦稳态电路中，依然可以采用相量法进行分析。

7.1 耦合电感的伏安关系

耦合电感(Coupled inductor)是耦合线圈的电路模型，如图 7-1 所示。它是一种动态元件，电压、电流之间用微分关系来表示。对于图 7-1a 有

$$u_1 = L_1 \frac{\mathrm{d}i_1}{\mathrm{d}t} + M \frac{\mathrm{d}i_2}{\mathrm{d}t}$$
$$u_2 = M \frac{\mathrm{d}i_1}{\mathrm{d}t} + L_2 \frac{\mathrm{d}i_2}{\mathrm{d}t} \tag{7-1}$$

对于图 7-1b 有

$$u_1 = L_1 \frac{\mathrm{d}i_1}{\mathrm{d}t} - M \frac{\mathrm{d}i_2}{\mathrm{d}t}$$
$$u_2 = -M \frac{\mathrm{d}i_1}{\mathrm{d}t} + L_2 \frac{\mathrm{d}i_2}{\mathrm{d}t} \tag{7-2}$$

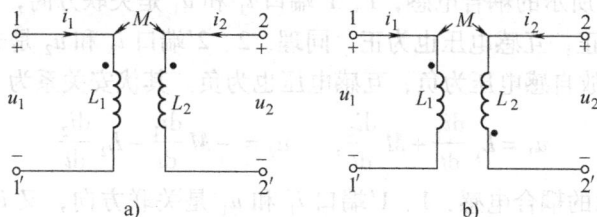

图 7-1 耦合电感模型

式(7-1)、式(7-2)中，L_1 和 L_2 是线圈的自电感，M 是两个线圈之间的互电感，它们的单位都为 H(亨)；$L_1 \frac{\mathrm{d}i_1}{\mathrm{d}t}$ 和 $L_2 \frac{\mathrm{d}i_2}{\mathrm{d}t}$ 分别是两个端口的自感电压，如果各端口的电压、电流都采用关联的参考方向，它们就为正，否则为负；$M \frac{\mathrm{d}i_1}{\mathrm{d}t}$ 和 $M \frac{\mathrm{d}i_2}{\mathrm{d}t}$ 分别为两个端口的互感电压，如果互感电压为正，必须同时满足或同时不满足：(1)各端口的电压、电流都采用关联的参考方向；(2)i_1 和 i_2 同时流入或流出同名端。如果只满足一条，互感电压就为负。

同名端可定义为，当电流从两线圈各自的某个端钮同时流入(或流出)时，若两线圈产生的磁通互相加强，就称这两个端钮为同名端，反之为异名端。标有"·"的两个端钮或不

标"·"的两个端钮被称为同名端，标有"·"的端钮和不标"·"的两个端钮被称为异名端。

可看出，每个线圈的端电压都是自感电压和互感电压的叠加，耦合电感需要用 L_1、L_2 和 M 这 3 个参数表示。

例 7-1　利用实验的方法，确定一对线圈的同名端，实验电路如图 7-2 所示。试画出它的电路模型。

解　当开关迅速闭合时，就有随时间增长的电流 i_1 从电源的正极流入线圈的 1 端钮，这时 $\dfrac{di_1}{dt}$ 大于零。
如图 7-2 所示，电压表正极接在线圈的 2 端钮，若指针正向偏转，2 端钮处就为高电位，此时 1 端钮和 2 端钮或 1'端钮和 2'端钮是同名端，电路模型如图 7-1a 所示。如果指针反向偏转，2'端钮为低电位，此时 1 端钮和 2'端钮或 1'端钮和 2 端钮是同名端，电路模型如图 7-1b 所示。

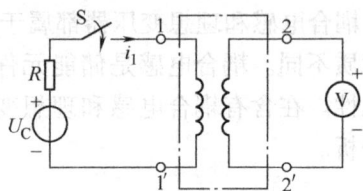

图 7-2　例 7-1 图

例 7-2　试写出图 7-3 所示各耦合电感的伏安关系。

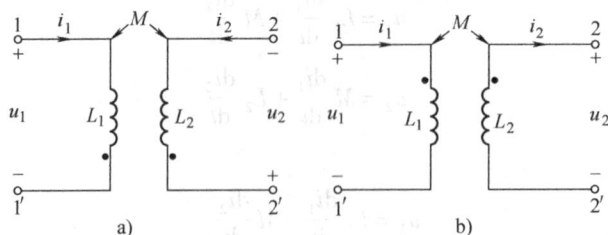

图 7-3　例 7-2 图

解　对于图 7-3a 所示的耦合电感，1、1'端口 i_1 和 u_1 是关联方向，又 i_1 和 i_2 同时流出同名端，故自感电压为正，互感电压也为正。同理，2、2'端口 i_2 和 u_2 是非关联方向，又 i_1 和 i_2 同时流出同名端，故自感电压为负，互感电压也为负。其伏安关系为

$$u_1 = L_1 \frac{di_1}{dt} + M \frac{di_2}{dt}, \qquad u_2 = -M \frac{di_1}{dt} - L_2 \frac{di_2}{dt}$$

对于图 7-3b 所示的耦合电感，1、1'端口 i_1 和 u_1 是关联方向，又 i_1 流入同名端，i_2 流出同名端，故自感电压为正，互感电压为负。同理，2、2'端口 i_2 和 u_2 是非关联方向，又 i_1 流入同名端，i_2 流出同名端，故自感电压为负，互感电压为正。其伏安关系为

$$u_1 = L_1 \frac{di_1}{dt} - M \frac{di_2}{dt}, \qquad u_2 = M \frac{di_1}{dt} - L_2 \frac{di_2}{dt}$$

练　习　题

7-1　试写出图 7-4 所示各耦合电感的伏安关系。

$$\left[a)u_1 = L_1 \frac{di_1}{dt} - M \frac{di_2}{dt}, \ u_2 = M \frac{di_1}{dt} - L_2 \frac{di_2}{dt}; \ b)u_1 = L_1 \frac{di_1}{dt} - M \frac{di_2}{dt}, \ u_2 = M \frac{di_1}{dt} - L_2 \frac{di_2}{dt} \right]$$

7-2　试写出图 7-5 所示各电路中未知电压的表达式。

$$\left[a)u_2 = M \frac{di_1}{dt}; \ b)u_2 = -M \frac{di_1}{dt} + L_2 \frac{di_2}{dt}; \ c) \ u_1 = M \frac{1}{L_2} u_2; \ d)u_1 = M \frac{di_2}{dt} \right]$$

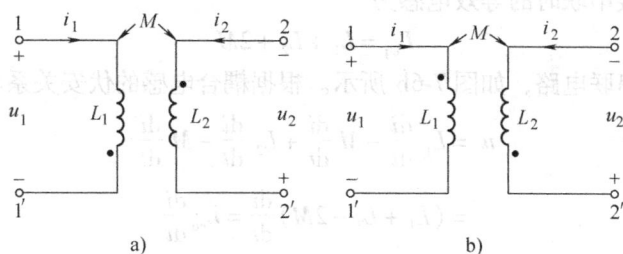

图 7-4 练习题 7-1 图

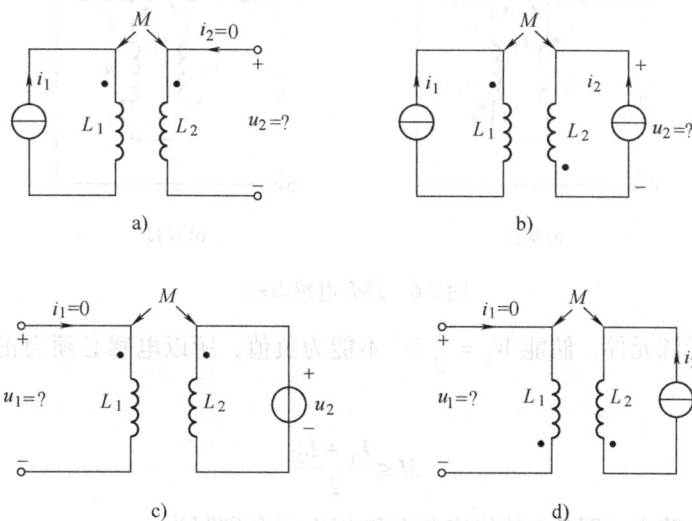

图 7-5 练习题 7-2 图

7.2 耦合电感的去耦等效

含耦合电感的电路大多使用于正弦稳态情况，在分析电路之前，先通过某些方法把耦合电感变换成无耦合的一般电感，这个过程称为去耦等效。去耦等效的方法有：耦合电感的串并联，受控电压源代替互感电压，T 形等效电路等。利用某种去耦等效的方法将耦合元件的耦合量去掉，就可以利用正弦稳态的相量分析方法进行求解。

7.2.1 耦合电感的串联

耦合电感串联有顺接串联和反接串联两种方式。顺接就是异名端相接，反接就是同名端相接。耦合电感顺接串联电路，如图 7-6a 所示。根据耦合电感的伏安关系和 KVL 有

$$u = u_1 + u_2 = \left(L_1 \frac{\mathrm{d}i}{\mathrm{d}t} + M \frac{\mathrm{d}i}{\mathrm{d}t}\right) + \left(L_2 \frac{\mathrm{d}i}{\mathrm{d}t} + M \frac{\mathrm{d}i}{\mathrm{d}t}\right)$$

$$= (L_1 + L_2 + 2M) \frac{\mathrm{d}i}{\mathrm{d}t} = L_{\mathrm{eq}} \frac{\mathrm{d}i}{\mathrm{d}t}$$

因此，耦合电感顺接串联时的等效电感为

$$L_{eq} = L_1 + L_2 + 2M \tag{7-3}$$

耦合电感反接串联电路，如图 7-6b 所示。根据耦合电感的伏安关系和 KVL 有

$$u = L_1 \frac{\mathrm{d}i}{\mathrm{d}t} - M \frac{\mathrm{d}i}{\mathrm{d}t} + L_2 \frac{\mathrm{d}i}{\mathrm{d}t} - M \frac{\mathrm{d}i}{\mathrm{d}t}$$

$$= (L_1 + L_2 - 2M) \frac{\mathrm{d}i}{\mathrm{d}t} = L_{eq} \frac{\mathrm{d}i}{\mathrm{d}t}$$

因此，耦合电感反接串联时的等效电感为

$$L_{eq} = L_1 + L_2 - 2M \tag{7-4}$$

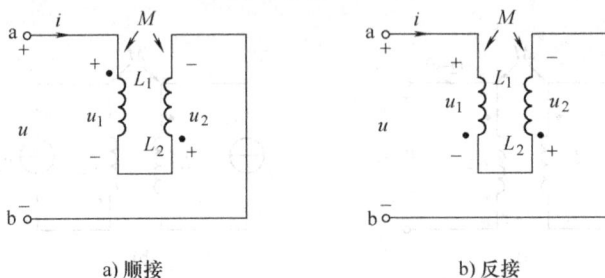

a) 顺接　　　　　　　　　b) 反接

图 7-6　耦合电感串联

由于电感为无源元件，储能 $W_L = \frac{1}{2} Li^2$ 不能为负值，所以电感必须为正值。由式 (7-4) 可知

$$M \leqslant \frac{L_1 + L_2}{2} \tag{7-5}$$

在正弦稳态电路中，图 7-6 的伏安关系和 KVL 可分别写为

$$\dot{U} = (j\omega L_1 + j\omega L_2 + 2j\omega M) \dot{I}$$

$$\dot{U} = (j\omega L_1 + j\omega L_2 - 2j\omega M) \dot{I}$$

所以，电感顺接串联时的等效阻抗为

$$Z_{eq} = j\omega L_1 + j\omega L_2 + 2j\omega M = Z_1 + Z_2 + 2Z_M \tag{7-6}$$

电感反接串联时的等效阻抗为

$$Z_{eq} = j\omega L_1 + j\omega L_2 - 2j\omega M = Z_1 + Z_2 - 2Z_M \tag{7-7}$$

式中

$$Z_M = j\omega M \tag{7-8}$$

由此可见，在正弦稳态电路分析中，两个耦合电感串联时的等效阻抗，不能只将两个电感的阻抗直接相加，必须根据同名端的位置，即电感顺接串联时加上 $2Z_M$，电感反接串联时减去 $2Z_M$。

例 7-3　电路的相量模型如图 7-7 所示，已知两个线圈的参数 $R_1 = R_2 = 100\Omega$，$L_1 = 3H$，$L_2 = 10H$，$M = 5H$，正弦交流电压 $u_S = 220\sqrt{2}\cos 100t$ V，试求电路的总电流 I 和两线圈的端电压 U_1 和 U_2。

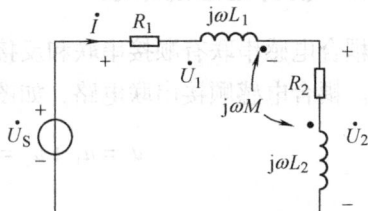

图 7-7　例 7-3 相量模型

解 这是两个互感线圈反接串联电路，电路的等效电阻和等效电感阻抗分别为

$$R = R_1 + R_2 = 200\Omega$$

$$Z_{eq} = j\omega L_1 + j\omega L_2 - 2j\omega M = j300\Omega$$

电路的总电流相量为

$$\dot{I} = \frac{\dot{U}_S}{R + Z_{eq}} = \frac{220 \underline{/0°}}{200 + j300}A = 0.61 \underline{/-56.31°}A$$

端电压相量分别为

$$\dot{U}_1 = [R_1 + j\omega(L_1 - M)] \dot{I} = (100 - j200) \dot{I} = 136.40 \underline{/-119.74°}V$$

$$\dot{U}_2 = [R_2 + j\omega(L_2 - M)] \dot{I} = (100 + j500) \dot{I} = 311.04 \underline{/22.38°}V$$

解得电路的总电流 $I = 0.61A$，两线圈的端电压分别为 $U_1 = 136.4V$，$U_2 = 311.04V$。

练 习 题

7-3 电路如图 7-8 所示，已知 $R_1 = R_2 = 1k\Omega$，$L_1 = 1H$，$L_2 = 2H$，$M = 0.5H$，正弦交流电压 $u_S = 220\sqrt{2}\cos200t$ V，试求电路的总电流 i。 $[i = 42.3\sqrt{2}\cos(200t - 32.1°)A]$

7-4 电路如图 7-9 所示，已知 $R_1 = 1k\Omega$，$L_1 = 1H$，$L_2 = 2H$，$M_1 = 0.5H$，$L_3 = L_4 = 5H$，$M_2 = 2H$，$\omega = 314rad/s$，试求电路的总阻抗。 $[Z = (780 + j1670)\Omega]$

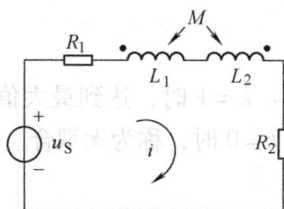

图 7-8 练习题 7-3 图   图 7-9 练习题 7-4 图

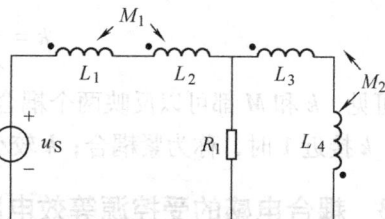

7.2.2 耦合电感的并联

耦合电感并联也有顺接并联和反接并联两种方式。顺接就是同名端相接，如图 7-10a 所示。图中端口电流和电压分别为

$$i = i_1 + i_2$$

$$u = L_1 \frac{di_1}{dt} + M \frac{di_2}{dt}$$

$$u = L_2 \frac{di_2}{dt} + M \frac{di_1}{dt}$$

联立这 3 个方程求解，消去电流 i_1 和 i_2，最后得到端口电压 u 和端口电流 i 的关系为

$$u = \frac{L_1 L_2 - M^2}{L_1 + L_2 - 2M}\frac{di}{dt} = L_{eq}\frac{di}{dt}$$

故等效电感为

$$L_{eq} = \frac{L_1 L_2 - M^2}{L_1 + L_2 - 2M} \tag{7-9}$$

同理，反接就是异名端相接，如图 7-10b 所示，推导出等效电感为

$$L_{eq} = \frac{L_1 L_2 - M^2}{L_1 + L_2 + 2M} \tag{7-10}$$

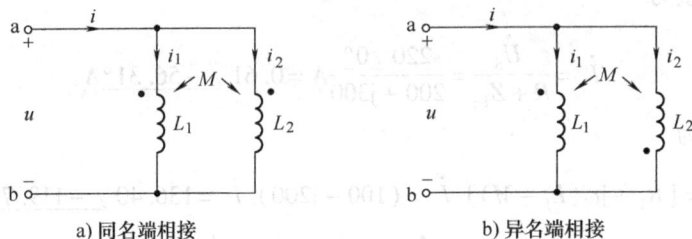

a) 同名端相接　　　　　　　　　　　b) 异名端相接

图 7-10　耦合电感的并联

由于电感不可能为负值，所以要求 $L_1 L_2 - M^2 \geqslant 0$，即有

$$M \leqslant \sqrt{L_1 L_2} \tag{7-11}$$

从对 M 值的限制来说，式(7-11)比式(7-5)更严格。因此，M 的最大可能值为

$$M_{max} = \sqrt{L_1 L_2} \tag{7-12}$$

把实际的 M 值与最大 M_{max} 值之比定义为耦合系数，记为 k，即

$$k = \frac{M}{\sqrt{L_1 L_2}} \qquad 0 \leqslant k \leqslant 1 \tag{7-13}$$

可见，k 和 M 都可以反映两个耦合线圈间的耦合程度。$k = 1$ 时，达到最大值，称为全耦合；k 接近 1 时，称为紧耦合；k 较小时，称为松耦合；$k = 0$ 时，称为无耦合。

7.2.3　耦合电感的受控源等效电路

已知图 7-11a 所示耦合电感的伏安关系为

$$u_1 = L_1 \frac{di_1}{dt} + M \frac{di_2}{dt}$$

$$u_2 = L_2 \frac{di_2}{dt} + M \frac{di_1}{dt}$$

式中的互感电压 $M \dfrac{di_2}{dt}$ 和 $M \dfrac{di_1}{dt}$ 如果用受控电压源来代替，耦合电感可以用图 7-11b 表示。此时等效模型中电感之间的互感 M 和同名端的记号"·"都不存在了，耦合电感变成为一般的电感元件。

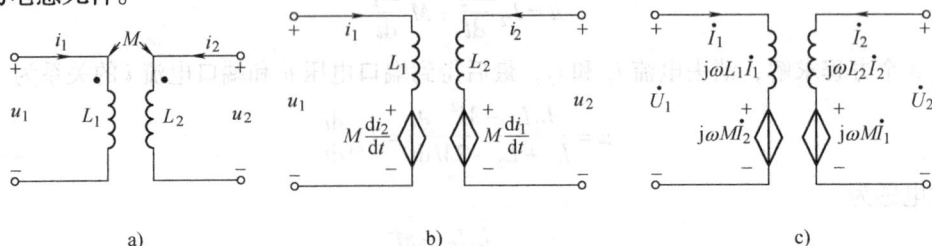

a)　　　　　　　　　b)　　　　　　　　　c)

图 7-11　耦合电感及受控源模型

在正弦稳态电路中，耦合电感的相量伏安关系为

$$\dot{U}_1 = j\omega L_1 \dot{I}_1 + j\omega M \dot{I}_2$$

$$\dot{U}_2 = j\omega L_2 \dot{I}_2 + j\omega M \dot{I}_1$$

耦合电感的相量模型如图 7-11c 所示。

例 7-4　求图 7-12a 所示电路中的电流 i_1 和 i_2。已知电源电压 $u_S(t) = 10\sqrt{2}\cos 10t$ V。

解　图 7-12a 电路的相量模型如图 7-12b 所示。耦合电感的伏安关系为

$$\dot{U}_1 = j\omega L_1 \dot{I}_1 - j\omega M \dot{I}_2 = j10 \dot{I}_1 - j90 \dot{I}_2$$

$$\dot{U}_2 = j\omega L_2 \dot{I}_2 - j\omega M \dot{I}_1 = j1000 \dot{I}_2 - j90 \dot{I}_1$$

按图中电流 $\dot{I}_1$ 和 $\dot{I}_2$ 的方向列回路方程为

$$\begin{cases} (1+j10)\dot{I}_1 - j90\dot{I}_2 = 10 \underline{/0°} \\ (400+j1000)\ \dot{I}_2 - j90\dot{I}_1 = 0 \end{cases}$$

解得

$$\dot{I}_1 = 2.03 \underline{/-38.5°}\,\text{A}$$

$$\dot{I}_2 = 0.17 \underline{/-16.7°}\,\text{A}$$

故得

$$i_1 = 2.03\sqrt{2}\cos(10t - 38.5°)\,\text{A}$$

$$i_2 = 0.17\sqrt{2}\cos(10t - 16.7°)\,\text{A}$$

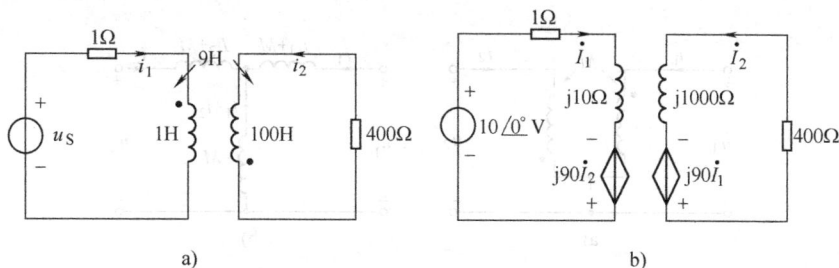

图 7-12　例 7-4 图

7.2.4　耦合电感的 T 形等效电路

对于公共端钮相连接的耦合电感，且公共端钮为同名端相连，如图 7-13a 所示。可以用图 7-13b 所示的 T 形电路来等效。

对于图 7-13a 所示的耦合电感，其伏安关系为

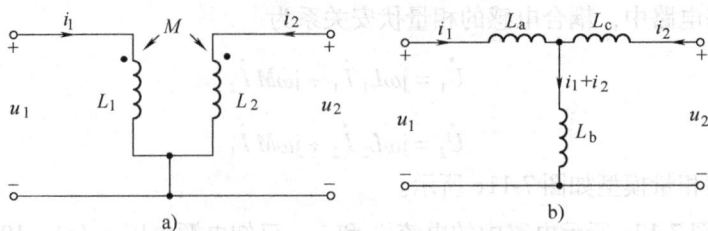

图 7-13　耦合电感及其 T 形等效变换

$$\begin{cases} u_1 = L_1 \dfrac{\mathrm{d}i_1}{\mathrm{d}t} + M \dfrac{\mathrm{d}i_2}{\mathrm{d}t} \\ u_2 = M \dfrac{\mathrm{d}i_1}{\mathrm{d}t} + L_2 \dfrac{\mathrm{d}i_2}{\mathrm{d}t} \end{cases} \tag{7-14}$$

对于图 7-13b 所示的 T 形等效电路，其伏安关系为

$$\begin{cases} u_1 = L_a \dfrac{\mathrm{d}i_1}{\mathrm{d}t} + L_b \dfrac{\mathrm{d}(i_1 + i_2)}{\mathrm{d}t} = (L_a + L_b) \dfrac{\mathrm{d}i_1}{\mathrm{d}t} + L_b \dfrac{\mathrm{d}i_2}{\mathrm{d}t} \\ u_2 = L_c \dfrac{\mathrm{d}i_2}{\mathrm{d}t} + L_b \dfrac{\mathrm{d}(i_1 + i_2)}{\mathrm{d}t} = L_b \dfrac{\mathrm{d}i_1}{\mathrm{d}t} + (L_b + L_c) \dfrac{\mathrm{d}i_2}{\mathrm{d}t} \end{cases} \tag{7-15}$$

如果图 7-13a、b 互相等效，其两图的伏安关系就相等。因此，比较式（7-14）和式（7-15）中 $\dfrac{\mathrm{d}i_1}{\mathrm{d}t}$ 和 $\dfrac{\mathrm{d}i_2}{\mathrm{d}t}$ 前面的系数分别相等，得出 7-13b 中的 3 个电感分别为

$$\begin{cases} L_a = L_1 - M \\ L_b = M \\ L_c = L_2 - M \end{cases} \tag{7-16}$$

同理，如果公共端钮为异名端相连，如图 7-14a 所示，它的 T 形等效电路如图 7-14b 所示。

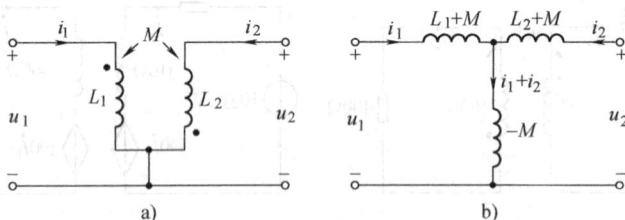

图 7-14　耦合电感及其 T 形等效变换

例 7-5　已知图 7-15 所示电路中，耦合电感的耦合系数 $k = 0.5$，求输出电压 $\dot{U}_2$。

解　根据已知条件求出耦合电感的互感

$$k = \frac{M}{\sqrt{L_1 L_2}} = \frac{\mathrm{j}\omega M}{\sqrt{\mathrm{j}\omega L_1 \times \mathrm{j}\omega L_2}} = \frac{1}{2}$$

故有

$$\mathrm{j}\omega M = \frac{\sqrt{\mathrm{j}\omega L_1 \times \mathrm{j}\omega L_2}}{2} = \frac{\sqrt{\mathrm{j}16 \times \mathrm{j}4}}{2} = \mathrm{j}4\ \Omega$$

由 T 形等效得到图 7-16a，简化后如图 7-16b 所

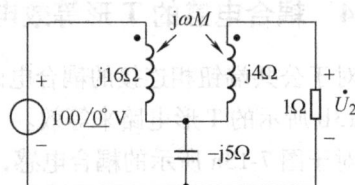

图 7-15　例 7-5 图

示。由分压公式得

$$\dot{U}_2 = \frac{\dfrac{-\mathrm{j}1}{1-\mathrm{j}1}}{\mathrm{j}12 + \dfrac{-\mathrm{j}1}{1-\mathrm{j}1}} \times 100 \underline{/0°}\mathrm{V} = 6.14 \underline{/-132.5°}\mathrm{V}$$

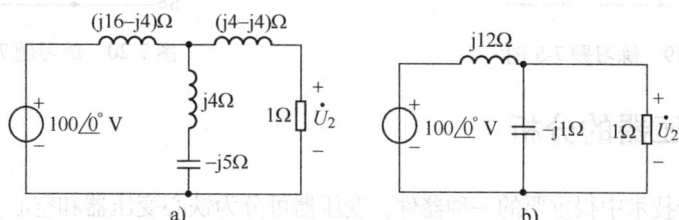

图 7-16　例 7-5 等效电路图

例 7-6　图 7-17 所示为自耦变压器电路, 相当于两个互感线圈相连。试问图中所标同名端的位置是否合理, 并列出求解电流相量的方程。

解　自耦变压器是由一个线圈在中间抽一个头形成了两个线圈, 因此, 这两个线圈的绕向相同, 同名端肯定是图中所标的位置。

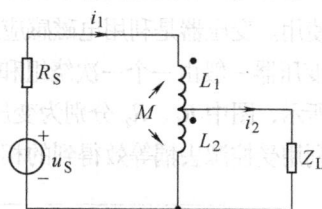

图 7-17　例 7-6 图

将图 7-17 所示电路通过 T 形等效, 得到无互感等效电路如图 7-18a 所示。它的相量模型如图 7-18b 所示。求解电流相量的网孔方程为

$$\begin{cases} \left[R_\mathrm{S} + \mathrm{j}\omega(L_1 + L_2 + 2M) \right] \dot{I}_1 - \mathrm{j}\omega(L_2 + M)\dot{I}_2 = \dot{U}_\mathrm{S} \\ -\mathrm{j}\omega(L_2 + M)\dot{I}_1 + (Z_\mathrm{L} + \mathrm{j}\omega L_2)\dot{I}_2 = 0 \end{cases}$$

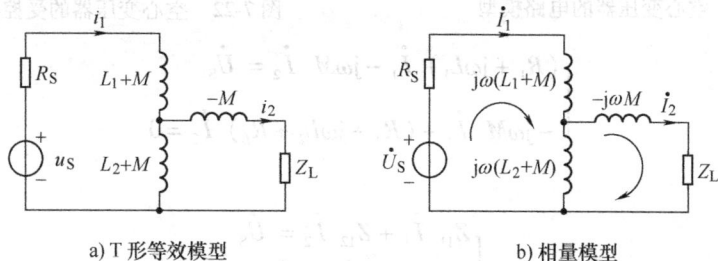

a) T 形等效模型　　　　　　　　b) 相量模型

图 7-18　自耦变压器电路

练 习 题

7-5　图 7-19 所示电路的耦合系数 $k = 0.9$, $\omega = 314\mathrm{rad/s}$, 试求等效阻抗 Z_ab。

$$\left[Z_\mathrm{ab} = \mathrm{j}\frac{1.8775\omega^3 - \omega}{16.7\omega^2 - 1} \right]$$

7-6　求图 7-20 所示电路的输入阻抗 Z_ab。

$$\left[Z_\mathrm{ab} = \mathrm{j}\omega M + \frac{\left[R_1 + \mathrm{j}\omega(L_1 - M) \right] \times \left[R_2 + \mathrm{j}\omega(L_2 - M) \right]}{R_2 + R_2 + \mathrm{j}\omega(L_1 + L_2 - 2M)} \right]$$

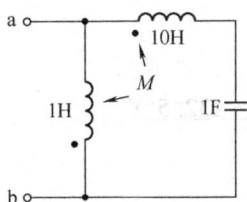

图 7-19　练习题 7-5 图

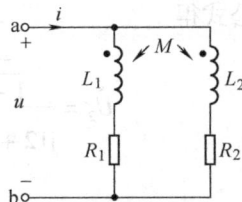

图 7-20　练习题 7-6 图

7.3　空心变压器的分析

变压器是电子技术中很重要的一种器件，变压器可分为铁心变压器和空心变压器两种，带铁心的变压器其耦合系数接近 1，属于紧耦合，但它的互感是非线性的，超出本书讨论的线性电路范围。空心变压器虽然耦合系数低，但因没有铁心的各种功率损耗，在高频电路和测量仪器中被广泛使用。变压器是利用电磁感应原理制作的，可以用耦合电感来构成它的模型。

变压器一般由一个一次绕组和一个二次绕组组成。一次绕组接电源，二次绕组接负载。如图 7-21 所示，图中 R_1、R_2 分别为变压器一次、二次绕组的电阻，R_L 为负载电阻，u_S 为正弦输入电压。利用受控源去耦等效得到的相量等效模型，如图 7-22 所示。它的网孔方程为

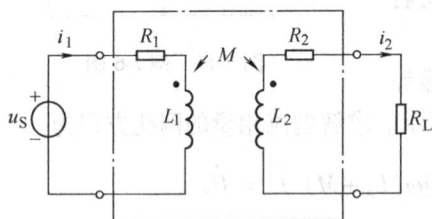

图 7-21　空心变压器的电路模型

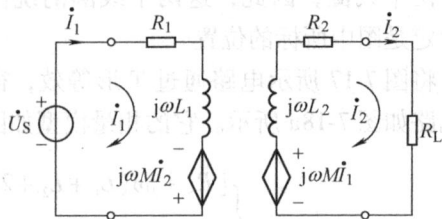

图 7-22　空心变压器的受控源等效电路

$$\begin{cases} (R_1 + j\omega L_1)\,\dot{I}_1 - j\omega M\,\dot{I}_2 = \dot{U}_S \\ -j\omega M\,\dot{I}_1 + (R_2 + j\omega L_2 + R_L)\,\dot{I}_2 = 0 \end{cases} \qquad (7\text{-}17)$$

简化为

$$\begin{cases} Z_{11}\,\dot{I}_1 + Z_{12}\,\dot{I}_2 = \dot{U}_S \\ Z_{21}\,\dot{I}_1 + Z_{22}\,\dot{I}_2 = 0 \end{cases} \qquad (7\text{-}18)$$

式中，$Z_{11} = R_1 + j\omega L_1$；$Z_{22} = R_2 + j\omega L_2 + R_L$；$Z_{12} = Z_{21} = Z_M = -j\omega M$。

由式(7-18)求得一次、二次绕组的电流相量分别为

$$\dot{I}_1 = \frac{\begin{vmatrix} \dot{U}_S & Z_{12} \\ 0 & Z_{22} \end{vmatrix}}{\begin{vmatrix} Z_{11} & Z_{12} \\ Z_{21} & Z_{22} \end{vmatrix}} = \frac{Z_{22}\,\dot{U}_S}{Z_{11}Z_{22} - Z_{12}Z_{21}} = \frac{\dot{U}_S}{Z_{11} + \dfrac{(\omega M)^2}{Z_{22}}} \qquad (7\text{-}19)$$

$$\dot{I}_2 = \frac{\begin{vmatrix} Z_{11} & \dot{U}_S \\ Z_{21} & 0 \end{vmatrix}}{\begin{vmatrix} Z_{11} & Z_{12} \\ Z_{21} & Z_{22} \end{vmatrix}} = \frac{-Z_{21}\dot{U}_S}{Z_{11}Z_{22} - Z_{12}Z_{21}} = \frac{-Z_{21}\dot{U}_S}{(Z_{11} + \frac{(\omega M)^2}{Z_{22}})Z_{22}} = \frac{j\omega M \dot{I}_1}{Z_{22}} \tag{7-20}$$

由式(7-20)，$\dot{I}_2$ 也可写为

$$\dot{I}_2 = \frac{-\dfrac{Z_{21}}{Z_{11}}\dot{U}_S}{Z_{22} + \dfrac{(\omega M)^2}{Z_{11}}} = \frac{\dfrac{j\omega M}{Z_{11}}\dot{U}_S}{Z_{22} + \dfrac{(\omega M)^2}{Z_{11}}} \tag{7-21}$$

由式(7-19)可求得从电源端口看进去的输入阻抗为

$$Z_i = \frac{\dot{U}_S}{\dot{I}_1} = Z_{11} + \frac{(\omega M)^2}{Z_{22}} \tag{7-22}$$

式中，$\dfrac{(\omega M)^2}{Z_{22}}$ 是二次回路对一次回路的反映阻抗 Z_{ref}。

同理，式(7-21)中的 $\dfrac{(\omega M)^2}{Z_{11}}$ 是一次回路对二次回路的反映阻抗 Z_{ref}。

由此可见，输入阻抗是由自阻抗 Z_{11} 和反映阻抗 Z_{ref} 组成的。因此，由式(7-19)可以画出一次等效电路如图 7-23a 所示。由式(7-20)可以画出二次等效电路，如图 7-23b 所示。由式(7-21)可以画出二次等效电路，如图 7-23c 所示。分析电路时可根据已知条件选择不同的等效电路。

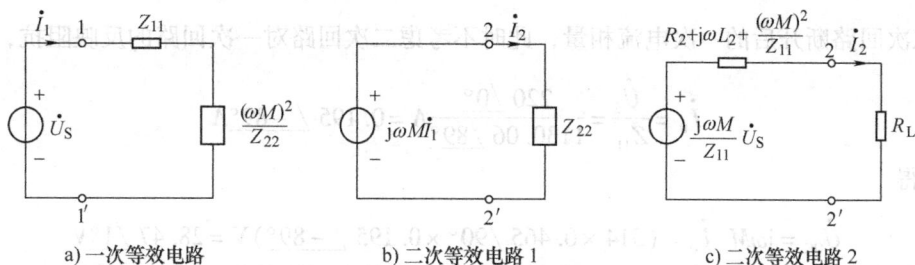

a) 一次等效电路　　b) 二次等效电路 1　　c) 二次等效电路 2

图 7-23　等效电路

例 7-7　空心变压器电路如图 7-24 所示，已知 $L_1 = 3.6H$，$L_2 = 0.06H$，$M = 0.465H$，$R_1 = 20\Omega$，$R_2 = 0.08\Omega$，$R_L = 42\Omega$，正弦电压 $u_S = 220\sqrt{2}\cos 314t$ V。试求负载 R_L 吸收的功率。

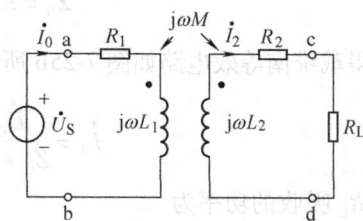

图 7-24　例 7-7 图

解　方法一：利用图 7-23c 二次等效电路，由已知条件得

$$Z_{11} = R_1 + j\omega L_1 = (20 + j314 \times 3.6)\Omega$$
$$= (20 + j1130.4)\Omega = 1130.6\underline{/89°}\Omega$$
$$Z_{22} = R_2 + j\omega L_2 + R_L = (0.08 + j314 \times 0.06 + 42)\Omega$$

$$= (42.08 + j18.84)\Omega = 51.64 \underline{/21.4°}\,\Omega$$

$$\frac{(\omega M)^2}{Z_{11}} = \frac{(314 \times 0.465)^2}{1130.06 \underline{/89°}}\Omega = (18.87 \underline{/-89°})\Omega = (0.33 - j18.87)\Omega$$

已知 $\dot{U}_S = 220 \underline{/0°}\,\text{V}$，电流 $\dot{I}_2$ 为

$$\dot{I}_2 = \frac{\dfrac{j\omega M}{Z_{11}}\dot{U}_S}{Z_{22} + \dfrac{(\omega M)^2}{Z_{11}}} = \frac{\dfrac{j314 \times 0.465 \times 220 \underline{/0°}}{1130.06 \underline{/89°}}}{51.64 \underline{/21.4°} + 18.87 \underline{/-89°}}\,\text{A} = 0.67 \underline{/1°}\,\text{A}$$

负载 R_L 吸收的功率为

$$P_L = I_2^2 R_L = (0.67^2 \times 42)\,\text{W} = 18.85\,\text{W}$$

方法二：用戴维南定理求解。负载 R_L 断开后的相量模型如图 7-25a 所示，根据图 7-23b 所示的二次等效电路，可知

$$\dot{U}_{OC} = j\omega M \dot{I}_0$$

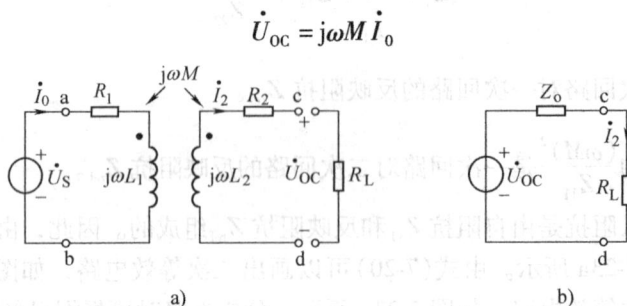

图 7-25　用戴维南定理求解

$\dot{I}_0$ 是二次回路断开后的一次电流相量，此时不考虑二次回路对一次回路的反映阻抗，即

$$\dot{I}_0 = \frac{\dot{U}_S}{Z_{11}} = \frac{220 \underline{/0°}}{1130.06 \underline{/89°}}\,\text{A} = 0.195 \underline{/-89°}\,\text{A}$$

由此算得

$$\dot{U}_{OC} = j\omega M \dot{I}_0 = (314 \times 0.465 \underline{/90°} \times 0.195 \underline{/-89°})\,\text{V} = 28.47 \underline{/1°}\,\text{V}$$

根据图 7-23c 所示的二次等效电路，戴维南等效电路的串联阻抗为

$$Z_0 = R_2 + j\omega L_2 + \frac{(\omega M)^2}{Z_{11}} \approx 0.41\,\Omega$$

由此得戴维南等效电路如图 7-25b 所示，最终得

$$\dot{I}_2 = \frac{\dot{U}_{OC}}{Z_0 + R_L} = \frac{28.47 \underline{/1°}}{0.41 + 42}\,\text{A} = 0.67 \underline{/1°}\,\text{A}$$

负载 R_L 吸收的功率为

$$P_L = I_2^2 R_L = (0.67^2 \times 42)\,\text{W} = 18.85\,\text{W}$$

练 习 题

7-7　电路如图 7-26 所示，试求输出电压 $\dot{U}_2$。$[39.2 \underline{/-11.3°}\,\text{V}]$

7-8 电路如图 7-27 所示，为使负载获得最大功率，试求负载阻抗 Z_L。[$(0.2 - j9.8)\text{k}\Omega$]

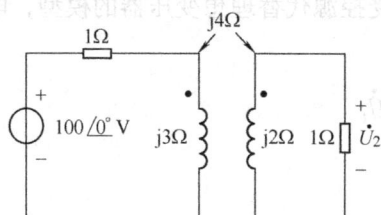

图 7-26 练习题 7-7 图

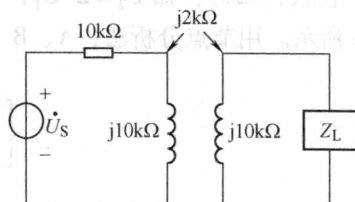

图 7-27 练习题 7-8 图

7.4 理想变压器的分析

理想变压器也是一种耦合元件，是从实际变压器抽象出来的理想化模型，它的理想条件是，变压器本身无损耗；绕组间全耦合；L_1、L_2 和 M 均为无限大。理想变压器模型如图 7-28a 所示。图中，N_1、N_2 分别为一次和二次绕组的匝数；n 称为电压比或匝比，记为

$$n = \frac{N_1}{N_2} \tag{7-23}$$

理想变压器一次和二次的伏安关系完全受电压比 n 的约束，$n > 1$ 是降压变压器，$n < 1$ 是升压变压器。按图 7-28a 中标定的同名端和电压、电流的参考方向，它的伏安关系为

$$u_1 = nu_2$$
$$i_1 = -\frac{1}{n}i_2 \tag{7-24}$$

根据式(7-24)，理想变压器的模型也可以用受控源来等效，如图 7-28b 所示。

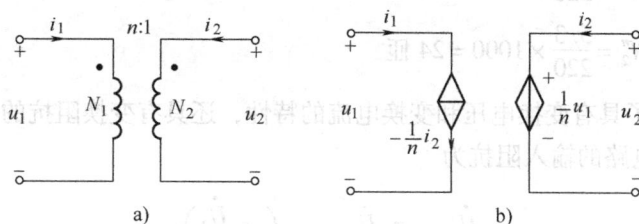

图 7-28 理想变压器模型

例 7-8 电路如图 7-29a 所示，变压器的匝比 $n = 1/2$。试求电流 $\dot{I}_2$ 和 $\dot{I}_3$。

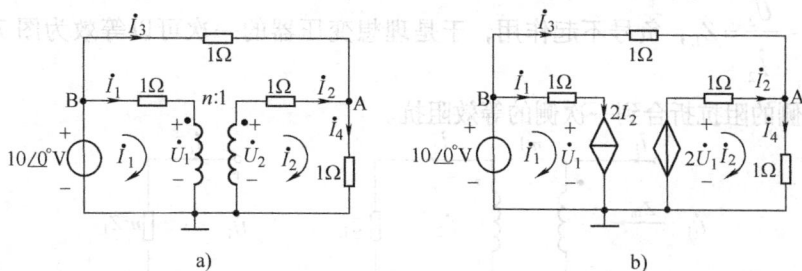

图 7-29 理想变压器模型

解　由式(7-24)，知 $\dot{U}_2 = 2\ \dot{U}_1$，$\dot{I}_1 = 2\ \dot{I}_2$，用受控源代替理想变压器的模型，电路如图 7-29b 所示。用节点分析法，A、B 节点的方程为

$$\begin{cases} 3\ \dot{U}_\mathrm{A} - \dot{U}_\mathrm{B} = 2\ \dot{U}_1 \\ \dot{U}_\mathrm{B} = 10 \end{cases}$$

式中，$\dot{U}_1 = -2\ \dot{I}_2 + 10$，$\dot{I}_2 = 2\ \dot{U}_1 - \dot{U}_\mathrm{A}$。

最终解得，$\dot{I}_2 = 1.45\mathrm{A}$，$\dot{I}_3 = 1.9\mathrm{A}$。

例 7-9　设计一个如图 7-30 所示的变压器，已知一次绕组的电压 $u_1 = 220\mathrm{V}$，匝数 $N_1 = 1000$，为使各二次电压分别为 6.4V、275V 和 5.3V，问各二次绕组的匝数分别为多少？

解　由式(7-23) $u_1 = nu_2$，得

$$n = \frac{u_1}{u_2} = \frac{N_1}{N_2}$$

故有

$$N_2 = \frac{u_2}{u_1}N_1$$

由此得

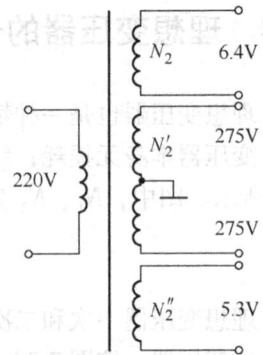

图 7-30　例 7-9 图

$$N_2 = \frac{6.4}{220} \times 1000 = 29\ \text{匝}$$

$$N_2' = \frac{275}{220} \times 1000 = 1250\ \text{匝}$$

$$N_2'' = \frac{5.3}{220} \times 1000 = 24\ \text{匝}$$

理想变压器除了具有变换电压和变换电流的特性，还具有变换阻抗的作用。在正弦稳态情况下，图 7-31a 电路的输入阻抗为

$$Z_\mathrm{in} = \frac{\dot{U}_1}{\dot{I}_1} = \frac{n\ \dot{U}_2}{-\frac{1}{n}\ \dot{I}_2} = n^2\left(-\frac{\dot{U}_2}{\dot{I}_2}\right) = n^2 Z_\mathrm{L} \tag{7-25}$$

式中的 $-\dfrac{\dot{U}_2}{\dot{I}_2} = Z_\mathrm{L}$，负号不起作用，于是理想变压器的一次可以等效为图 7-31b，图中 $n^2 Z_\mathrm{L}$ 为二次侧的阻抗折合到一次侧的等效阻抗。

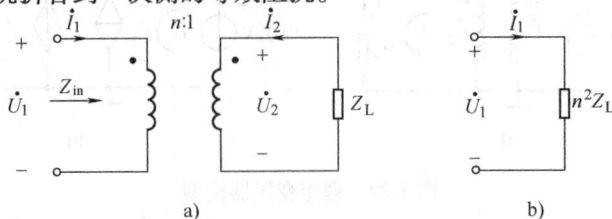

图 7-31　理想变压器变换阻抗作用

同理，若在一次回路内串有电阻 R_1，如图 7-32a 所示。则

$$u_2 = \frac{1}{n}u = \frac{1}{n}(u_1 - R_1 i_1) = \frac{1}{n}\left[u_1 - R_1\left(-\frac{1}{n}i_2\right)\right] = \frac{1}{n}u_1 + \frac{R_1}{n^2}i_2 \tag{7-26}$$

由式(7-26)得到图 7-32b 所示电路，因此，一次侧的阻抗折合到二次侧的等效阻抗为 $\frac{1}{n^2}R_1$。

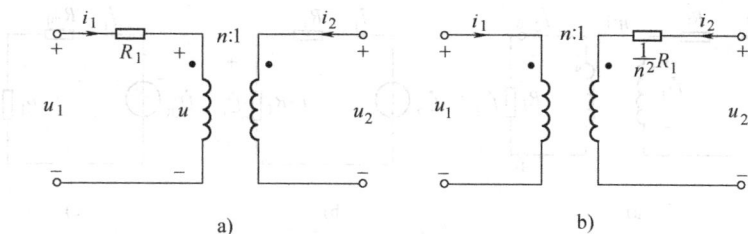

图 7-32　理想变压器变换阻抗作用

利用变压器阻抗变换特性可以实现二次负载与一次电路间的匹配，使负载获得最大功率。

例 7-10　电路如图 7-33a 所示，已知 $\dot{U}_S = 20\underline{/0°}\text{V}$，$R_1 = 4\Omega$，$R_L = 50\Omega$，$n = 0.5$。试求电压 $\dot{U}_2$ 的值。如果要想使负载获得最大功率，变压器的匝比 n 应选多大。

解　方法一：将二次侧的电阻折合到一次侧的等效电阻为

$$n^2 R_L = (0.5^2 \times 50)\Omega = 12.5\Omega$$

得一次等效电路如图 7-33b 所示。由此可得

$$\dot{U}_1 = \frac{n^2 R_L}{R_1 + n^2 R_L}\dot{U}_S = \left(\frac{12.5}{4 + 12.5} \times 20\underline{/0°}\right)\text{V} = 15.15\text{V}$$

$$\dot{U}_2 = \frac{\dot{U}_1}{n} = \frac{15.15}{0.5}\text{V} = 30.3\text{V}$$

根据最大功率匹配条件，应有 $R_1 = n^2 R_L$，故

$$n = \sqrt{\frac{R_1}{R_L}} = \sqrt{\frac{4}{50}} = 0.28$$

方法二：运用戴维南定理，将图 7-33a 所示电路中的 a、b 两端断开，求其两端的开路电压。

由于 $\dot{I}_2 = 0$，$\dot{I}_1$ 也必为零，故开路电压为

$$\dot{U}_{OC} = \frac{1}{n}\dot{U}_S = \left(\frac{1}{0.5} \times 20\underline{/0°}\right)\text{V} = 40\underline{/0°}\text{V}$$

戴维南等效电路的串联电阻，相当于一次侧折合到二次侧的等效电阻

$$R_{eq} = \frac{1}{n^2}R_1 = \left(\frac{1}{0.5^2} \times 4\right)\Omega = 16\Omega$$

于是，得戴维南等效电路如图 7-33c 所示。由此可得

$$\dot{U}_2 = \frac{R_L}{R_{eq} + R_L}\dot{U}_{OC} = \frac{50}{16 + 50} \times 40\underline{/0°}\text{V} = 30.3\text{V}$$

根据最大功率匹配条件，应有 $R_{eq} = \dfrac{1}{n^2}R_1 = R_L$，故

$$n = \sqrt{\frac{R_1}{R_L}} = \sqrt{\frac{4}{50}} = 0.28$$

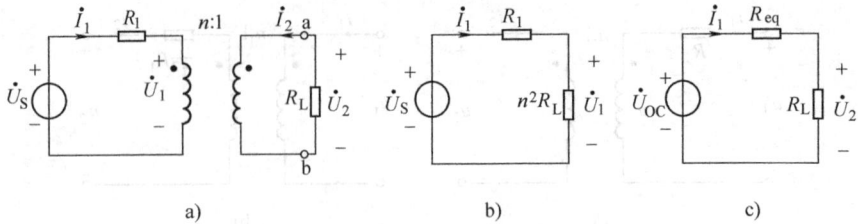

图 7-33　例 7-10 图

练 习 题

7-9　某一电路中的电源内阻 R_S 为 900Ω，负载 R_L 为 100Ω。要使负载能获得最大功率，在电源与负载间加入一变压器，利用变压器的阻抗变换特性实现最大功率匹配。试求变压器的匝比。　　　　$[n=3]$

7-10　电路如图 7-34 所示，$n=0.2$。试求电压 $\dot{U}_3$ 的值。　　　　$[213\underline{/-58°}]$

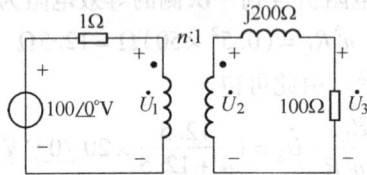

图 7-34　练习题 7-10 图

习　题　7

7-1　已知图 7-35 所示各电路的耦合系数 $k=0.5$，试求各电路的输入阻抗 Z_{ab}。

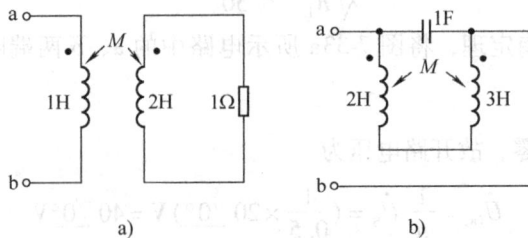

图 7-35　习题 7-1 图

7-2　电路如图 7-36 所示，已知 $R_1=1\text{k}\Omega$，$R_2=0.4\text{k}\Omega$，$R_L=0.6\text{k}\Omega$，$L_1=1\text{H}$，$L_2=4\text{H}$，$k=0.1$，$u_S=100\cos1000t$ V，试求 i_2。

7-3　电路如图 7-37 所示，已知 $R_1=R_2=5\Omega$，$L_1=1\text{H}$，$L_2=4\text{H}$，$R_L=1\text{k}\Omega$，$C=0.25\mu\text{F}$，$M=2\text{H}$，正弦交流电压 $u_S=220\cos314t$ V，试求电路电流 i_1 和 i_2。

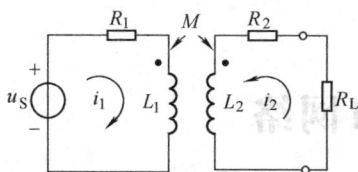

图 7-36 习题 7-2 图

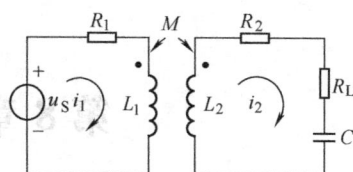

图 7-37 习题 7-3 图

7-4 求图 7-38 所示电路的戴维南等效电路，已知耦合系数 $k = 0.8$。

7-5 求图 7-39 所示电路的戴维南等效电路。

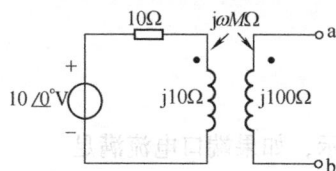

图 7-38 习题 7-4 图

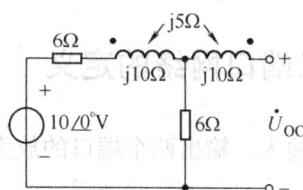

图 7-39 习题 7-5 图

7-6 试列出图 7-40 所示电路的节点电压方程。

7-7 在图 7-41 所示电路中，$R_1 = R_2 = 2\Omega$，$\omega L_1 = \omega L_2 = 4\Omega$，$\omega M = 2\Omega$，$R_L = 1\Omega$，$\dot{U}_S = 10\ \underline{/0°}\text{V}$，试求负载 R_L 上的电压 $\dot{U}_{R_L}$。

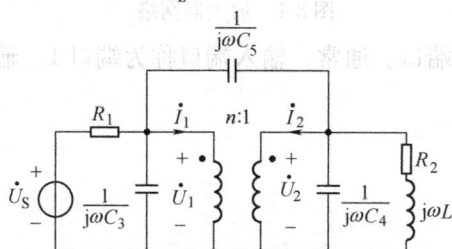

图 7-40 习题 7-6 图

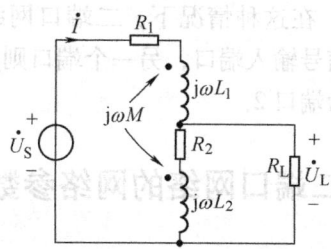

图 7-41 习题 7-7 图

7-8 电路如图 7-42 所示，已知 $\omega = 314\text{rad/s}$，试求各电路的等效阻抗 Z_{ab}。

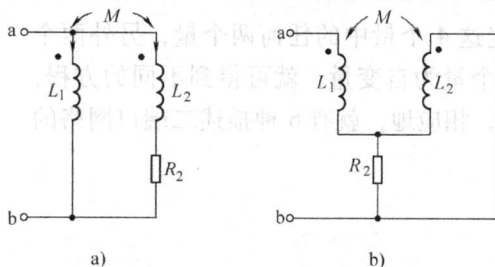

a)

b)

图 7-42 习题 7-8 图

7-9 试求图 7-43 所示电路的等效阻抗 Z_{ab}。

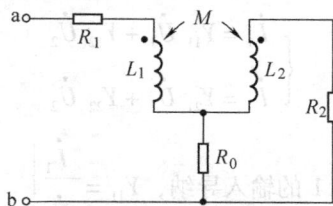

图 7-43 习题 7-9 图

第 8 章 二端口网络

本章讨论二端口网络的端口特性及其分析方法，包括描述端口特性的方程与参数、二端口网络的等效电路、二端口网络的连接以及二端口网络问题的分析方法。

8.1 二端口网络的定义

含有输入、输出两个端口的放大器网络如图 8-1 所示，如果端口电流满足

$$i_1 = i_1', \quad i_2 = i_2' \qquad (8-1)$$

这种网络就称为二端口网络（Two-port Network）。图 8-1 为放大器网络，N_1 和 N_2 分别为信号源网络和负载网络，二端口网络 N 为放大电路部分，来自 N_1 的信号经 N 放大后传送给 N_2。在这种情况下，二端口网络的一个端口是信号输入端口，另一个端口则为信号的输出端口。通常，输入端口称为端口 1，输出端口称为端口 2。

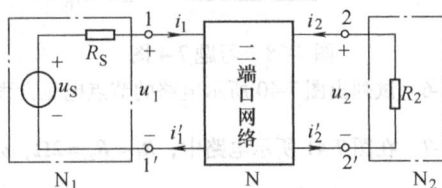

图 8-1 放大器网络

8.2 二端口网络的网络参数

二端口网络 N 由线性、非时变元件构成，不含独立源，但包含受控源，可用图 8-2 表示。假设在正弦稳态下，两个端口的电压、电流相量分别为 $\dot{U}_1$、$\dot{I}_1$、$\dot{U}_2$ 和 $\dot{I}_2$。如果给定这 4 个量中的任何两个量，另外两个量就能确定。取不同的两个量为自变量，就可得到不同的方程，这样的选取共有 $C_4^2 = 6$ 种，相应地，就有 6 种描述二端口网络的参数。

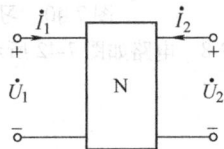

图 8-2 二端口网络

8.2.1 Y 参数

如果在二端口网络的两个端口各施加一个电压源，如图 8-3 所示。由叠加定理知，网络端口的电流为

$$\begin{cases} \dot{I}_1 = Y_{11} \dot{U}_1 + Y_{12} \dot{U}_2 \\ \dot{I}_2 = Y_{21} \dot{U}_1 + Y_{22} \dot{U}_2 \end{cases} \qquad (8-2)$$

式中，Y_{11} 称为端口 2 短路时端口 1 的输入导纳，$Y_{11} = \dfrac{\dot{I}_1}{\dot{U}_1} \bigg|_{\dot{U}_2 = 0}$；

Y_{21} 称为端口 2 短路时的正向转移导纳，$Y_{21} = \dfrac{\dot{I}_2}{\dot{U}_1}\bigg|_{\dot{U}_2=0}$ ；

Y_{12} 称为端口 1 短路时的反向转移导纳，$Y_{12} = \dfrac{\dot{I}_1}{\dot{U}_2}\bigg|_{\dot{U}_1=0}$ ；

Y_{22} 称为端口 1 短路时端口 2 的输入导纳，$Y_{22} = \dfrac{\dot{I}_2}{\dot{U}_2}\bigg|_{\dot{U}_1=0}$ 。

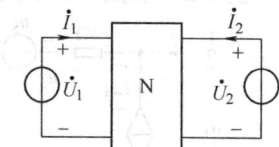

图 8-3 二端口网络的 $\boldsymbol{Y}$ 参数

式(8-2)称为二端口网络的 $\boldsymbol{Y}$ 参数方程，Y_{11}、Y_{12}、Y_{21} 和 Y_{22} 称为二端口网络的 $\boldsymbol{Y}$ 参数。由于 $\boldsymbol{Y}$ 参数具有导纳的量纲，且在网络有一端短路的情况下得到，如图 8-4 所示，故又称为短路导纳参数。

式(8-2) $\boldsymbol{Y}$ 参数方程又可写成矩阵形式为

$$\begin{pmatrix} \dot{I}_1 \\ \dot{I}_2 \end{pmatrix} = \begin{pmatrix} Y_{11} & Y_{12} \\ Y_{21} & Y_{22} \end{pmatrix} \begin{pmatrix} \dot{U}_1 \\ \dot{U}_2 \end{pmatrix} = \boldsymbol{Y} \begin{pmatrix} \dot{U}_1 \\ \dot{U}_2 \end{pmatrix}$$

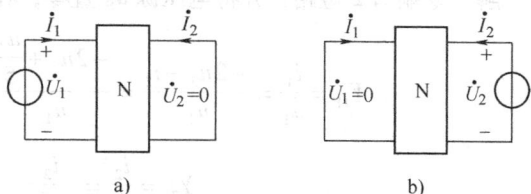

(8-3)

图 8-4 说明 $\boldsymbol{Y}$ 参数的意义

由以上分析可见，$\boldsymbol{Y}$ 参数中的 4 个参数都可以分别在某一个端口短路时通过测量或计算端口电压、电流求得。

例 8-1 求图 8-5a 所示二端口网络的 $\boldsymbol{Y}$ 参数。

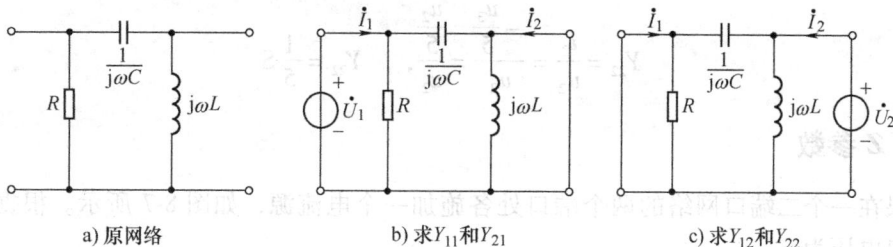

a) 原网络　　　　　　b) 求 Y_{11} 和 Y_{21}　　　　　　c) 求 Y_{12} 和 Y_{22}

图 8-5 例 8-1 图

解 由 $\boldsymbol{Y}$ 参数的定义，由图 8-5b 所示电路，可得

$$Y_{11} = \frac{\dot{I}_1}{\dot{U}_1}\bigg|_{\dot{U}_2=0} = \frac{1}{R} + j\omega C, \qquad Y_{21} = \frac{\dot{I}_2}{\dot{U}_1}\bigg|_{\dot{U}_2=0} = -j\omega C$$

由图 8-5c 所示电路，可得

$$Y_{12} = \frac{\dot{I}_1}{\dot{U}_2}\bigg|_{\dot{U}_1=0} = -j\omega C, \qquad Y_{22} = \frac{\dot{I}_2}{\dot{U}_2}\bigg|_{\dot{U}_1=0} = j\omega C + \frac{1}{j\omega L}$$

二端口网络中不含受控源时，网络满足互易定理，$\boldsymbol{Y}$ 参数中 $Y_{12} = Y_{21}$，因此 4 个参数中只有 3 个是独立的。若二端口网络内部含有受控源，则 $Y_{12} \neq Y_{21}$。如果一个二端口网络的 $\boldsymbol{Y}$ 参数，除满足 $Y_{12} = Y_{21}$ 外，还满足 $Y_{11} = Y_{22}$，则此二端口网络的两个端口互换位置后与外电

路连接，其外部特性将没有任何变化，这样的二端口网络称为对称网络。对称网络从任一端口看进去，它的电路特性都是相同的。

例 8-2   求图 8-6a 所示二端口网络的 Y 参数。

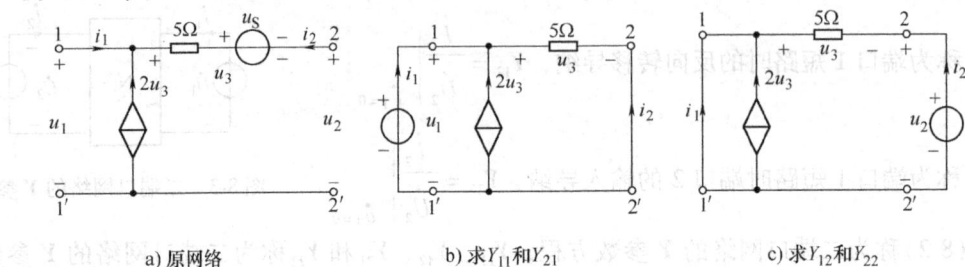

a) 原网络   b) 求 Y_{11} 和 Y_{21} c) 求 Y_{12} 和 Y_{22}

图 8-6   例 8-2 图

解   令端口 2 短路，并将电压源 u_S 置零，在端口 1 施加电压源 u_1，如图 8-6b 所示，即得

$$Y_{11} = \frac{i_1}{u_1} = \frac{-2u_3 - i_2}{u_1} = \frac{-2u_3 + \dfrac{u_3}{5}}{u_1} = \frac{-2u_1 + \dfrac{u_1}{5}}{u_1}, \qquad Y_{11} = -\frac{9}{5}\text{S}$$

$$Y_{21} = \frac{i_2}{u_1} = \frac{i_2}{-5i_2}, \qquad Y_{21} = -\frac{1}{5}\text{S}$$

令端口 1 短路，并将电压源 u_S 置零，在端口 2 施加电压源 u_2，如图 8-6c 所示，即得

$$Y_{12} = \frac{i_1}{u_2} = \frac{-2u_3 + \dfrac{u_3}{5}}{u_2} = \frac{2u_2 - \dfrac{u_2}{5}}{u_2}, \qquad Y_{12} = \frac{9}{5}\text{S}$$

$$Y_{22} = \frac{i_2}{u_2} = \frac{-\dfrac{u_3}{5}}{u_2} = \frac{\dfrac{u_2}{5}}{u_2}, \qquad Y_{22} = \frac{1}{5}\text{S}$$

8.2.2 Z 参数

如果在一个二端口网络的两个端口处各施加一个电流源，如图 8-7 所示。根据叠加定理，端口电压为

$$\begin{cases} \dot{U}_1 = Z_{11}\dot{I}_1 + Z_{12}\dot{I}_2 \\ \dot{U}_2 = Z_{21}\dot{I}_1 + Z_{22}\dot{I}_2 \end{cases} \tag{8-4}$$

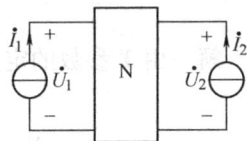

图 8-7 二端口网络的 Z 参数

式中，Z_{11} 称为端口 2 开路时端口 1 的输入阻抗，$Z_{11} = \dfrac{\dot{U}_1}{\dot{I}_1}\bigg|_{\dot{I}_2 = 0}$；

Z_{21} 称为端口 2 开路时的正向转移阻抗，$Z_{21} = \dfrac{\dot{U}_2}{\dot{I}_1}\bigg|_{\dot{I}_2 = 0}$；

Z_{12} 称为端口 1 开路时的反向转移阻抗，$Z_{12} = \dfrac{\dot{U}_1}{\dot{I}_2}\bigg|_{\dot{I}_1 = 0}$；

Z_{22} 称为端口 1 开路时端口 2 的输入阻抗，$Z_{22} = \left. \dfrac{\dot{U}_2}{\dot{I}_2} \right|_{i_1=0}$。

式(8-4)称为二端口网络的 **Z** 参数方程，Z_{11}、Z_{12}、Z_{21} 和 Z_{22} 称为二端口网络的 **Z** 参数。由于 **Z** 参数具有阻抗的量纲，且在网络有一端开路的情况下得到，故又称为开路阻抗参数。

将式(8-4)写成矩阵形式，即有

$$\begin{pmatrix} \dot{U}_1 \\ \dot{U}_2 \end{pmatrix} = \begin{pmatrix} Z_{11} & Z_{12} \\ Z_{21} & Z_{22} \end{pmatrix} \begin{pmatrix} \dot{I}_1 \\ \dot{I}_2 \end{pmatrix} = \mathbf{Z} \begin{pmatrix} \dot{I}_1 \\ \dot{I}_2 \end{pmatrix} \tag{8-5}$$

式中的系数矩阵称为 **Z** 参数矩阵，或称开路阻抗阵矩。

例 8-3 二端口网络如图 8-8a 所示，求这个网络的 **Z** 参数。

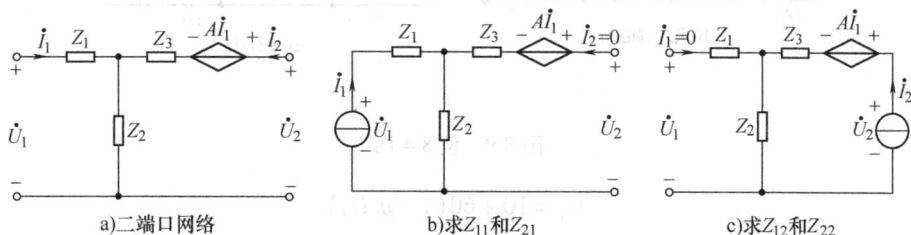

a)二端口网络　　　　b)求 Z_{11} 和 Z_{21}　　　　c)求 Z_{12} 和 Z_{22}

图 8-8　例 8-3 图

解 由图 8-8b 所示电路，计算参数 Z_{11} 和 Z_{21}，此时令 $\dot{I}_2 = 0$，即得

$$Z_{11} = \left. \frac{\dot{U}_1}{\dot{I}_1} \right|_{i_2=0} = Z_1 + Z_2, \quad Z_{21} = \left. \frac{\dot{U}_2}{\dot{I}_1} \right|_{i_2=0} = Z_2 + A$$

由图 8-8c 所示电路，计算参数 Z_{12} 和 Z_{22}，此时令 $\dot{I}_1 = 0$，则受控电压源的电压 $A\dot{I}_1 = 0$，于是得

$$Z_{12} = \left. \frac{\dot{U}_1}{\dot{I}_2} \right|_{i_1=0} = Z_2, \quad Z_{22} = \left. \frac{\dot{U}_2}{\dot{I}_2} \right|_{i_1=0} = Z_2 + Z_3$$

由于图 8-8a 所示二端口网络中含有受控源，所以它的参数 Z_{12} 与 Z_{21} 不相等。

例 8-4 如图 8-9a 所示二端口网络，已知 $\mu = \dfrac{1}{60}$。求其 **Z** 参数。

解 根据 **Z** 参数的定义，先令端口 2 开路，在端口 1 施加电流源。为计算简单起见，可令电流为 1A，如图 8-9b 所示。可得

$$\dot{U}_2 = 30(1 - \mu \dot{U}_2)$$

于是得

$$\dot{U}_2 = \frac{30}{1 + 30\mu}$$

解得

$$\dot{U}_2 = \frac{30}{1.5} \text{V} = 20 \text{V}$$

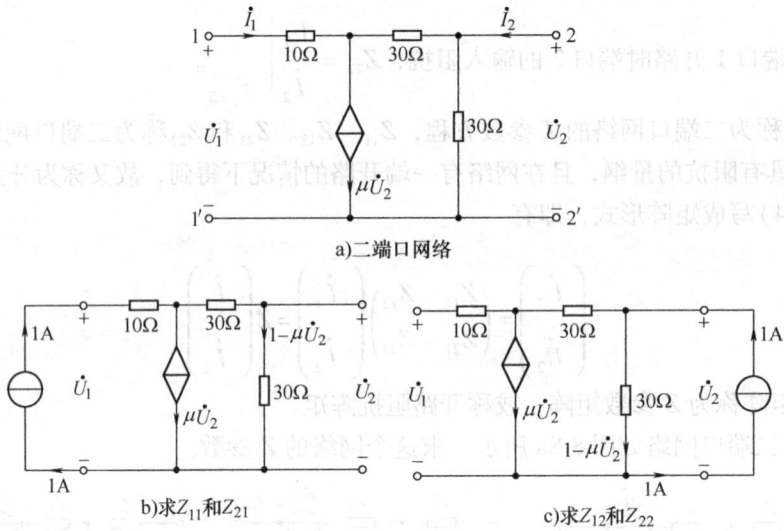

a)二端口网络

b)求Z_{11}和Z_{21}

c)求Z_{12}和Z_{22}

图 8-9　例 8-4 图

$$\dot{U}_1 = 10 + 60(1 - \mu \dot{U}_2)$$

解得
$$\dot{U}_1 = 50\text{V}$$

故知

$$Z_{11} = 50\Omega, \qquad Z_{21} = 20\Omega$$

再令端口 1 开路，在端口 2 施加 1A 的电流源，如图 8-9c 所示。可得

$$\dot{U}_2 = 30(1 - \mu \dot{U}_2)$$

于是得

$$\dot{U}_2 = \frac{30}{1 + 30\mu}$$

解得
$$\dot{U}_2 = \frac{30}{1.5}\text{V} = 20\text{V}$$

$$\dot{U}_1 = -30\mu \dot{U}_2 + \dot{U}_2$$

解得
$$\dot{U}_1 = 10\text{V}$$

故知

$$Z_{22} = 20\Omega, \qquad Z_{12} = 10\Omega$$

8.2.3　H 参数

如果以二端口网络的输入电流 $\dot{I}_1$ 和输出电压 $\dot{U}_2$ 为自变量，如图 8-10 所示。在端口 1 施加一个电流源，在端口 2 施加一个电压源。根据叠加定理，端口 1 的电压 $\dot{U}_1$ 和端口 2 的电流 $\dot{I}_2$ 为

$$\begin{cases} \dot{U}_1 = H_{11}\dot{I}_1 + H_{12}\dot{U}_2 \\ \dot{I}_2 = H_{21}\dot{I}_1 + H_{22}\dot{U}_2 \end{cases} \qquad (8\text{-}6)$$

式中，H_{11} 称为端口 2 短路时端口 1 的输入阻抗，$H_{11} =$

$$\left.\frac{\dot{U}_1}{\dot{I}_1}\right|_{\dot{U}_2=0} ;$$

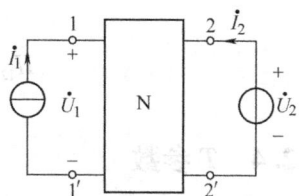

图 8-10　二端口网络的 H 参数

H_{21} 称为端口 2 短路时的正向电流传输函数，$H_{21} = \left.\dfrac{\dot{I}_2}{\dot{I}_1}\right|_{\dot{U}_2=0}$ ；

H_{12} 称为端口 1 开路时的反向电压传输函数，$H_{12} = \left.\dfrac{\dot{U}_1}{\dot{U}_2}\right|_{\dot{I}_1=0}$ ；

H_{21} 称为是端口 1 开路时端口 2 的输入导纳，$H_{21} = \left.\dfrac{\dot{I}_2}{\dot{U}_2}\right|_{\dot{I}_1=0}$ 。

式(8-6)称为二端口网络的 H 参数方程，H_{11}、H_{12}、H_{21} 和 H_{22} 称为二端口网络的 H 参数。由于 H 参数具有阻抗和导纳的量纲，故又称为混合参数。H 参数方程的矩阵形式为

$$\begin{pmatrix} \dot{U}_1 \\ \dot{I}_2 \end{pmatrix} = \begin{pmatrix} H_{11} & H_{12} \\ H_{21} & H_{22} \end{pmatrix} \begin{pmatrix} \dot{I}_1 \\ \dot{U}_2 \end{pmatrix} \qquad (8\text{-}7)$$

式中的系数矩阵称为 H 参数矩阵，或称混合参数矩阵。

例 8-5　图 8-11 是一只晶体管工作在低频小信号条件下的简化等效电路，求此二端口网络的 H 参数。

解　方法一：由图 8-11 所示电路，可以写出 $\dot{U}_1$、$\dot{I}_2$ 的方程为

$$\begin{cases} \dot{U}_1 = R_1\dot{I}_1 \\ \dot{I}_2 = \beta\dot{I}_1 + \dfrac{\dot{U}_2}{R_2} \end{cases}$$

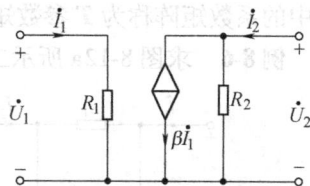

图 8-11　例 8-5 图

由此方程即可看出 H 参数为

$$H_{11} = R_1, \quad H_{12} = 0, \quad H_{21} = \beta, \quad H_{22} = \frac{1}{R_2}$$

式中，系数 β 为晶体管的电流放大系数；R_1 为晶体管的输入电阻；R_2 为晶体管的输出电阻。

方法二：根据 H 参数的定义，把端口 2 短路，得

$$H_{11} = \left.\frac{\dot{U}_1}{\dot{I}_1}\right|_{\dot{U}_2=0} = R_1, \qquad H_{21} = \left.\frac{\dot{I}_2}{\dot{I}_1}\right|_{\dot{U}_2=0} = \beta$$

同样，把端口 1 开路，得

$$H_{12} = \left. \frac{\dot{U}_1}{\dot{U}_2} \right|_{\dot{I}_1 = 0} = 0, \qquad H_{21} = \left. \frac{\dot{I}_2}{\dot{U}_2} \right|_{\dot{I}_1 = 0} = \frac{1}{R_1}$$

8.2.4　T 参数

T 参数方程是以输出端口的电压 $\dot{U}_2$ 和电流 $\dot{I}_2$ 为自变量的方程。**T** 参数也称为传输参数，**T** 参数方程为

$$\begin{cases} \dot{U}_1 = A\dot{U}_2 - B\dot{I}_2 \\ \dot{I}_1 = C\dot{U}_2 - D\dot{I}_2 \end{cases} \tag{8-8}$$

式中，A 称为端口 2 开路时的反向电压传输函数，$A = \left. \dfrac{\dot{U}_1}{\dot{U}_2} \right|_{\dot{I}_2 = 0}$ ；

B 称为端口 2 短路时的转移阻抗，$B = \left. \dfrac{\dot{U}_1}{-\dot{I}_2} \right|_{\dot{U}_2 = 0}$ ；

C 称为端口 2 开路时的转移阻抗，$C = \left. \dfrac{\dot{I}_1}{\dot{U}_2} \right|_{\dot{I}_2 = 0}$ ；

D 称为端口 2 短路时的正向电流传输函数，$D = \left. \dfrac{\dot{I}_1}{-\dot{I}_2} \right|_{\dot{U}_2 = 0}$ 。

式(8-8)中的系数 A、B、C、D 称为 **T** 参数，**T** 参数方程的矩阵形式为

$$\begin{pmatrix} \dot{U}_1 \\ \dot{I}_1 \end{pmatrix} = \begin{pmatrix} A & B \\ C & D \end{pmatrix} \begin{pmatrix} \dot{U}_2 \\ -\dot{I}_2 \end{pmatrix} \tag{8-9}$$

式中的系数矩阵称为 **T** 参数矩阵。

例 8-6　求图 8-12a 所示二端口网络的 **T** 参数(即传输参数)。

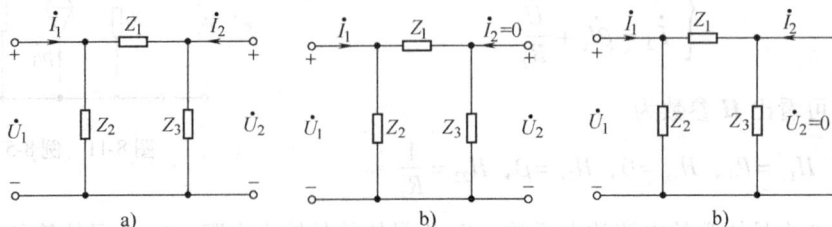

图 8-12　例 8-6 图

解　根据 **T** 参数的定义，由图 8-12b 所示，此时令 $\dot{I}_2 = 0$，可得

$$A = \left. \frac{\dot{U}_1}{\dot{U}_2} \right|_{\dot{I}_2 = 0} = 1 + \frac{Z_1}{Z_3}, \qquad C = \left. \frac{\dot{I}_1}{\dot{U}_2} \right|_{\dot{I}_2 = 0} = \frac{Z_1 + Z_2 + Z_3}{Z_2 Z_3}$$

由图 8-12c 所示，此时令 $\dot{U}_2 = 0$，可得

$$B = \frac{\dot{U}_1}{-\dot{I}_2}\bigg|_{\dot{U}_2=0} = Z_1, \qquad D = \frac{\dot{I}_1}{-\dot{I}_2}\bigg|_{\dot{U}_2=0} = 1 + \frac{Z_1}{Z_2}$$

除上述 4 种参数外，还有 G 参数和 B 参数，它们的参数方程分别与 H 参数和 A 参数的参数方程相对应，只要把参数方程组中的自变量和因变量互换一下即可，在此不再细述。

练　习　题

8-1　求图 8-13 所示二端口网络在 $\omega = 100\text{rad/s}$ 时的 Z 参数。　　　　　$[50 + j100\Omega,\ j100\Omega,\ j100\Omega]$

8-2　求图 8-14 所示二端口网络的 Y 参数。　　$[Y_{11} = Y_1 + Y_2,\ Y_{21} = -Y_2,\ Y_{12} = -Y_2,\ Y_{22} = Y_2 + Y_3]$

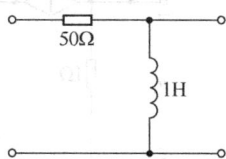

图 8-13　练习题 8-1 图　　　　　　　　　　　图 8-14　练习题 8-2 图

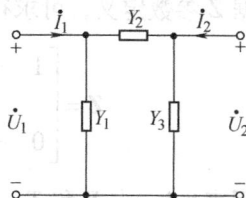

8.3　网络参数间的转换

在分析二端口网络时，同一个二端口网络可以用不同的参数描述，视情况采用合适的参数可以简化分析。由一个二端口网络的一组参数可以求出其他各组参数，这些参数间的转换关系见表 8-1。

表 8-1　二端口网络各组参数间的关系

	Y 参数		Z 参数		H 参数		T 参数		互易性
Y 参数	Y_{11} $\;\;\;Y_{12}$ Y_{21} $\;\;\;Y_{22}$		$\dfrac{Z_{22}}{\Delta_Z}$ $\quad -\dfrac{Z_{12}}{\Delta_Z}$ $-\dfrac{Z_{12}}{\Delta_Z}$ $\quad \dfrac{Z_{11}}{\Delta_Z}$		$\dfrac{1}{H_{11}}$ $\quad -\dfrac{H_{12}}{H_{11}}$ $\dfrac{H_{21}}{H_{11}}$ $\quad \dfrac{\Delta_H}{H_{11}}$		$\dfrac{D}{B}$ $\quad -\dfrac{\Delta_T}{B}$ $-\dfrac{1}{B}$ $\quad \dfrac{A}{B}$		$Y_{12} = Y_{21}$
Z 参数	$\dfrac{Y_{22}}{\Delta_Y}$ $\quad -\dfrac{Y_{12}}{\Delta_Y}$ $-\dfrac{Y_{21}}{\Delta_Y}$ $\quad \dfrac{Y_{11}}{\Delta_Y}$		Z_{11} $\;\;\;Z_{12}$ Z_{21} $\;\;\;Z_{22}$		$\dfrac{\Delta_H}{H_{22}}$ $\quad \dfrac{H_{12}}{H_{22}}$ $-\dfrac{H_{21}}{H_{22}}$ $\quad \dfrac{1}{H_{22}}$		$\dfrac{A}{C}$ $\quad \dfrac{\Delta_T}{C}$ $\dfrac{1}{C}$ $\quad \dfrac{D}{C}$		$Z_{12} = Z_{21}$
H 参数	$\dfrac{1}{Y_{11}}$ $\quad -\dfrac{Y_{12}}{Y_{11}}$ $\dfrac{Y_{21}}{Y_{11}}$ $\quad \dfrac{\Delta_Y}{Y_{11}}$		$\dfrac{\Delta_Z}{Z_{22}}$ $\quad \dfrac{Z_{12}}{Z_{22}}$ $-\dfrac{Z_{21}}{Z_{22}}$ $\quad \dfrac{1}{Z_{22}}$		H_{11} $\;\;\;H_{12}$ H_{21} $\;\;\;H_{22}$		$\dfrac{B}{D}$ $\quad \dfrac{\Delta_T}{D}$ $-\dfrac{1}{D}$ $\quad \dfrac{C}{D}$		$H_{12} = -H_{21}$
T 参数	$-\dfrac{Y_{22}}{Y_{21}}$ $\quad -\dfrac{1}{Y_{21}}$ $-\dfrac{\Delta_Y}{Y_{21}}$ $\quad -\dfrac{Y_{11}}{T_{21}}$		$\dfrac{Z_{11}}{Z_{21}}$ $\quad \dfrac{\Delta_Z}{Z_{21}}$ $\dfrac{1}{Z_{21}}$ $\quad \dfrac{Z_{22}}{Z_{21}}$		$-\dfrac{\Delta_H}{H_{21}}$ $\quad -\dfrac{H_{11}}{H_{21}}$ $-\dfrac{H_{22}}{H_{21}}$ $\quad -\dfrac{1}{H_{21}}$		A $\;\;\;B$ C $\;\;\;D$		$AD - BC = 1$

注：$\Delta_Y = Y_{11}Y_{22} - Y_{12}Y_{21}$，$\Delta_Z = Z_{11}Z_{22} - Z_{12}Z_{21}$，$\Delta_H = H_{11}H_{22} - H_{12}H_{21}$，$\Delta_T = AD - BC$。

需要指出的是，并非任何一个二端口网络都具有各种参数，有些二端口网络可能只具有其中的几种参数。例如，图 8-15a 所示电路的 Z 参数不存在，图 8-15b 所示电路的 Y 参数不存在，图 8-15c 所示电路的 Z、Y 参数都不存在。

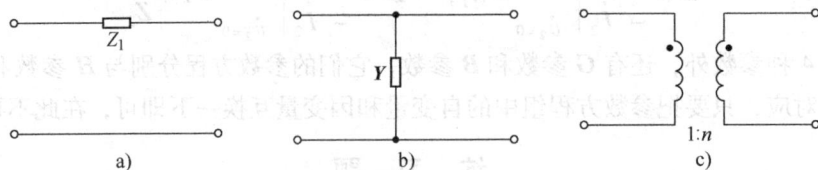

图 8-15　简单的二端口网络

例 8-7　求图 8-16 所示二端口网络的 Z、Y 和 T 这 3 个参数矩阵。

解　根据 Z 参数定义，可求得

$$Z = \begin{bmatrix} 1 & \dfrac{3}{2} \\ 0 & \dfrac{1}{2} \end{bmatrix}$$

图 8-16　例 8-7 图

然后利用表 8-1，求 Y 和 T。由于

$$\Delta_Z = Z_{11}Z_{22} - Z_{12}Z_{21} = \frac{1}{2}$$

故得

$$Y = \begin{pmatrix} \dfrac{1}{2} \times 2 & -\dfrac{3}{2} \times 2 \\ 0 & 1 \times 2 \end{pmatrix} = \begin{pmatrix} 1 & -3 \\ 0 & 2 \end{pmatrix}$$

又由于 $Z_{21} = 0$，故知 T 参数矩阵不存在。

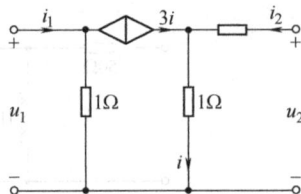

练 习 题

8-3　试求图 8-17 所示二端口网络的 T 参数和 Y 参数。

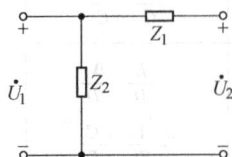

$$\left[\begin{pmatrix} 1 & Z_1 \\ \dfrac{1}{Z_2} & \dfrac{Z_1 + Z_2}{Z_2} \end{pmatrix}, \begin{pmatrix} \dfrac{Z_1 + Z_2}{Z_1 Z_2} & -\dfrac{1}{Z_1} \\ -\dfrac{1}{Z_1} & \dfrac{1}{Z_1} \end{pmatrix} \right]$$

8-4　电路如图 8-18 所示，求此二端口网络的 Z 和 H 参数。

$$\left[\begin{pmatrix} Z_1 + Z_2 & Z_2 \\ Z_2 & Z_2 \end{pmatrix}, \begin{pmatrix} Z_1 & 1 \\ -1 & 1/Z_2 \end{pmatrix} \right]$$

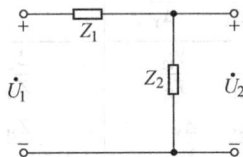

图 8-17　练习题 8-3 图　　　　图 8-18　练习题 8-4 图

8.4　具有端接的二端口网络

在实际电路问题中，二端口网络往往是电路的一部分，可能以"黑箱"的面目出现，内

部情况不明。但是，只要我们掌握了它的 VAR，就能对电路进行分析。最简单的情况是，二端口网络的输入端口接信号源，输出端口接负载，如图 8-19 所示。二端口网络起着对信号进行处理（放大、滤波等）的作用。其中，$\dot{U}_\mathrm{S}$ 表示信号源电压相量，Z_L 表示负载阻抗。如果采用 **Z** 参数，则二端口网络 N 的 VAR 可表示为

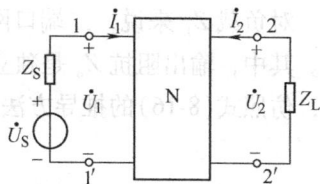

图 8-19 端接的二端口网络

$$\dot{U}_1 = Z_{11}\,\dot{I}_1 + Z_{12}\,\dot{I}_2 \tag{8-10}$$

$$\dot{U}_2 = Z_{21}\,\dot{I}_1 + Z_{22}\,\dot{I}_2 \tag{8-11}$$

信号源端口的 VAR 为

$$\dot{U}_1 = \dot{U}_\mathrm{S} - Z_\mathrm{S}\,\dot{I}_1 \tag{8-12}$$

负载端口的 VAR 为

$$\dot{U}_2 = -Z_\mathrm{L}\,\dot{I}_2 \tag{8-13}$$

联立求解上述 4 个方程，即可解得所需的各种网络参数。通常，我们需要研究：①输入阻抗 $Z_1 = \dfrac{\dot{U}_1}{\dot{I}_1}$；②对负载而言的戴维南等效电路，开路电压 $\dot{U}_\mathrm{OC}$ 和输出阻抗 Z_o；③电压增益（电压转移比）$\dot{A}_\mathrm{u} = \dfrac{\dot{U}_2}{\dot{U}_1}$；④电流增益（电流转移比）$\dot{A}_1 = \dfrac{\dot{I}_2}{\dot{I}_1}$。

8.4.1　输入阻抗

在端接二端口网络中，输入端口电压 $\dot{U}_1$ 与输入端口电流 $\dot{I}_1$ 之比为输入阻抗，用 Z_1 表示；其倒数为输入导纳，用 Y_1 表示。

由式(8-10)可得

$$Z_1 = \frac{\dot{U}_1}{\dot{I}_1} = Z_{11} + Z_{12}\frac{\dot{I}_2}{\dot{I}_1} \tag{8-14}$$

将式(8-13)代入式(8-11)得

$$\dot{I}_2 = -\frac{Z_{21}}{Z_{22} + Z_\mathrm{L}}\,\dot{I}_1 \tag{8-15}$$

将式(8-15)代入式(8-14)，可得

$$Z_\mathrm{i} = \frac{\dot{U}_1}{\dot{I}_1} = Z_{11} - \frac{Z_{12}Z_{21}}{Z_{22} + Z_\mathrm{L}} = \frac{Z_{11}Z_\mathrm{L} + \Delta_\mathrm{Z}}{Z_{22} + Z_\mathrm{L}} \tag{8-16}$$

式(8-16)表明，输入阻抗可以用 **Z** 参数和负载阻抗表示，一般是频率的函数。对信号源来说，二端口网络及其端接的负载一起构成了信号源的负载，这一负载的数值由式(8-16)确定。

对负载 Z_L 来说，二端口网络及其端接的电源可以表示为戴维南等效电路或诺顿等效电路。其中，输出阻抗 Z_o 是独立电源置零后，由输出端口向输入端口看进去的等效阻抗。因此，仿照式(8-16)的推导方法，可求得

$$Z_o = Z_{22} - \frac{Z_{12}Z_{21}}{Z_{11} + Z_S} = \frac{Z_{22}Z_S + \Delta_Z}{Z_{11} + Z_S} \tag{8-17}$$

由于戴维南等效电压源的电压即为负载端口的开路电压 $\dot{U}_{OC}$，故在 $\dot{I}_2 = 0$ 的条件下，不难由式(8-10)、式(8-11)和式(8-12)得到

$$\dot{U}_{OC} = \frac{Z_{21}}{Z_{11} + Z_S} \dot{U}_S \tag{8-18}$$

8.4.2 网络增益

网络增益包括：电压传输函数，即电压增益 $\dot{A}_u$、电流传输函数，即电流增益 $\dot{A}_i$。

先来推导电压增益 $\dot{A}_u$，将式(8-13)代入式(8-11)，得

$$\dot{U}_2 = Z_{21}\dot{I}_1 + Z_{22}\left(-\frac{\dot{U}_2}{Z_L}\right)$$

即

$$\dot{I}_1 = \frac{Z_L + Z_{22}}{Z_{21}+Z_L}\dot{U}_2 \tag{8-19}$$

再将式(8-13)代入式(8-10)，得

$$\dot{U}_1 = Z_{11}\dot{I}_1 + Z_{12}\left(-\frac{\dot{U}_2}{Z_L}\right)$$

即

$$\dot{I}_1 = \frac{\dot{U}_1}{Z_{11}} + \frac{Z_{12}}{Z_{11}}\frac{\dot{U}_2}{Z_L} \tag{8-20}$$

将式(8-20)代入式(8-19)，即可求得

$$\dot{A}_u = \frac{\dot{U}_2}{\dot{U}_1} = \frac{Z_{21}Z_L}{Z_{11}Z_L + Z_{11}Z_{22} - Z_{12}Z_{21}} = \frac{Z_{21}Z_L}{Z_{11}Z_L + \Delta_Z} \tag{8-21}$$

现在来推导电流增益 $\dot{A}_i$，由式(8-14)得

$$\dot{A}_i = \frac{\dot{I}_2}{\dot{I}_1} = -\frac{Z_{21}}{Z_{22} + Z_L} \tag{8-22}$$

以上分析，二端口网络 N 的 VAR 是用 Z 参数表示的，采用其他参数也可得到相同的结果，但计算的繁简相差很大。为便于查阅使用，表 8-2 中给出了用 4 种参数表示的 Z_i、Z_o、$\dot{U}_{OC}$、$\dot{A}_u$ 和 $\dot{A}_i$。表中，$Y_L = \frac{1}{Z_L}$，$Y_S = \frac{1}{Z_S}$。

表 8-2　用 4 种参数表示的 Z_i、Z_o、$\dot{U}_{OC}$、$\dot{A}_u$ 和 $\dot{A}_i$

	Z 参数	Y 参数	H 参数	T 参数
Z_i	$\dfrac{Z_{11}Z_L + \Delta_Z}{Z_{22} + Z_L}$	$\dfrac{Y_{22}Y_L + Y_L}{Y_{11}Y_L + \Delta_Y}$	$H_{11} + \dfrac{Y_L + \Delta_H}{Y_L + H_{22}}$	$\dfrac{AZ_L + B}{CZ_L + D}$
Z_o	$\dfrac{Z_{22}Z_S + \Delta_S}{Z_{11} + Z_S}$	$\dfrac{Y_{11} + Y_S}{Y_{22}Y_S + \Delta_Y}$	$\dfrac{H_{11} + Z_S}{H_{22}Z_S + \Delta_H}$	$\dfrac{DZ_S + B}{CZ_S + A}$
$\dot{U}_{OC}$	$\dfrac{Z_{21}\dot{U}_2}{Z_{11} + Z_S}$	$-\dfrac{Y_{21}\dot{U}_S}{Y_{22} + \Delta_Y Z_S}$	$-\dfrac{H_{21}\dot{U}_S}{H_{22}Z_S + \Delta_H}$	$\dfrac{\dot{U}_S}{A + CZ_S}$
$\dot{A}_u$	$\dfrac{Z_{21}Z_L}{Z_{11}Z_L + \Delta_S}$	$-\dfrac{Y_{21}}{Y_{22} + Y_L}$	$-\dfrac{H_{21}Z_L}{H_{11} + Z_L\Delta_H}$	$\dfrac{Z_L}{B + AZ_L}$
$\dot{A}_i$	$\dfrac{-Z_{21}}{Z_{22} + Z_L}$	$\dfrac{Y_{21}Y_L}{Y_{11}Y_L + \Delta_Y}$	$\dfrac{H_{21}Y_L}{H_{22} + Y_L}$	$-\dfrac{1}{D + CZ_L}$

注：若 $\dot{I}_2$ 的参考方向与图 8-19 中所设相反，则在使用本表时，将 $\dot{A}_i$ 的表示方式改变符号即可。

此外，如果考虑电源的内阻 Z_S，电压增益为

$$\frac{\dot{U}_2}{\dot{U}_S} = \left(\frac{Z_I}{Z_I + Z_S}\right)\dot{A}_u \tag{8-23}$$

电流增益为

$$\frac{\dot{I}_2}{\dot{I}_S} = \left(\frac{Z_S}{Z_S + Z_L}\right)\dot{A}_i \tag{8-24}$$

式中，$\dot{I}_S = \dfrac{\dot{U}_S}{Z_S}$。

例 8-8　端接二端口网络如图 8-19 所示，已知 $\dot{U}_S = 3V$，$Z_S = 2\Omega$，二端口网络的 Z 参数 $Z_{11} = 6\Omega$，$Z_{12} = -j5\Omega$，$Z_{21} = 16\Omega$，$Z_{22} = 5\Omega$。试求：负载阻抗为何值时获得最大功率？最大功率为何值？

解　由已知条件，二端口的 Z 参数方程为
$$\begin{cases} \dot{U}_1 = 6\dot{I}_1 - j5\dot{I}_2 \\ \dot{U}_2 = 16\dot{I}_1 + 5\dot{I}_2 \end{cases}$$

信号源端口的 VAR 为

$$\dot{U}_1 = 3 - 2\dot{I}_1$$

代入到 Z 参数方程，并消去 $\dot{U}_1$ 和 $\dot{I}_1$，得

$$\dot{U}_2 = (5 + j10)\dot{I}_2 + 6$$

将此式与含源一端口网络的端口伏安特性 $\dot{U} = \dot{U}_{OC} + Z_0\dot{I}$ 比较，可得

$$\dot{U}_{OC} = 6V, \qquad Z_0 = (5 + j10)\,\Omega$$

由最大功率传输定理，当 $Z_L = Z_0^*$ 时负载可获最大功率，因此 $Z_L = Z_0^* = (5 - j10)\Omega$

最大功率为

$$P_{L\max} = \frac{U_{OC}^2}{4R_0} = \frac{6^2}{4 \times 5}\text{W} = 1.8\text{W}$$

例8-9 已知电路如图 8-20 所示，二端口网络的 **H** 参数为 $H_{11} = 100\Omega$，$H_{12} = 0$，$H_{21} =$ 1S，$H_{22} = 10^{-3}\text{S}$，试求电压 $\dot{U}_o$。

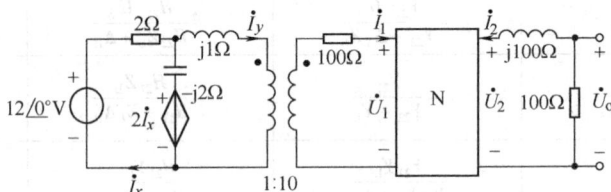

图 8-20 例 8-9 图

解 本题中，二端口网络的端接情况比较复杂。由于已知 **H** 参数，且

$$\dot{I}_2 = H_{21}\dot{I}_1 + H_{22}\dot{U}_2 = H_{21}\dot{I}_1 - H_{22}(100 + j100)\dot{I}_2$$

所以，先求得 $\dot{I}_1$，即可算出 $\dot{I}_2$，从而求得 $\dot{U}_o$。$\dot{I}_1$ 可通过理想变压器的电流比关系由 $\dot{I}_y$ 求得。求 $\dot{I}_y$ 时，可先将变压器二次侧的阻抗，包括二端口网络的输入阻抗 Z_1 在内，折合到一次侧后用网孔电流法解。

由表 8-2 得

$$Z_1 = H_{11} - \frac{H_{12}H_{21}Z_L}{1 + H_{22}H_{11}}$$

由于 $Z_L = (100 + j100)\Omega$，可算得 $Z_1 = 100\Omega$。

理想变压器二次回路中的总电阻为 200Ω，折合到一次侧为 $\frac{200}{10^2}\Omega = 2\Omega$。于是得到计算 $\dot{I}_y$ 的电路如图 8-21 所示。列网孔方程为

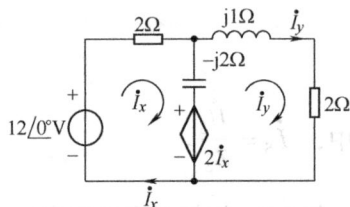

图 8-21 计算 $\dot{I}_y$ 用图

$$\begin{cases} (2 - j2)\dot{I}_x - (-j2)\dot{I}_y = 12\underline{/0^\circ} - 2\dot{I}_x \\ -(-j2)\dot{I}_x + (2 - j1)\dot{I}_y = 2\dot{I}_x \end{cases}$$

解得

$$\dot{I}_y = 3.15\underline{/-23.2^\circ}\text{A}$$

由理想变压器的电流比关系，得

$$\dot{I}_1 = 0.315\underline{/-23.2^\circ}\text{A}$$

再根据

$$\dot{I}_2 = H_{21}\dot{I}_1 - (100 + j100)H_{22}\dot{I}_2$$

解得

$$\dot{I}_2 = 0.285 \underline{/-28.4°}\text{A}$$

因此

$$\dot{U}_\text{o} = -100\,\dot{I}_2$$

解得

$$\dot{U}_\text{o} = -28.5 \underline{/-28.4°}\text{V}$$

练 习 题

8-5　图 8-22 所示网络中，已知二端口网络的 $\boldsymbol{H} = \begin{pmatrix} 14 & \dfrac{2}{3} \\ -\dfrac{2}{3} & \dfrac{1}{9} \end{pmatrix}$，试求电压 $\dot{U}_\text{o}$。　　　　[$3\underline{/0°}\text{V}$]

8-6　图 8-23 所示网络中，已知二端口网络的 $\boldsymbol{Y} = \begin{pmatrix} \dfrac{4}{117} & -\dfrac{1}{117} \\ -\dfrac{1}{117} & \dfrac{11}{117} \end{pmatrix}$，$U_\text{S} = 30\text{V}$，$R_\text{S} = 30\Omega$，$R_\text{L} = 15\Omega$。

试求电流传输函数 $\dot{A}_\text{i}$。　　　　[-0.105]

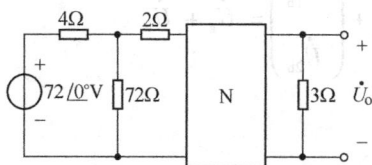

图 8-22　练习题 8-5 图　　　　　　　　图 8-23　练习题 8-6 图

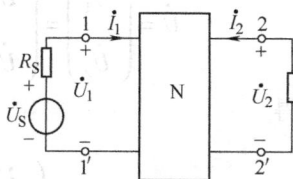

8.5　二端口网络的连接

在分析和设计电路时，常将多个二端口网络适合地连接起来，组成一个新的网络。最常见的连接方式有串联、并联和级联。

8.5.1　二端口网络的串联

将两个二端口网络的输入端口和输出端口分别串联，如图 8-24 所示，称为二端口网络的串联。分析二端口网络串联的电路，使用 $\boldsymbol{Z}$ 参数比较方便。

若二端口网络 N_a 和 N_b 的 $\boldsymbol{Z}$ 参数矩阵分别为

$$\boldsymbol{Z}_\text{a} = \begin{pmatrix} Z_{11a} & Z_{12a} \\ Z_{21a} & Z_{22a} \end{pmatrix},\ \boldsymbol{Z}_\text{b} = \begin{pmatrix} Z_{11b} & Z_{12b} \\ Z_{21b} & Z_{22b} \end{pmatrix}$$

串联后形成的二端口网络的 $\boldsymbol{Z}$ 参数矩阵为 $\boldsymbol{Z}$。设串联后该两网络仍能分别满足端口定义，则

$$\boldsymbol{Z} = \boldsymbol{Z}_\text{a} + \boldsymbol{Z}_\text{b}$$

对网络 N_a 来说，假定它和 N_b 串联后仍能满足端口定义，可得

$$\dot{U}_a = \begin{pmatrix} \dot{U}_{1a} \\ \dot{U}_{2a} \end{pmatrix} = \begin{pmatrix} Z_{11a} & Z_{12a} \\ Z_{21a} & Z_{22a} \end{pmatrix} \begin{pmatrix} \dot{I}_{1a} \\ \dot{I}_{2a} \end{pmatrix} = \mathbf{Z}_a \, \dot{I}_a \qquad (8\text{-}25)$$

同理，对网络 N_b 来说有

$$\dot{U}_b = \begin{pmatrix} \dot{U}_{1b} \\ \dot{U}_{2b} \end{pmatrix} = \begin{pmatrix} Z_{11b} & Z_{12b} \\ Z_{21b} & Z_{22b} \end{pmatrix} \begin{pmatrix} \dot{I}_{1b} \\ \dot{I}_{2b} \end{pmatrix} = \mathbf{Z}_b \, \dot{I}_b \qquad (8\text{-}26)$$

二端口网络 N_a 和 N_b 串联组成的二端口网络，如图 8-24
中点画线框所示，对这个二端口网络来说，有

图 8-24　二端口网络的串联

$$\dot{U} = \begin{pmatrix} \dot{U}_1 \\ \dot{U}_2 \end{pmatrix} = \begin{pmatrix} Z_{11} & Z_{12} \\ Z_{21} & Z_{22} \end{pmatrix} \begin{pmatrix} \dot{I}_1 \\ \dot{I}_2 \end{pmatrix} = \mathbf{Z} \, \dot{I} \qquad (8\text{-}27)$$

由 KVL 得

$$\dot{U} = \begin{pmatrix} \dot{U}_1 \\ \dot{U}_2 \end{pmatrix} = \begin{pmatrix} \dot{U}_{1a} + \dot{U}_{1b} \\ \dot{U}_{2a} + \dot{U}_{2b} \end{pmatrix} = \begin{pmatrix} \dot{U}_{1a} \\ \dot{U}_{2a} \end{pmatrix} + \begin{pmatrix} \dot{U}_{1b} \\ \dot{U}_{2b} \end{pmatrix} = \dot{U}_a + \dot{U}_b \qquad (8\text{-}28)$$

又由 KCL 得

$$\dot{I} = \begin{pmatrix} \dot{I}_1 \\ \dot{I}_2 \end{pmatrix} = \begin{pmatrix} \dot{I}_{1a} \\ \dot{I}_{2a} \end{pmatrix} = \begin{pmatrix} \dot{I}_{1b} \\ \dot{I}_{2b} \end{pmatrix} = \dot{I}_a = \dot{I}_b \qquad (8\text{-}29)$$

由式(8-27)、式(8-28)和式(8-29)，可得

$$\mathbf{Z} \, \dot{I} = \dot{U} = \dot{U}_a + \dot{U}_b = \mathbf{Z}_a \, \dot{I}_a + \mathbf{Z}_b \, \dot{I}_b = \mathbf{Z}_a \, \dot{I} + \mathbf{Z}_b \, \dot{I} = (\mathbf{Z}_a + \mathbf{Z}_b) \, \dot{I} \qquad (8\text{-}30)$$

由此可知

$$\mathbf{Z} = \mathbf{Z}_a + \mathbf{Z}_b \qquad (8\text{-}31)$$

值得注意的是，两个二端口网络串联后，它们不一定还能满足端口定义。两个 T 形网络
串联时，就可能发生这种情况。为此，在运用式(8-31)前，必须先检查是否仍满足端口定
义。

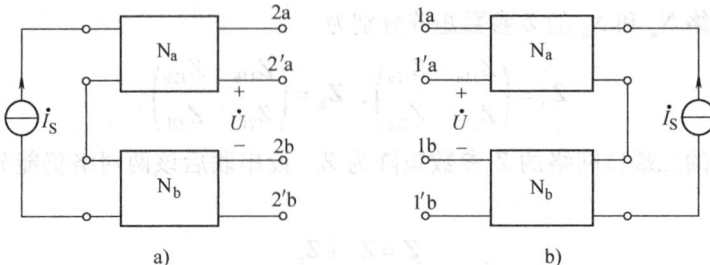

图 8-25　二端口网络串联时的端口检查

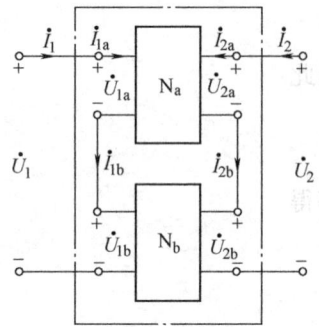

检查的方法如图 8-25 所示。按图 8-25a 连接后，显然两对输入端钮都能分别满足端口定义。如端钮 2′a 与 2b 之间的电压 $\dot{U}=0$，则连接 2′a 与 2b，从而形成串联时，不会影响各电流的大小，因而两对输入端钮仍能分别满足端口定义。按图 8-25b 连接后，可用以判断输出端钮是否满足端口定义。

8.5.2　二端口网络的并联

将两个二端口的输入端口和输出端口分别并联，如图 8-26 所示，称为二端口网络的并联。分析二端口网络并联的电路时，用 Y 参数比较方便。

若二端口网络 N_a 和 N_b 的 Y 参数矩阵分别为

$$Y_a = \begin{pmatrix} Y_{11a} & Y_{12a} \\ Y_{21a} & Y_{22a} \end{pmatrix}, \quad Y_b = \begin{pmatrix} Y_{11b} & Y_{12b} \\ Y_{21b} & Y_{22b} \end{pmatrix}$$

设并联后该两网络仍能分别满足端口定义，并设并联后形成的二端口网络的 Y 参数矩阵为 Y，则

$$Y = Y_a + Y_b$$

对网络 N_a 来说，假设它和 N_b 并联后仍能满足端口定义，可得

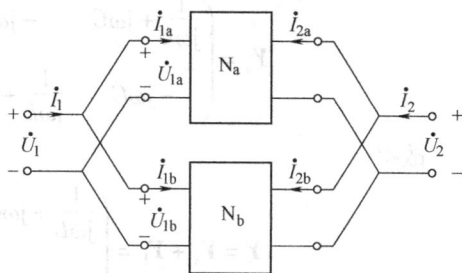

图 8-26　二端口网络的并联

$$\dot{I}_a = \begin{pmatrix} \dot{I}_{1a} \\ \dot{I}_{2a} \end{pmatrix} = Y_a \begin{pmatrix} \dot{U}_{1a} \\ \dot{U}_{2a} \end{pmatrix} = Y_a \dot{U}_a \tag{8-32}$$

同理，对网络 N_b 来说，有

$$\dot{I}_b = \begin{pmatrix} \dot{I}_{1b} \\ \dot{I}_{2b} \end{pmatrix} = Y_b \begin{pmatrix} \dot{U}_{1b} \\ \dot{U}_{2b} \end{pmatrix} = Y_b \dot{U}_b \tag{8-33}$$

两个二端口网络并联后的端口电压、电流的关系为

$$\dot{U} = \begin{pmatrix} \dot{U}_1 \\ \dot{U}_2 \end{pmatrix} = \begin{pmatrix} \dot{U}_{1a} \\ \dot{U}_{2a} \end{pmatrix} = \begin{pmatrix} \dot{U}_{1b} \\ \dot{U}_{2b} \end{pmatrix} = \dot{U}_a = \dot{U}_b \tag{8-34}$$

$$\dot{I} = \begin{pmatrix} \dot{I}_1 \\ \dot{I}_2 \end{pmatrix} = \begin{pmatrix} \dot{I}_{1a} \\ \dot{I}_{2a} \end{pmatrix} + \begin{pmatrix} \dot{I}_{1b} \\ \dot{I}_{2b} \end{pmatrix} = \dot{I}_a + \dot{I}_b \tag{8-35}$$

由式(8-32)~式(8-35)可得

$$\dot{I} = \dot{I}_a + \dot{I}_a = Y_a \dot{U}_a + Y_b \dot{U}_b = (Y_a + Y_b)\dot{U} = Y\dot{U} \tag{8-36}$$

由此可知

$$Y = Y_a + Y_b \tag{8-37}$$

式(8-37)表明，两个二端口网络并联后的 Y 参数矩阵等于两个二端口网络的 Y 参数矩阵之和。

　　值得注意的是，两个二端口网络并联后，它们不一定还满足端口定义，这时式(8-37)就不一定成立。但是，对于输入端口与输出端口具有公共端的两个二端口网络，按图8-27所示的方式并联，每个二端口网络的端口条件总是能满足的。

图 8-27　两个二端口网络并联

　　例 8-10　把图8-28a所示二端口看作是图8-28b和图8-28c所示两个二端口网络并联，利用式(8-37)求它的 $\boldsymbol{Y}$ 参数。

　　解　图8-28b和c所示，二端口网络的 $\boldsymbol{Y}$ 参数矩阵分别为

$$\boldsymbol{Y}_a = \begin{pmatrix} \dfrac{1}{j\omega L} + j\omega C & -j\omega C \\[2mm] -j\omega C & \dfrac{1}{j\omega L} + j\omega C \end{pmatrix}, \quad \boldsymbol{Y}_b = \begin{pmatrix} G_1 + G_3 & -G_3 \\ -G_3 & G_2 + G_3 \end{pmatrix}$$

故得

$$\boldsymbol{Y} = \boldsymbol{Y}_a + \boldsymbol{Y}_b = \begin{pmatrix} \dfrac{1}{j\omega L} + j\omega C + G_1 + G_3 & -(j\omega C + G_3) \\[2mm] -(j\omega C + G_3) & \dfrac{1}{j\omega L} + j\omega C + G_2 + G_3 \end{pmatrix}$$

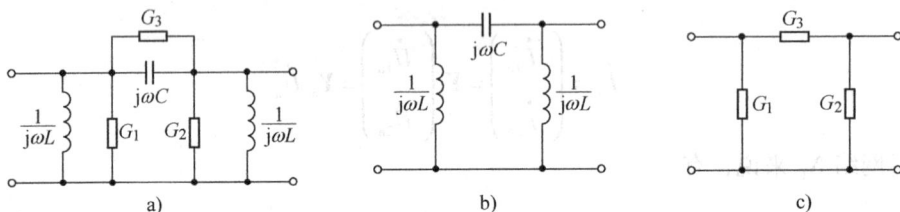

图 8-28　例 8-10 图

8.5.3　二端口网络的级联

　　将两个二端口网络 N_a 和 N_b 连接，如图8-29所示，这种以一个二端口网络的输出端口与另一个二端口网络的输入端口相连接的方式称为二端口网络的级联。

　　若这两个二端口网络的传输矩阵分别为

$$\boldsymbol{T}_a = \begin{pmatrix} A_a & B_a \\ C_a & D_a \end{pmatrix}, \quad \boldsymbol{T}_b = \begin{pmatrix} A_b & B_b \\ C_b & D_b \end{pmatrix}$$

则级联后所形成的二端口网络的传输矩阵为

$$\boldsymbol{T} = \boldsymbol{T}_a \boldsymbol{T}_b$$

对网络 N_a 来说，有

$$\begin{pmatrix} \dot{U}_{1a} \\ \dot{I}_{1a} \end{pmatrix} = \boldsymbol{T}_a \begin{pmatrix} \dot{U}_{2a} \\ -\dot{I}_{2a} \end{pmatrix}$$

对网络 N_b 来说，有

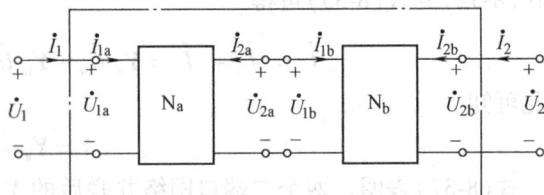

图 8-29　二端口网络的级联

$$\begin{pmatrix} \dot{U}_{1b} \\ \dot{I}_{1b} \end{pmatrix} = \boldsymbol{T}_b \begin{pmatrix} \dot{U}_{2b} \\ -\dot{I}_{2b} \end{pmatrix}$$

由于

$$\dot{U}_{2a} = \dot{U}_{1b}, \quad \dot{I}_{2a} = -\dot{I}_{1b}$$

故得

$$\begin{pmatrix} \dot{U}_{1a} \\ \dot{I}_{1a} \end{pmatrix} = \boldsymbol{T}_a \begin{pmatrix} \dot{U}_{1b} \\ \dot{I}_{1b} \end{pmatrix} = \boldsymbol{T}_a \boldsymbol{T}_b \begin{pmatrix} \dot{U}_{2b} \\ -\dot{I}_{2b} \end{pmatrix} \tag{8-38}$$

又由于

$$\dot{U}_1 = \dot{U}_{1a}, \quad \dot{U}_2 = \dot{U}_{2b}, \quad \dot{I}_1 = \dot{I}_{1a}, \quad \dot{I}_2 = \dot{I}_{2b}$$

故得

$$\begin{pmatrix} \dot{U}_1 \\ \dot{I}_1 \end{pmatrix} = \boldsymbol{T}_a \boldsymbol{T}_b \begin{pmatrix} \dot{U}_2 \\ -\dot{I}_2 \end{pmatrix} = \boldsymbol{T} \begin{pmatrix} \dot{U}_2 \\ -\dot{I}_2 \end{pmatrix} \tag{8-39}$$

式(8-39)即为级联后所形成的二端口网络的 VAR，故知

$$\boldsymbol{T} = \boldsymbol{T}_a \boldsymbol{T}_b \tag{8-40}$$

例 8-11　求图 8-30 所示电路的传输参数矩阵 $\boldsymbol{T}$。

解　将图 8-30 所示的电路看作是 4 个二端口网络的级联，每个二端口网络的 $\boldsymbol{T}$ 参数矩阵分别为

$$\boldsymbol{T}_1 = \begin{bmatrix} 1 & 2 \\ 0 & 1 \end{bmatrix}, \quad \boldsymbol{T}_2 = \begin{bmatrix} 1 & 0 \\ 1 & 1 \end{bmatrix}, \quad \boldsymbol{T}_3 = \begin{bmatrix} 1 & 2 \\ 0 & 1 \end{bmatrix}, \quad \boldsymbol{T}_4 = \begin{bmatrix} 1 & 0 \\ 1 & 1 \end{bmatrix}$$

于是，$\boldsymbol{T}$ 参数矩阵为

$$\boldsymbol{T} = \boldsymbol{T}_1 \boldsymbol{T}_2 \boldsymbol{T}_3 \boldsymbol{T}_4 = \begin{bmatrix} 1 & 2 \\ 0 & 1 \end{bmatrix} \begin{bmatrix} 1 & 0 \\ 1 & 1 \end{bmatrix} \begin{bmatrix} 1 & 2 \\ 0 & 1 \end{bmatrix} \begin{bmatrix} 1 & 0 \\ 1 & 1 \end{bmatrix} = \begin{bmatrix} 3 & 2 \\ 1 & 1 \end{bmatrix} \begin{bmatrix} 3 & 2 \\ 1 & 1 \end{bmatrix} = \begin{bmatrix} 11 & 8 \\ 4 & 3 \end{bmatrix}$$

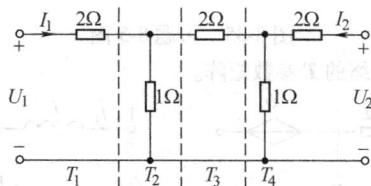
图 8-30　例 8-11 图

习　题　8

8-1　求图 8-31 所示二端口网络的 $\boldsymbol{Y}$ 参数矩阵。

8-2　求图 8-32 所示二端口网络的 $\boldsymbol{Z}$ 参数矩阵，其中，$\omega = 1000\text{rad/s}$。

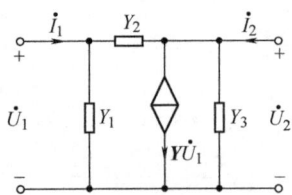

图 8-31　习题 8-1 图　　　　　图 8-32　习题 8-2 图

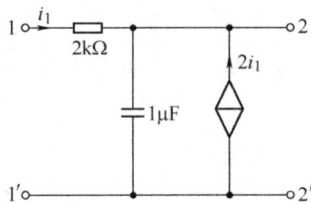

8-3　求图 8-33 所示各二端口网络的 Y 参数矩阵。

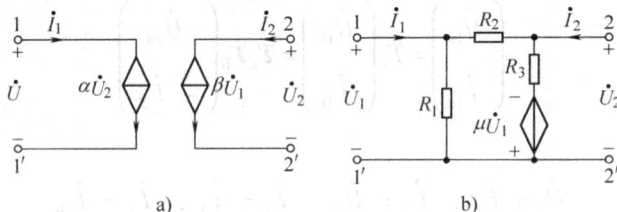

图 8-33　习题 8-3 图

8-4　求图 8-34 所示各二端口网络的 H 参数矩阵。

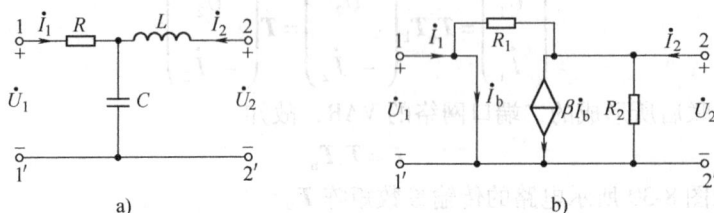

图 8-34　习题 8-4 图

8-5　求图 8-35 所示各二端口网络的 H 参数。

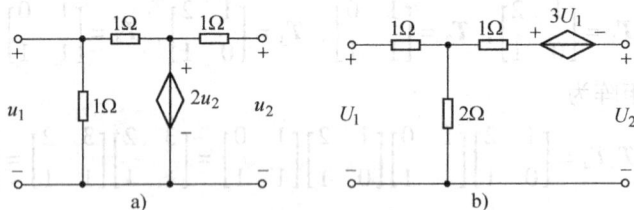

图 8-35　习题 8-5 图

8-6　求图 8-36 所示各二端口网络的 T 参数矩阵。

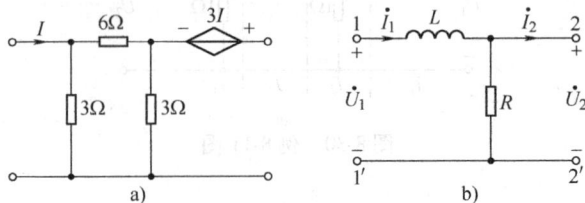

图 8-36　习题 8-6 图

8-7　求图 8-37 所示耦合电感的 Z 参数矩阵、Y 参数矩阵和 T 参数矩阵。

8-8　求图 8-38 所示二端口网络的 T 参数矩阵。并求当端口 2 接 10V 电压源，端口 1 电阻 $R = 2\Omega$ 时消耗的功率。

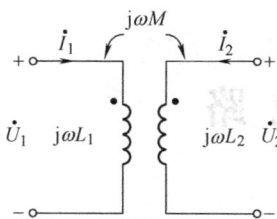

图 8-37　习题 8-7 图

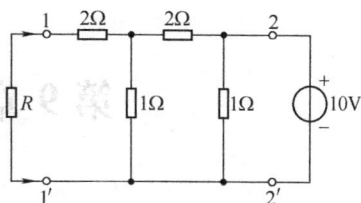

图 8-38　习题 8-8 图

8-9　求图 8-39 所示二端口网络的传输参数矩阵 $T = \begin{pmatrix} 2 & 8 \\ 0.5 & 0.5 \end{pmatrix}$，$U_S = 10V$，$R_1 = 1\Omega$。试求：（1）$R_2 = 3\Omega$ 时，转移电压增益 $A_u = \dfrac{U_2}{U_S}$ 和电流增益 $A_i = \dfrac{I_2}{I_1}$；（2）R_2 为何值时获得最大功率？并求此最大功率值。

8-10　如图 8-40 所示低通滤波器电路，分别求 $\omega = 2500rad/s$ 和 $\omega = 7500rad/s$ 时的特性阻抗 Z_i。

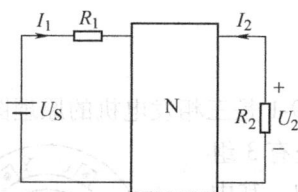

图 8-39　习题 8-9 图

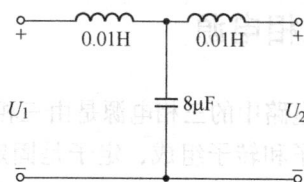

图 8-40　习题 8-10 图

8-11　图 8-41 所示的二端口网络，Z 参数矩阵为 $Z = \begin{pmatrix} 10 & 8 \\ 5 & 10 \end{pmatrix}$，求 R_1、R_2、R_3 和 γ 的值。

8-12　在图 8-42 所示网络中，已知 $U_S = 6V$，$R_1 = R_2 = 200\Omega$，$R_3 = 800\Omega$，$R_S = RL = 600\Omega$。试求网络的输入阻抗 Z_i 及负载上的电压 $\dot{U}_2$。

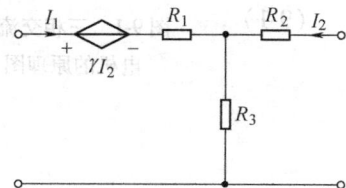

图 8-41　习题 8-11 图

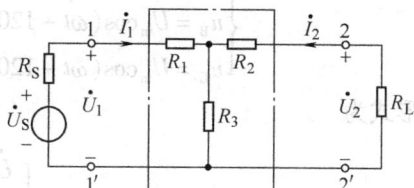

图 8-42　习题 8-12 图

8-13　图 8-43 所示，二端口网络 N 的 Z 参数为 $Z_{11} = Z_{22} = 3\Omega$，$Z_{12} = Z_{21} = 2\Omega$，试求输出电压 $\dot{U}_o$。

8-14　图 8-44 所示的二端口网络，可看成由两个子二端口网络串联组成，试利用 $Z = Z_a + Z_b$ 公式，求 Z 参数矩阵。

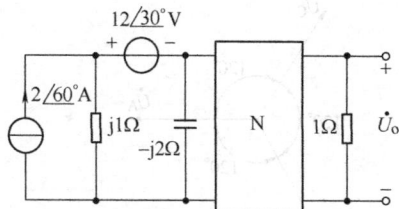

图 8-43　习题 8-13 图

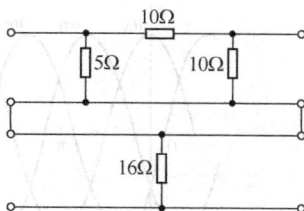

图 8-44　习题 8-14 图

第 9 章 三 相 电 路

在电力系统中，三相交流电源应用非常广泛。三相电源由发电机产生，经变压器升高电压后传输到各地。然后按不同用户的需求，在各地变电站再用变压器把高压降到适当的数值。我国日常生活中通常采用220V单相电源，实际上单相电源就是三相电源中的一相。

本章介绍三相电源的产生、三相电源的供电体制、三相电路中负载的连接形式，以及三相电路的功率，最后简单介绍一些安全用电常识。

9.1 三相电源

三相电路中的三相电源是由三相发电机产生的，图9-1是三相发电机的原理图。发电机主要由定子和转子组成，定子是固定的，定子的槽中嵌有3组同样的绕组，每组为一相，分别称为 A 相、B 相和 C 相。其中 A、B、C 称为绕组首端，X、Y、Z 称为绕组末端。转子是一个磁极，它以角速度 ω 沿顺时针旋转时，在各相绕组中产生大小相等、频率相同、其相位相差 120° 的正弦感应电压，相当于 3 个独立的正弦电源，即一组对称的三相电压，每相电压分别为

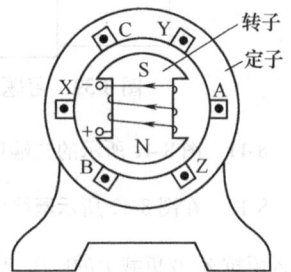

图 9-1   三相交流发
电机的原理图

$$\begin{cases} u_A = U_m \cos\omega t \\ u_B = U_m \cos(\omega t - 120°) \\ u_C = U_m \cos(\omega t + 120°) \end{cases} \quad (9\text{-}1)$$

相量形式为

$$\begin{cases} \dot{U}_A = U \underline{/0°} \\ \dot{U}_B = U \underline{/-120°} \\ \dot{U}_C = U \underline{/120°} \end{cases} \quad (9\text{-}2)$$

其波形图和相量图分别如图9-2a 和 b 所示。对称三相电压的特点是

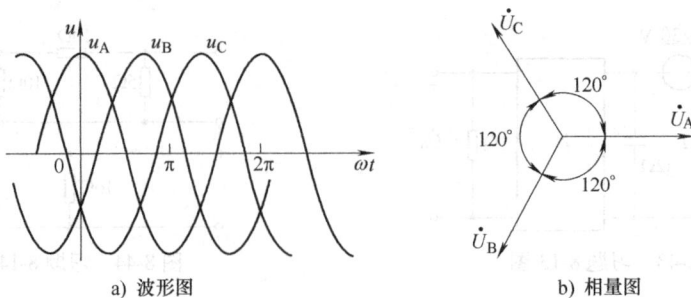

a) 波形图

b) 相量图

图 9-2   对称三相电源的电压波形图和相量图

$$u_A + u_B + u_C = 0 \quad \text{或} \quad \dot{U}_A + \dot{U}_B + \dot{U}_C = 0$$

虽然三相发电机的三相电源相当于 3 个独立的正弦电源，但在实际使用中，三相绕组是按一定的方式连接成一个整体后再对外供电。三相绕组有星形联结（Y 形联结）和三角形联结（△形联结）两种联结方式。

9.1.1　电源的星形联结

把三相绕组的末端 X、Y、Z 连成一点，把三相绕组的首端 A、B、C 分别引出，就得到三相电源的星形联结，如图 9-3 所示。中性点 N 引出的导线称为中性线或零线，俗称"地线"。A、B、C 引出的导线称为相线，俗称"火线"。

星形联结的三相电源，每一相相线与地线间的电压称为相电压，分别用 u_B、u_B 和 u_C 表示。相线与相线间的电压称为线电压，分别用 u_{AB}、u_{BC} 和 u_{CA} 表示。相电压与线电压间的关系为

$$\begin{cases} u_{AB} = u_A - u_B \\ u_{BC} = u_B - u_C \\ u_{CA} = u_C - u_A \end{cases} \tag{9-3}$$

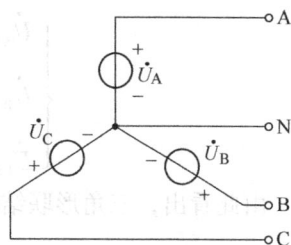

相量形式为

图 9-3　星形联结

$$\begin{cases} \dot{U}_{AB} = \dot{U}_A - \dot{U}_B \\ \dot{U}_{BC} = \dot{U}_B - \dot{U}_C \\ \dot{U}_{CA} = \dot{U}_C - \dot{U}_A \end{cases} \tag{9-4}$$

若以 U_A 为参考相量，则相量图如图 9-4 所示。由图可知：

$$U_{AB} = 2U_A \cos 30° = 2U_A \times \frac{\sqrt{3}}{2} = \sqrt{3} U_A$$

同理可得　　　　　$U_{BC} = \sqrt{3} U_B, \quad U_{CA} = \sqrt{3} U_C$

由此可知，星形联结时，三相电源的线电压与相电压的有效值的关系为

$$U_L = \sqrt{3} U_P \tag{9-5}$$

式中，U_L 和 U_P 分别代表线电压、相电压的有效值。

从图 9-4 中还可以看出，各线电压超前相应的相电压 30°，于是可得

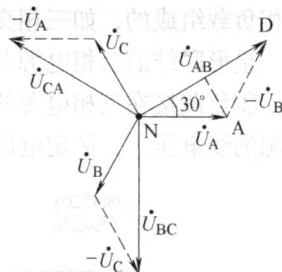

图 9-4　线电压和相电压

$$\begin{cases} \dot{U}_{AB} = U_{AB}\underline{/30°} \\ \dot{U}_{BC} = U_{BC}\underline{/-90°} \\ \dot{U}_{CA} = U_{CA}\underline{/150°} \end{cases} \tag{9-6}$$

星形联结的三相电源共有 4 根导线引出，故称三相四线制。我国现行的低压三相四线制 380/220V 供电系统中，380V 为线电压，供三相用电设备使用。220V 为相电压，供单相用

电设备使用。应当注意，铭牌上所标的额定电压指的都是线电压。

9.1.2　电源的三角形联结

如果把三相绕组的首、末端顺次相接，最终连接成闭合电路，这种连接称为三角形联结，如图9-5所示。它是从各连接点引出3根导线，故称三相三线制。线电压与相电压的关系为

$$\begin{cases} u_{AB} = u_A \\ u_{BC} = u_B \\ u_{CA} = u_C \end{cases} \qquad (9\text{-}7)$$

相量形式为

$$\begin{cases} \dot{U}_{AB} = \dot{U}_A \\ \dot{U}_{BC} = \dot{U}_B \\ \dot{U}_{CA} = \dot{U}_C \end{cases} \qquad (9\text{-}8)$$

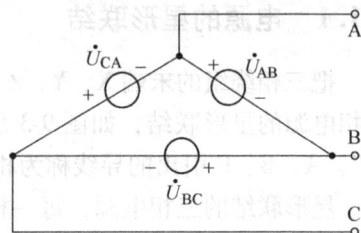

图9-5　三角形联结

由此看出，三角形联结时，三相电源的线电压与相电压相等，即

$$\dot{U}_L = \dot{U}_P \qquad (9\text{-}9)$$

必须注意，三相电源作三角形联结时，各相的首、末端要正确连接，否则3个相电压之和不为零，在三角形联结的闭合回路内将产生极大的电流，从而烧坏绕组。

9.2　三相电路负载的连接

交流用电设备一般分为三相和单相两类。小功率设备，例如照明灯、家用电器以及工业上需用单相电源供电的用电设备，统称为单相负载。三相负载是由3个接成星形或三角形的单相负载组成的，如三相交流电动机以及各种三相交流设备。

星形联结的三相电源与负载相接的各种情况，如图9-6所示。单相负载有两种连接形式：①负载接在三相电源的相电压上，额定电压为220V，如图9-6b所示；②负载接在三相电源的线电压上，额定电压为380V，如图9-6c所示。

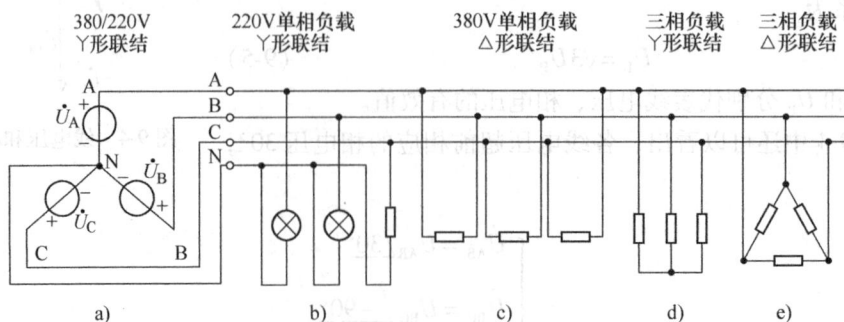

图9-6　三相电路中的负载

三相负载通常是对称的。三相对称负载，是指 $Z_A = Z_B = Z_C$，即它们的复阻抗相等。三相对称负载在三相对称电源供电条件下工作时，负载中的电流也必然是对称的。三相对称负

载也有两种连接形式,如图9-6d和图9-6e所示。

三相负载和三相电路均对称的三相电路称为对称三相电路,此时各相电流亦对称,因此,只需计算一相即可。

9.2.1 负载的三角形联结

当三相负载的额定电压等于电源的线电压(380V)时,三相负载应作三角形联结,如图9-7a所示。图中标出了各相负载的相电流 i_{AB}、i_{BC} 和 i_{CA} 以及相线上的线电流 i_A、i_B 和 i_C。

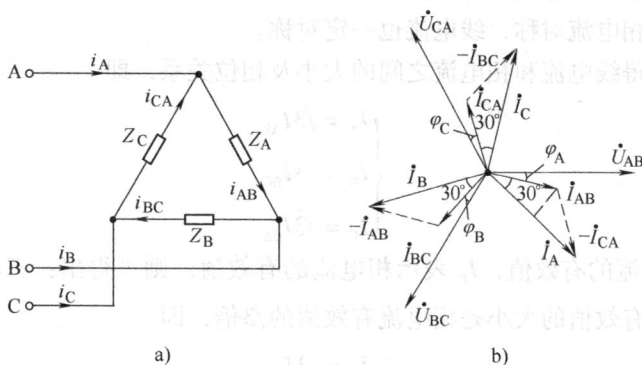

图9-7 对称负载的三角形联结及其相量图

根据KCL,线电流与相电流的相量方程为

$$\begin{cases} \dot{I}_A = \dot{I}_{AB} - \dot{I}_{CA} \\ \dot{I}_B = \dot{I}_{BC} - \dot{I}_{AB} \\ \dot{I}_C = \dot{I}_{CA} - \dot{I}_{BC} \end{cases} \tag{9-10}$$

1. 对称三相负载

由于相电压对称,三相负载也对称,设 $Z = |Z| \underline{/\theta}$,因而各相负载中的电流也一定是对称的。负载三角形联结时,$U_L = U_P$,因此各相负载电流为

$$\begin{cases} \dot{I}_{AB} = \dfrac{\dot{U}_{AB}}{Z_A} = \dfrac{U_P}{|Z|} \underline{/-\theta} \\[2mm] \dot{I}_{BC} = \dfrac{\dot{U}_{BC}}{Z_B} = \dfrac{U_P}{|Z|} \underline{/-\theta - 120°} \\[2mm] \dot{I}_{CA} = \dfrac{\dot{U}_{CA}}{Z_C} = \dfrac{U_P}{|Z|} \underline{/-\theta + 120°} \end{cases} \tag{9-11}$$

用 U_L 表示电源的线电压有效值,也是三相负载三角形联结时各相负载电压的有效值,用 I_P 表示三相负载各相电流有效值,则有

$$I_P = \frac{U_L}{|Z|} \tag{9-12}$$

式中,$U_L = U_{AB} = U_{BC} = U_{CA}$;$|Z| = |Z_A| = |Z_B| = |Z_C|$。

因此

$$I_P = I_{AB} = I_{BC} = I_{CA}$$

三相对称负载的阻抗角为

$$\varphi_A = \varphi_B = \varphi_C = \arctan\frac{X}{R}$$

式中，$X = X_A = X_B = X_C$；$R = R_A = R_B = R_C$。

以线电压 U_{AB} 为参考相量，作出 $\dot{U}_{BC}$ 和 $\dot{U}_{CA}$ 相量，并假设三相对称负载为感性负载，则可在电压相量图上作出三相电路中的各负载电流相量及三个线电流相量，如图 9-7b 所示。显然，三相负载的相电流对称，线电流也一定对称。

由相量图可求得线电流和相电流之间的大小及相位关系，即

$$\begin{cases} I_A = \sqrt{3}I_{AB} \\ I_B = \sqrt{3}I_{BC} \\ I_C = \sqrt{3}I_{CA} \end{cases} \tag{9-13}$$

用 I_L 表示线电流的有效值，I_P 表示相电流的有效值，则可得出：三相对称负载作三角形联结时，线电流有效值的大小是相电流有效值的 $\sqrt{3}$ 倍，即

$$I_L = \sqrt{3}I_P \tag{9-14}$$

各个线电流在相位上滞后相应的相电流 30°，即 $\dot{I}_A$ 滞后 $\dot{I}_{AB}$ 30°，$\dot{I}_B$ 滞后 $\dot{I}_{BC}$ 30°，$\dot{I}_C$ 滞后 $\dot{I}_{CA}$ 30°，如图 9-7b 所示。

2. 不对称三相负载

当三相负载不对称时，可用式(9-11)逐相求出三相负载中的相电流，然后再按式(9-10)求出线电流。当然，也可利用相量图来求解。

9.2.2　负载的星形联结

当负载的额定电压等于电源线电压的 $1/\sqrt{3}$ 时，三相负载应作星形联结，如图 9-8a 所示。此时，相电流与线电流相同，即

$$\dot{I}_P = \dot{I}_L \tag{9-15}$$

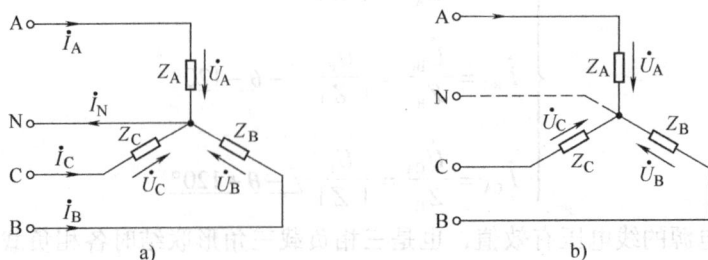

图 9-8　三相对称负载星形联结

各相负载中的电流就是相线中的线电流，分别为

$$\dot{I}_A = \frac{\dot{U}_A}{Z_A}, \quad \dot{I}_B = \frac{\dot{U}_B}{Z_B}, \quad \dot{I}_C = \frac{\dot{U}_C}{Z_C} \tag{9-16}$$

中性线电流 $\dot{I}_\mathrm{N}$ 按图9-8a中的参考方向，由KCL得

$$\dot{I}_\mathrm{N} = \dot{I}_\mathrm{A} + \dot{I}_\mathrm{B} + \dot{I}_\mathrm{C} \tag{9-17}$$

1. 对称三相负载

由于三相负载对称，所以 $\dot{I}_\mathrm{A}$、$\dot{I}_\mathrm{B}$ 和 $\dot{I}_\mathrm{C}$ 也对称，即 $I_\mathrm{A} = I_\mathrm{B} = I_\mathrm{C} = I_\mathrm{L} = I_\mathrm{P}$，相位互差 120°。此时中性线电流 $\dot{I}_\mathrm{N} = 0$，由此可知：三相对称负载作星形联结时，由于中性线电流为零，负载中性点可不必与中性线相连，如图9-8b所示。

2. 不对称三相负载

不对称三相负载作星形联结时的三相电路，如图9-8a所示。由于中性线的作用，虽然三相负载不对称，但是三相电源的相电压就是各相负载上的电压，因此各相负载电流仍可以逐相按式(9-16)求解。

因各相负载电流不对称，中性线电流 $\dot{I}_\mathrm{N}$ 不为零，可由式(9-17)或在电压、电流相量图上求得结果。不对称三相负载作星形联结时，如果中性线断开，如图9-9所示，必定导致

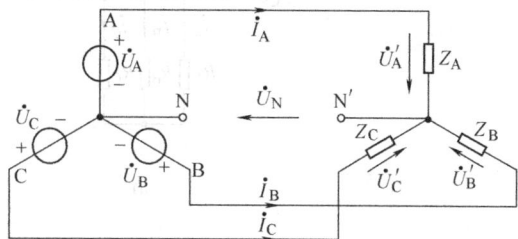

图 9-9 不对称三相负载星形联结(无中性线)

电源中性点N和负载中性点N′之间产生中性点电压，用 $\dot{U}_\mathrm{N}$ 表示。$\dot{U}_\mathrm{N}$ 可根据节点电压公式求出，即

$$\dot{U}_\mathrm{N} = \frac{\dfrac{\dot{U}_\mathrm{A}}{Z_\mathrm{A}} + \dfrac{\dot{U}_\mathrm{B}}{Z_\mathrm{B}} + \dfrac{\dot{U}_\mathrm{C}}{Z_\mathrm{C}}}{\dfrac{1}{Z_\mathrm{A}} + \dfrac{1}{Z_\mathrm{B}} + \dfrac{1}{Z_\mathrm{C}}}$$

各相负载上的电压为

$$\begin{cases} \dot{U}'_\mathrm{A} = \dot{U}_\mathrm{A} - \dot{U}_\mathrm{N} \\ \dot{U}'_\mathrm{B} = \dot{U}_\mathrm{B} - \dot{U}_\mathrm{N} \\ \dot{U}'_\mathrm{C} = \dot{U}_\mathrm{C} - \dot{U}_\mathrm{N} \end{cases}$$

可见，各相负载上的电压不对称，各相负载不能正常工作，甚至遭到损坏。因此，三相四线供电制中的中性线是不允许断开的，也不允许在中性线上安装开关或熔断器等。

例9-1 有一对称三相电阻炉，各相的额定电压为220V，各相电阻为10Ω。电源电压为380V。(1)电阻炉应如何连接，才能在额定情况下工作？(2)求各相电阻丝中的额定电流；(3)电路应如何连接；(4)画出电压、电流相量图。

解 (1)电源电压为380V，指的是线电压。负载每相电压为220V，因此，电阻炉应作星形联结。此时，各相负载的额定电压等于电源线电压的 $1/\sqrt{3}$，即

$$U_\mathrm{P} = \frac{U_\mathrm{L}}{\sqrt{3}} = \frac{1}{\sqrt{3}} \times 380\mathrm{V} = 220\mathrm{V}$$

（2）各相电阻丝中的额定电流为

$$I_P = \frac{U_L}{R} = \frac{220}{10}A = 22\,A$$

（3）电路连接如图 9-10a 所示。三相负载对称，不必与中性线连接。

（4）以相电压 $\dot{U}_A$ 为参考相量，作电压、电流相量图，如图 9-10b 所示。由于各相负载为阻性，各相电流均与各相电压同相位。

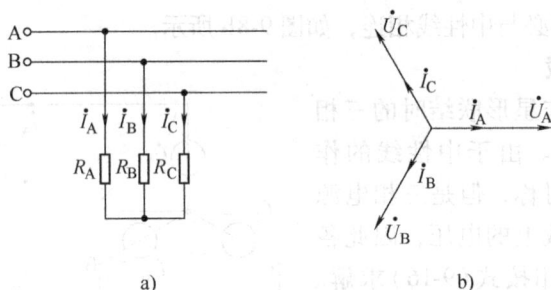

图 9-10 例 9-1 图

例9-2 电源电压为 380V，三相四线供电制，负载为 220V 白炽灯，分别接在各相电源上。各相灯组的电阻为 $P_A = 5\Omega$，$R_B = 10\Omega$，$R_C = 20\Omega$。（1）作出电路连接图；（2）求相电流、线电流和中性线电流；（3）画出电压、电流相量图。

解 （1）电源的线电压为 380V，单相负载应作星形联结，均衡地接在三相电源上。因三相负载不对称，星形联结中性点必须接中性线。连接图如图 9-11a 所示。

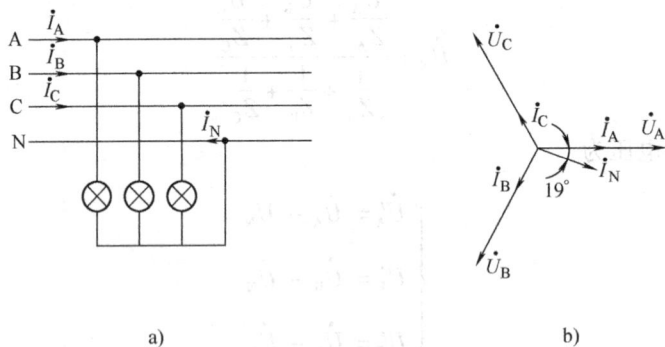

图 9-11 例 9-2 图

（2）各相电流等于各线电流，分别为

$$\dot{I}_A = \frac{\dot{U}_A}{R_A} = \frac{220\ \underline{/0°}}{5}A = 44\ \underline{/0°}\,A$$

$$\dot{I}_B = \frac{\dot{U}_B}{R_B} = \frac{220\ \underline{/-120°}}{10}A = 22\ \underline{/-120°}\,A$$

$$\dot{I}_C = \frac{\dot{U}_C}{R_C} = \frac{220\ \underline{/120°}}{20}A = 11\ \underline{/120°}\,A$$

由图中各电流的参考方向可得

$$\dot{I}_N = \dot{I}_A + \dot{I}_B + \dot{I}_C$$

$$= \{44(\cos0° + j\sin0°) + 22[\cos(-120°) + j\sin(-120°)] + 11(\cos120° + j\sin120°)\} A$$

$$= \left\{44 + 22\left(-0.5 - j\frac{\sqrt{3}}{2}\right) + 11\left(-0.5 + j\frac{\sqrt{3}}{2}\right)\right\} A$$

$$= \left(27.5 - j11\frac{\sqrt{3}}{2}\right) A = 29 \underline{/-19°} A$$

（3）以 $\dot{U}_A$ 为参考相量，作出电压、电流相量图，如图9-11b所示。

例9-3 某住宅的照明系统，如图9-12所示。在相电压为220V的对称三相电源中，每相接入30只220V100W的白炽灯。若A相断开，中线在M处断开；B相只闭合10只白炽灯；C相30只灯全闭合。试求此时各相负载的相电压和相电流为何值；这种情况工作是否安全。

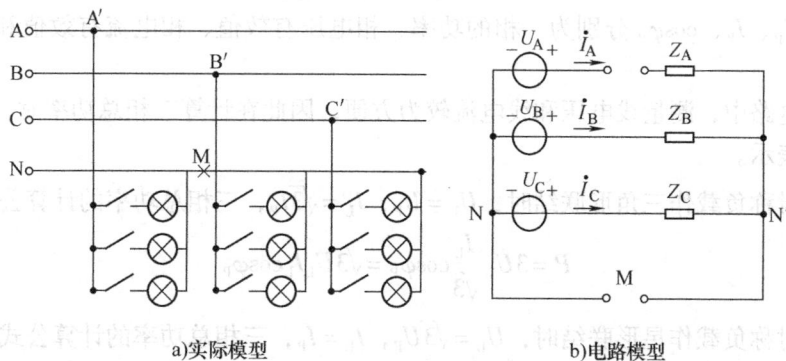

a)实际模型　　　b)电路模型

图9-12　例9-3图

解 根据已知条件，可将图9-12a用图9-12b所示的中性线断开的不对称三相电路表示。

令 $\dot{U}_A = 220 \underline{/0°} V$，则

$$\dot{U}_B = 220 \underline{/-120°} V, \quad \dot{U}_C = 220 \underline{/120°} V$$

每盏灯的电阻为

$$R_{灯} = \frac{U^2}{P} = \frac{220^2}{100}\Omega = 484\Omega$$

此时B相和C相的负载分别为

$$Z_B = \frac{484}{10}\Omega = 48.4\Omega, \quad Z_C = \frac{484}{30}\Omega = 16.1\Omega$$

因为A相断开，故 $\dot{I}_A = 0$，$\dot{U}_{A'N'} = 0$。

中性线在M处断开后，B相和C相便成为一个回路，线电压 $\dot{U}_{BC}$ 加在负载 Z_B 和 Z_C 上，且 $\dot{I}_B = -\dot{I}_C$，故

$$\dot{I}_B = -\dot{I}_C = \frac{\dot{U}_{BC}}{Z_B + Z_C} = \frac{380 \underline{/-90°}}{48.4 + 16.1} A = 5.9 \underline{/-90°} A$$

B、C 相负载上的电压分别为

$$\dot{U}_{\mathrm{B'N'}} = (5.9 \underline{/-90°} \times 48.4)\mathrm{V} = 284.6 \underline{/-90°}\mathrm{V}$$

$$\dot{U}_{\mathrm{C'N'}} = (-5.9 \underline{/-90°} \times 16.1)\mathrm{V} = -94.7 \underline{/-90°}\mathrm{V}$$

由计算结果可知，中性线断开后，各相负载的相电压不对称了，由于 B 相负载电阻是 C 相负载电阻的 3 倍，其相电压也是 C 相的 3 倍。因此，很可能将 B 相的白炽灯烧毁。

9.2.3 三相电路的功率

不论负载为何种连接形式，也不论其三相负载是否对称，三相电路中负载消耗的总功率应为各相负载功率之和，即

$$P = P_{\mathrm{A}} + P_{\mathrm{B}} + P_{\mathrm{C}} \tag{9-18}$$

如果三相负载对称，则总功率为一相功率的 3 倍，即

$$P = 3P_{\mathrm{P}} = 3U_{\mathrm{P}}I_{\mathrm{P}}\cos\varphi_{\mathrm{P}} \tag{9-19}$$

式中，P_{P}、U_{P}、I_{P}、$\cos\varphi_{\mathrm{P}}$ 分别为一相的功率、相电压有效值、相电流有效值和一相的功率因数。

在三相电路中，测量线电压和线电流较为方便，因此在计算三相总功率时，常用线电压和线电流来表示。

当三相对称负载作三角形联结时，$U_{\mathrm{L}} = U_{\mathrm{P}}$，$I_{\mathrm{L}} = \sqrt{3}I_{\mathrm{P}}$，三相总功率的计算公式为

$$P = 3U_{\mathrm{L}}\frac{I_{\mathrm{L}}}{\sqrt{3}}\cos\varphi_{\mathrm{P}} = \sqrt{3}U_{\mathrm{L}}I_{\mathrm{L}}\cos\varphi_{\mathrm{P}} \tag{9-20}$$

当三相对称负载作星形联结时，$U_{\mathrm{L}} = \sqrt{3}U_{\mathrm{P}}$，$I_{\mathrm{L}} = I_{\mathrm{P}}$，三相总功率的计算公式为

$$P = 3\frac{U_{\mathrm{L}}}{\sqrt{3}}I_{\mathrm{L}}\cos\varphi_{\mathrm{P}} = \sqrt{3}U_{\mathrm{L}}I_{\mathrm{L}}\cos\varphi_{\mathrm{P}}$$

三相对称负载的总无功功率为

$$Q = \sqrt{3}U_{\mathrm{L}}I_{\mathrm{L}}\sin\varphi_{\mathrm{P}} \tag{9-21}$$

三相总视在功率为

$$S = \sqrt{P^2 + Q^2} = \sqrt{3}U_{\mathrm{L}}I_{\mathrm{L}} \tag{9-22}$$

例9-4 一台对称三相设备，功率为 4.7kW，功率因数为 $\cos\varphi = 0.85$，额定电压为 380V，电源电压为 380V。试问：(1)此三相设备应采用何种接法？(2)相电流和线电流为何值？(3)各相负载阻抗多大？

解 (1)负载的额定电压与电源线电压相同，因此应作三角形联结。

(2)三相对称负载做三角形联结时，相电流和线电流都是对称的，只需求出一相电流即可，且线电流与相电流有 $I_{\mathrm{L}} = \sqrt{3}I_{\mathrm{P}}$ 的关系。已知 P 及 $\cos\varphi$，由式(9-20)，可求得线电流为

$$I_{\mathrm{L}} = \frac{P}{\sqrt{3}U_{\mathrm{L}}\cos\varphi} = \frac{4.7\times10^3}{\sqrt{3}\times380\times0.85}\mathrm{A} = 8.4\mathrm{A}$$

相电流为

$$I_{\mathrm{P}} = \frac{I_{\mathrm{L}}}{\sqrt{3}} = \frac{8.4}{\sqrt{3}}\mathrm{A} = 4.9\mathrm{A}$$

（3）各相负载阻抗为

$$|Z| = \frac{U_P}{I_P} = \frac{U_L}{I_P} = \frac{380}{4.9}\Omega = 77.6\Omega$$

练 习 题

9-1　何谓相电压、相电流、线电压、线电流？何谓对称三相电压、对称三相电流？

9-2　三相负载的复阻抗分别为 $Z_A = 100\ \underline{/0°}\ \Omega$，$Z_B = 100\ \underline{/-90°}\ \Omega$，$Z_C = 100\ \underline{/90°}\ \Omega$。问此三相负载是否为对称负载？为什么？各为何种性质的负载？

9.3　安全用电常识

在生产和生活中，人们经常接触到电气设备。如果不小心触及带电部分，或因电气设备的绝缘部分损坏，都会发生触电事故。

电流通过人体会使人体受到损伤，根据伤害的性质不同，可分为电伤和电击两种情况。电伤是指对人体外部的伤害，如皮肤的灼伤，电的熔印等。电击是指电流通过人体内部组织所引起的伤害，如不及时摆脱带电体，就会有生命危险。

9.3.1　触电事故

人们日常使用的电气设备，额定电压多为 220V 或 380V，1000V 以上的高压设备一般只有专业人员才能靠近，因此低压触电事故较多。触电事故对人体的损伤程度一般与下列因素有关。

1. 通过人体电流的大小

据有关资料显示，工频交流 10mA 以上、直流 50mA 以上的电流通过人体心脏时，触电者已不能摆脱电源，从而产生生命危险。在小于上述电流的情况下，触电者自己能摆脱带电体，但时间过长同样也有生命危险。一般情况下，人们触及 36V 以下的电压，通过人体的电流不致于产生危险，所以我国规定安全电压为 50V。

2. 人体的电阻

人体的电阻越高，触电时通过人体的电流越小，伤害程度也越轻。当人的皮肤完好，并且很干燥时，人体电阻可达 $10^4 \sim 10^5\Omega$。若皮肤潮湿，出汗或带有导电性尘土时，人体电阻约为 1kΩ。人体电阻还与触电时人体接触带电体的面积及触电电压等有关：接触面积大，触电电压高，人体电阻低，则伤害程度大。

3. 触电的形式

最危险的触电事故是电流通过人的心脏，因此，若触电电流从一手到另一手，或由手到脚通过，是比较危险的。但并不是说人体其他部分通过电流就没有危险，因为人体任何部分触电都可能引起肌肉收缩和痉挛，以及脉搏、呼吸和神经中枢的急剧失调而丧失意识，造成触电伤亡事故。下面分两种情况介绍。

（1）中性点不接地的三相三线制供电系统　在三相电源中性点不接地的供电系统中，当电路绝缘完好时，人误触一相不会触电，因为三相对地绝缘电阻对称，形成三相负载星形联结，负载端中性点与电源中性点间的电压为零，即电源中性点对地的电位为零。

当一相绝缘损坏时，如图 9-13 所示，若 A
相绝缘损坏，人站在地面误触该绝缘破损处就
会触电。此时，A 相对地电阻 R_A 为绝缘电阻
R_{INS} 与人体电阻 R_H 的并联值，即

$$R_A = \frac{R_H R_{INS}}{R_H + R_{INS}} \qquad (9\text{-}23)$$

由于三相电阻不对称，电源中性点对地产
生了电压 $\dot{U}_o$。用节点电压法，求得

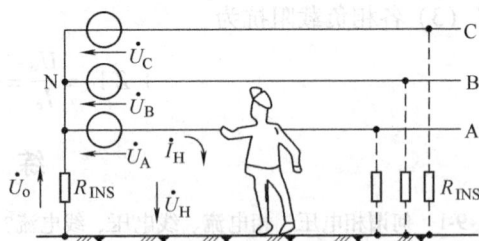

图 9-13　中性点不接地的三相供电系统一相触电

$$\dot{U}_o = \frac{\dfrac{\dot{U}_A}{R_A} + \dfrac{\dot{U}_B}{R_{INS}} + \dfrac{\dot{U}_C}{R_{INS}}}{\dfrac{1}{R_A} + \dfrac{1}{R_{INS}} + \dfrac{1}{R_{INS}} + \dfrac{1}{R_{INS}}} = \frac{R_{INS} + 3R_H}{4R_H + R_{INS}} \dot{U}_A \qquad (9\text{-}24)$$

人体所受的电压，由图 9-13 可得

$$\dot{U}_H = \dot{U}_A - \dot{U}_o = \frac{R_H}{4R_H + R_{INS}} \dot{U}_A \qquad (9\text{-}25)$$

通过人体的电流为

$$I_H = \frac{U_H}{R_H} = \frac{R_H}{4R_H + R_{INS}} U_P \qquad (9\text{-}26)$$

式中，U_P 为相电压的有效值；R_H 为人体电阻包括所穿鞋子的电阻，可见鞋子的电阻起着重
要的作用。由于受污染、潮湿等因素的影响，R_H 的阻值变化较大。

（2）中性点接地的三相供电系统　如图 9-14 所示，
R_o 为中性点接地电阻。所谓接地，通常是用钢管或钢板
深埋于大地中，并牢固地与中性点相接，接地电阻按规
定不大于 4Ω。如果此时人们误触一相带电导线，则流过
人体的电流为

$$I_H = \frac{U_P}{R_o + R_H} \qquad (9\text{-}27)$$

由式（9-26）和式（9-27）可见，在上述两种情况下，
误触带电导线对人身都是很危险的。如果是双相触电（人
体在线电压作用下），则危险更大。

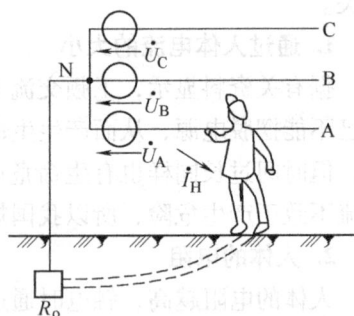

图 9-14　中性点接地的三
相供电系统一相触电

大多数的触电事故是在正常工作时接触不带电部分，
而因绝缘损坏引起触电，特别是电动机绕组绝缘损坏而致使机壳或设备带电，或家用电器因
绝缘破损、外壳碰线而引起的触电伤亡，为此应采取防护措施。

9.3.2　保护接地与保护接零

1. 保护接地

保护接地多用在三相电源中性点不接地的供电系统中。如车间的动力用电与照明用电不
共用同一电源，就采用此供电系统。将三相用电设备的外壳用接地线与接地电阻相焊接，就
是保护接地，如图 9-15 所示。

当人们碰到一相因绝缘损坏而与金属外壳短路的电动机时如图9-15中A相碰壳，A相电流将分两路入地，所以大部分电流通过接地电阻(它远小于人体的电阻)入地，流过人体的电流极小，从而使人身安全得到保障。

2. 保护接零

在动力和照明共用的低压三相四线供电系统中，电源中性点接地，这时应采用保护接零(接中性线)。保护接零就是把设备的外壳用导线与中性线相连，如图9-16所示。

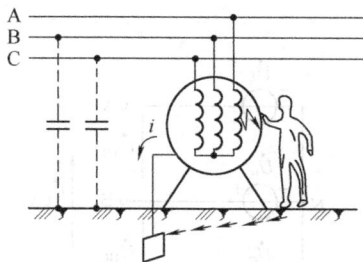

图9-15 保护接地

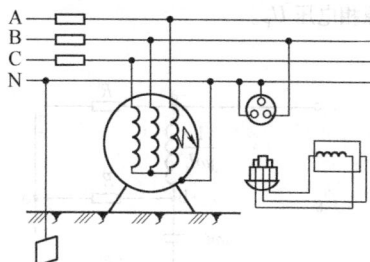

图9-16 保护接零(接中性线)

假设电动机的A相绕组碰壳，则A相导线即与中性线形成短路(A相电源短路)，致使该相熔丝熔断，从而避免了触电事故。图9-16给出了单相用电设备在使用三孔插头和三孔插座时的正确接线图，用电设备的外壳用导线接在粗脚接线端上，通过插座与中性线相连。

习　题　9

9-1　有一感性三相对称负载，各相电压为220V，各相阻抗为40Ω，功率因数 $\cos\varphi = 0.9$。电源电压为380V。试求：(1)各相负载的相电流和线电流；(2)三相电路的总功率。

9-2　电路如图9-17所示，$U_L = 380V$，白炽灯为220V/100W。若A相接5盏灯，B相接5盏灯，C相接10盏灯。试问：(1)开关S闭合，中性线完好时，各电灯承受的电压为多大？各相的电流为何值；(2)如中性线断开(图中"×"处)，开关S也打开，各电灯承受多大电压？灯的亮度有何区别？此时工作是否正常？(3)中性线仍断开，此时A相又发生短路(图中虚线所示)，各相电灯所受的电压又为多大？产生什么后果？

9-3　有一对称三相负载，三角形联结，如图9-18所示。电源电压为380V，$Z_A = Z_B = Z_C = 10Ω$。试问：(1)电流表A_1及A_2的读数各是多少？(2)若负载Z_A支路断开，A_1、A_2的读数有无变化？

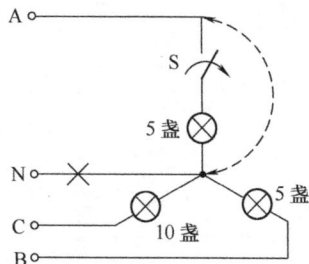

图9-17 习题9-2图

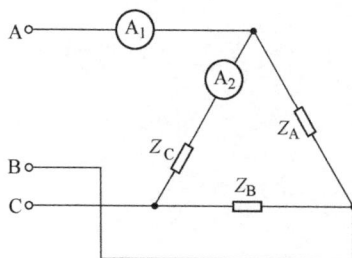

图9-18 习题9-3图

9-4　电路如图 9-19 所示，外施电压为正弦电压 $\dot{U}_S$，其频率 $f=50$Hz。要使 $\dot{U}_{ao}$、$\dot{U}_{bo}$、$\dot{U}_{co}$ 构成对称三相电压，设 $R=20\Omega$，试求 L 和 C 的值。

9-5　对称三相电路如图 9-20 所示，若 A 到 N 点的电压为 $220\angle-30°$V。试求 $\dot{U}_{BC}$。

9-6　如图 9-21 所示三相星形联结的负载，每相负载 $Z=(8+j6)\Omega$。三相电压有效值为 380V，试求各相电流和负载吸收的功率。

9-7　对称三相电路见图 9-22，已知线电流 $I_L=2$A，三相负载总功率 $P=300$W，$\cos\varphi=0.5$，试求该电路的电源相电压 U_P。

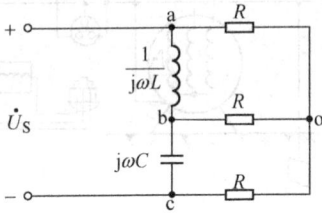

图 9-19　习题 9-4 图

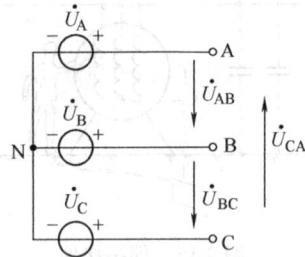

图 9-20　习题 9-5 图

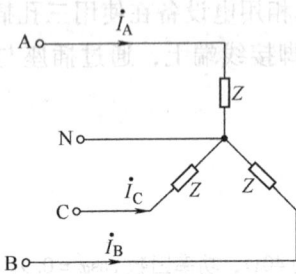

图 9-21　习题 9-6 图

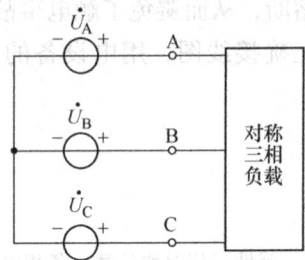

图 9-22　习题 9-7 图

附录　PSpice 软件使用简介

　　PSpice 是美国 OrCAD 公司和 Microsim 公司联合开发的国际上广泛应用的电路模拟软件，它能直接输入电阻、电容、电感、耦合电感、独立电源、受控电源、传输线等线性元件；输入双极型晶体管、二极管、MOS 场效应晶体管、运算放大器、测量和控制类集成芯片等非线性元件。软件可以对电路进行直流分析、交流分析、瞬态分析等。电路的结构和参数可以用文本方式或图形方式输入。下面就以图形输入方式为例说明 PSpice 软件的使用方法。

A.1　绘制原理图

1. 进入绘图区

　　软件安装成功后，从屏幕左下方的"开始"图标，在"程序"选项上选择 PSpice Student 选项，然后单击 Capture Student，就进入了 Capture 启动窗口，如图 A-1 所示。选择"File/NEW/Project"菜单命令或选择工具栏中的 按钮，弹出 NEW Project 对话框，如图 A-2 所示。在对话框的 Name 栏中，输入新建电路的文件名称；在 Location 栏中，输入要储存文件的文件夹的路径；在 Create a New Project Using 栏中有 4 项选择，其中：①Analog or Mixed A/D 项，进行模拟或数模混合电路的 PSpice 仿真；②PC Board Wizard 项，制作印制电路板；③Programmable Logic Wizard 项，用于 CPLD 或 FPGA 设计；④Schematic 项，只绘制一张单纯的电路图，不做任何处理。

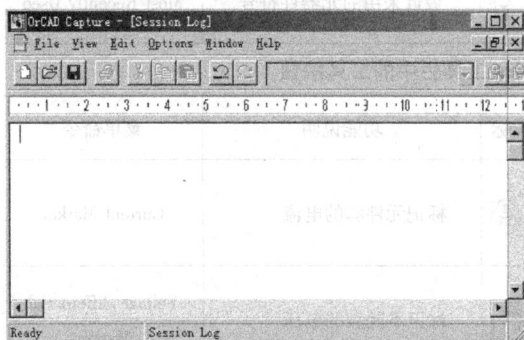

图 A-1　Capture 启动窗口

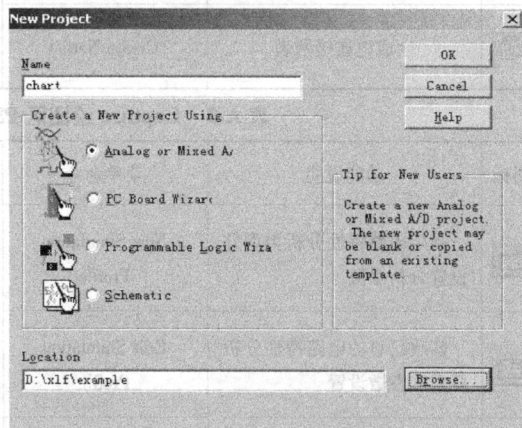

图 A-2　NEW Project 对话框

　　如果选择第一项 Analog or Mixed A/D 后，单击"OK"按钮，就进入 Create PSpice Project 对话框，如图 A-3 所示，图中 Create based upon an existing pr 选项是指在已存在的电路图上创建电路图，如果现在还没有建立电路图，选择 Create a blank pro 项，然后单击"OK"按钮，就可以进入绘图区，如图 A-4 所示。图中的菜单命令的主要功能说明如表 A-1 所示。工具栏的主要功能说明见表 A-1～表 A-3 所示。

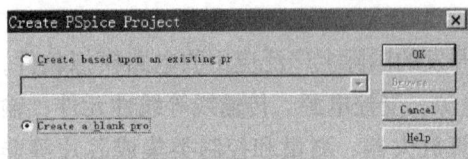

图 A-3　Create PSpice Project 对话框　　　　　图 A-4　Capture 绘图区

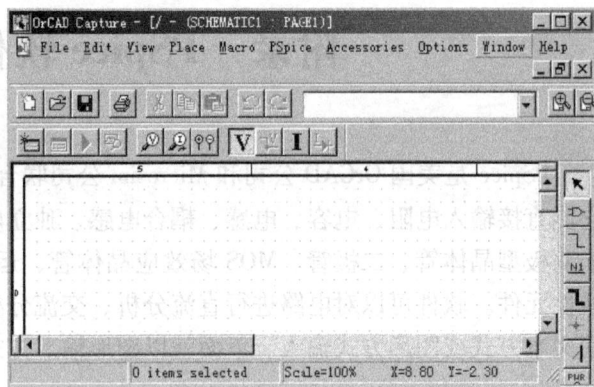

表 A-1　Capture 绘图区基本工具栏中的主要工具按钮

图标	功能说明	菜单命令	图标	功能说明	菜单命令
	显示全部电路图	Zoom to all		生成元器件报表	Cross Reference
	元器件编号的更新	Annotate		生成元器件统计报表	Bill of Materials
	元器件编号的"批"修改	Back Annotate		光标只能在坐标网格点上移动	Snap To grid
	设计规则检查	Design Rules Check		转向设计项目管理窗口	Project Manager
	生成电连接网表	Create Netlist		最近采用的元器件符号	Most Recently Used

表 A-2　Capture 绘图区 PSpice 工具栏中的工具按钮

图标	功能说明	菜单命令	图标	功能说明	菜单命令
	指定电路特性分析类型并设置分析参数	New Simulation Profile		标记元件脚的电流	Current Marker
	修改已有的电路特性分析要求和参数设置	Edit Simulation Profile		标记不同点的电压	Voltage differential Marker
	电路仿真	Run		显示偏置电压值	Enable Bias Voltage display
	调用 PSpice A/D 软件的 Probe 模块，以交互方式在 Probe 图形窗口显示结果波形	View Simulation Results		显示偏置电流值	Enable Bias Currents display
				标记电压或数字电平	Voltage/Lever Marker

表 A-3　Capture 绘图区专用绘图工具栏中的工具按钮

图标	功能说明	菜单命令	图标	功能说明	菜单命令
	选中电路单元	Selection		绘制分层电路框图中的端口信号标志符	Hierarchical Port
	调用符号库中的图形绘制元器件	Part		绘制子电路框图引出端	Pin
	绘制互连线	Wire		绘制端口连接符	Off-Page Connector
	绘制网络别名	Net Alias		绘制浮置引线标志	No Connect
	绘制总线	Bus		绘制直线段	Line
	绘制电连接节点	Junction		绘制折线	Polyline
	绘制总线引入线	Bus Entry		绘制矩形	Rectangle
	绘制电源	Power		绘制椭圆	Ellipse
	绘制地线	Ground		绘制弧	Arc
	绘制子电路框图	Hierarchical Block		在电路图中添加起说明作用的字符串	Text

2. 载入元件库

在绘电路图之前，首先要将元件库载入到内存。具体操作如下：首先单击图 A-4 中绘图工具栏中的 按钮，出现如图 A-5 所示的对话框，然后单击"Add Library"按钮就会出现如图 A-6 所示对话框，选择全部元件所在的元件库，然后单击"打开"按钮。

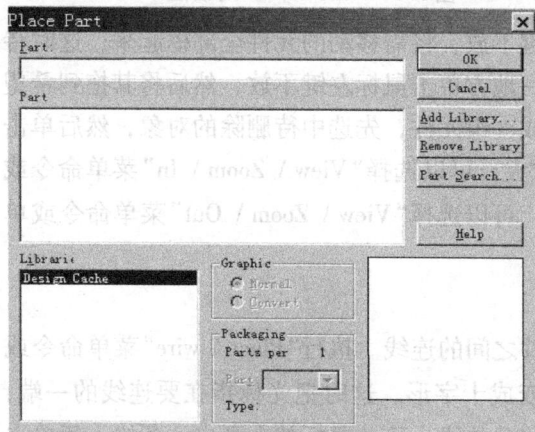

图 A-5　Place Part 对话框　　　　图 A-6　添加元件库对话框

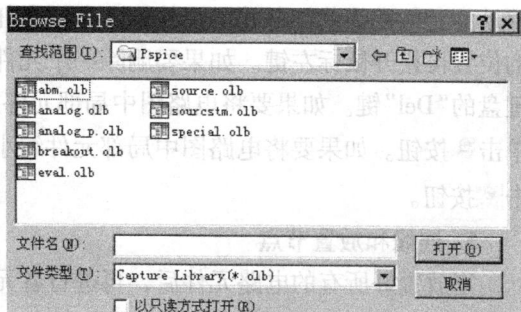

3. 放置元件

完成加载元件库以后，就可以进行电路图绘制。首先选择"Place \ Part..."菜单命令或

单击 ⬠ 按钮或用快捷键"Shift + P"，调出 Place Part 对话框，在 Libraries 栏内选中所需库名称，如选中 ANALOG，在 Part 栏内输入元件名称 r，此时在右下角就出现该元件的图形，如图 A-7 所示，单击"OK"按钮，绘图区（见图 A-4）上就会出现一个随光标移动的元件符号。

移动鼠标将它放到所需的位置，然后单击鼠标左键或按键盘上的空格键来定位这个元件。可以连续放置多个相同的元件，要结束元件的放置过程，可以单击鼠标的右键选择 End Mode 选项。用同样的方法可以放置电容、电感、晶体管、直流电源等。

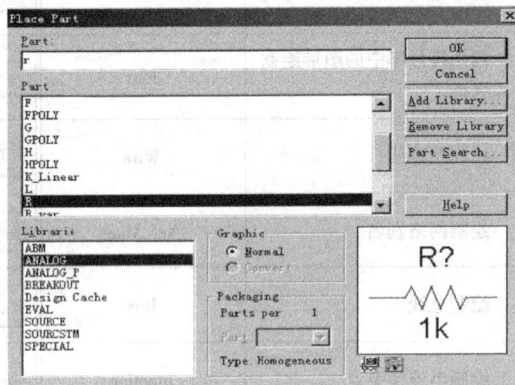

图 A-7　Palace Part 对话框

放置电路的接地点，要选择"Place \ GND"菜单命令或单击工具栏中 ⏚ 按钮，选择 SOURCE 库中电位为零的接地点，如图 A-8 所示，特别是在调用 PSpice 对电路进行模拟分析时，一定要用电位为零的接地点。

4. 旋转、移动或删除元件

在放置电路元件时如果想旋转某个元件，可以单击元件图形将其选定，如果按"R"键可将元件逆时针旋转 90°；按"H"键可左右旋转；按"V"键可上下旋转。

如果要移动某个元件，可以将鼠标指在要移动的元件上，单击鼠标左键不放，然后将其拖到希望的位置再松开鼠

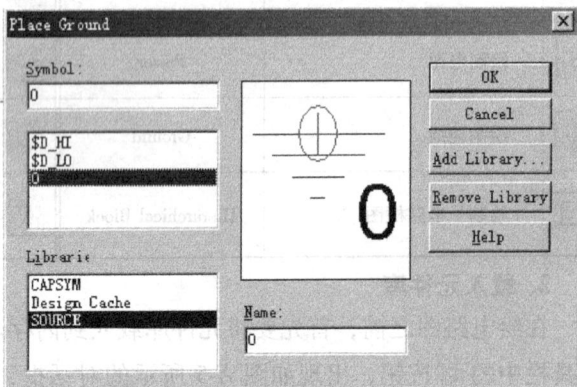

图 A-8　Place Ground 对话框

标左键。如果要移动一组元件，先按住鼠标左键不放，将需移动的元件全部框起来，这时待移动的元件变为紫红色并出现外框，在框内任一地方单击鼠标左键不放，然后将其拖到希望的位置再松开鼠标左键。如果要删除一个元件或一组元件，先选中待删除的对象，然后单击键盘的"Del"键。如果要将电路图中局部元件放大，可以选择"View \ Zoom \ In"菜单命令或单击 🔍 按钮。如果要将电路图中局部元件缩小，可以选择"View \ Zoom \ Out"菜单命令或单击 🔍 按钮。

5. 连线和放置节点

当放置好所有的电路元件后，再进行各元件之间的连线。执行"Place \ wire"菜单命令或单击工具栏中的 ⌐ 按钮或"Shift + W"键，光标变成十字形。这时把光标指在要连线的一端，单击鼠标左键，就会出现一条可以随鼠标光标移动的线，移动鼠标就会画出一条线，每单击鼠标左键一次就可以定位转弯一次。当线拖拽到元件的管脚上时再单击鼠标左键一次，就会终止连线。

连线时要特别注意不可以重叠，如果重叠就会出错。图 A-9a 所示为两个电阻之间的非

法节点。图 A-9b 所示是合法节点。当完成全部连线操作后，用"Esc"键或用鼠标右键调出快捷功能菜单中 End Wire 选项结束连线操作。

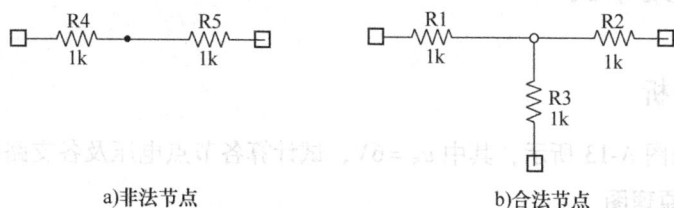

a)非法节点　　　　　　　　　　　　b)合法节点

图 A-9　合法节点和非法节点

如果想要在电路中增加一个节点，可以执行"Place \ junction"菜单命令或单击工具栏中的■按钮或者用快捷键"Shift + J"键即可在需要处放下一个节点。

6. 设置元件参数

电路图绘制完毕以后，需要设置元件参数。最简单的方法是直接在元件序号或元件值上双击鼠标左键，如图 A-10 所示，即出现 Display Properties 对话框，如图 A-11 所示，在 Value 栏内填入元件序号 R1 或元件值 1k 即可。

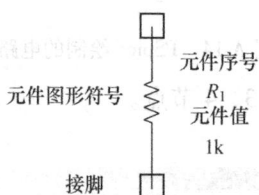

图 A-10　元件图说明

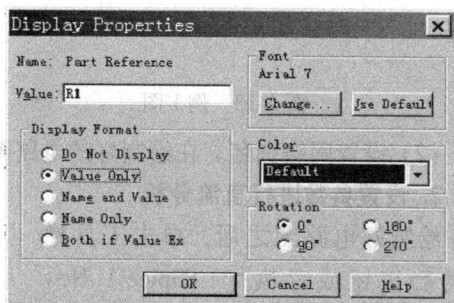

图 A-11　Display Properties 对话框

7. 设置网络别名

网络别名就是给元件的接脚编个号或起个名字。当 Capture 为电路图产生网络表时，会自动为每一个元件接脚命名，这些命名是使用序号的形式，如 N0001。但对于输入信号、输出信号等这些具有特定意义的网络端口，用序号就不太直观，因此我们可以使用网络别名为其重新命名。具体做法是：执行"Place \ Net Alias"菜单命令或单击主工具栏的■按钮，弹出如图

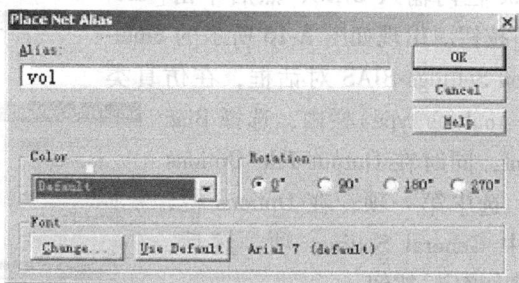

图 A-12　Place Net Alias 对话框

A-12 所示的对话框。在 Alias 栏内输入网络名称如 vol，然后单击"OK"按钮退出对话框，这时就有一个小方框随鼠标移动，将其放在需要的地方后，单击鼠标左键。放置的时候要保证小方框的一边与连线重叠。

在绘制好电路图后，执行"File \ Save"菜单命令或单击■按钮，就可以把绘制好的电路图保存到自己想要的路径下。然后再根据需要进行各种性能分析。

A.2　软件应用举例

A.2.1　直流分析

例1　电路如图 A-13 所示，其中 $u_S = 6V$，试计算各节点电压及各支路电流。

解　**1. 绘制原理图**

（1）各元件的参数，如图 A-13 所示。其中在 PSpice 库中电阻为 R/ANALOG、电压源为 VDC/SOURCE、电流控制电流源（CCCS）为 F/ANALOG。在放置 CCCS 时，要注意电流的方向，以及区分受控电流和控制电流，不能放反。在 PSpice 中绘制的电路图，如图 A-14 所示。

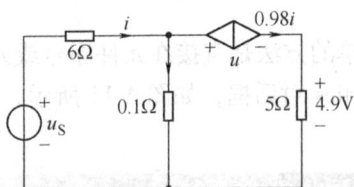

图 A-13　例1图

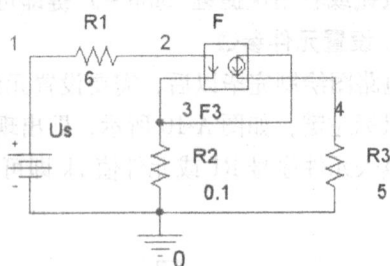

图 A-14　PSpice 绘制的电路图

（2）设置网络别名。在绘制好的电路图上标上 1、2、3、4 节点。

2. 设置参数进行直流分析

绘制好电路图之后，单击工具栏内的 按钮或者执行［PSpice \ New Simulation Profile］菜单命令，弹出如图 A-15 所示的 New Simulation 对话框，在 Name 栏内输入 BIAS，然后单击［Create］按钮。出现如图 A-16 所示的 Simulation Settings-BIAS 对话框，在仿真类型（Analysis type）栏内，选择 Bias Point，同时在 Output File Options 区，选中第一项；在 Options 栏，选中 General Settings 项。然后，单击［确定］按钮。

3. 进行仿真

选择［File \ Save］菜单命令或单击 按钮保存文件。然后，执行［PSpice \ Run］菜单命令或单击 按钮，弹出如图 A-17 所示的空的 PSpice 仿真程序窗口，窗口上方是波形区，由于直流工作点不

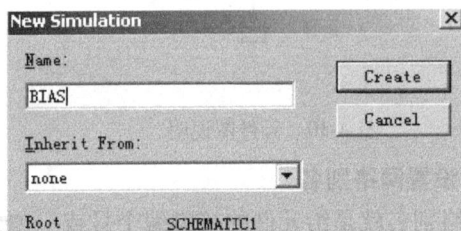

图 A-15　New Simulation 对话框

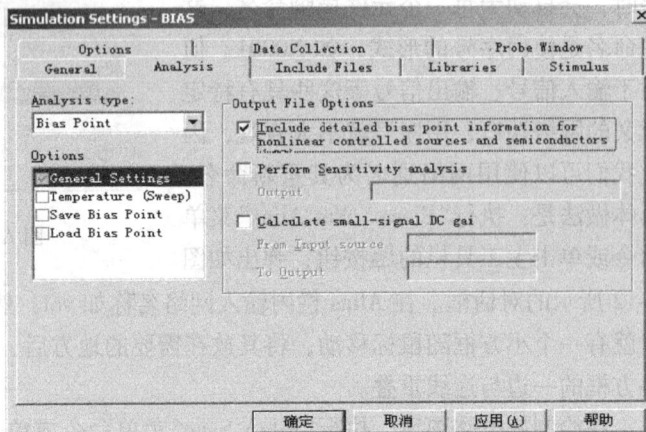

图 A-16　Simulation Settings-BIAS 对话框

需要波形显示，所以此区域目前是深灰色，窗口左下方是输出窗口，负责显示本次仿真操作的进度或执行情况。执行[Viiew \ Output File]菜单命令，打开本次仿真结果的文本。文本中部分数据显示如下：

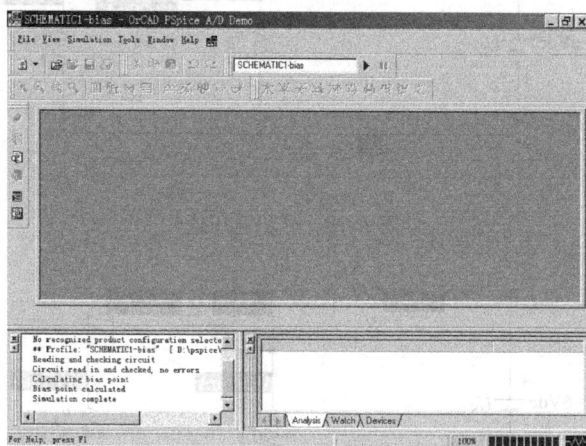

图 A-17　PSpice 仿真程序图

```
* * * * * * * * * * * * * * * * * * * * * * * * * * * * * * * * * * * * *
*    source LI
    R_R1   1  2  6        说明：电阻 R1 接在 1、2 节点间，阻值为6Ω。
    R_R2   0  3  0.1
    R_R3   0  4  5
    V_Us   1  0  6Vdc     说明：大小为 6V 的直流电源 U_s 接在 1、0 节点间。
    F_F3   3  4  VF_F3  0.98  说明：受控源的受控制支路接在 3、4 节点间，控制量为
                              0.98。
    VF_F3  2  3  0V       说明：受控源的控制支路接在 2、3 节点间，支路电压为 0。
* * * * * * * * * * * * * * * * * * * * * * * * * * * * * * * * * * * * *
```

NODE	VOLTAGE	NODE	VOLTAGE	NODE	VOLTAGE	NODE	VOLTAGE
(1)	6.0000	(2)	.0020	(3)	.0020	(4)	4.8984

VOLTAGE SOURCE CURRENTS

NAME	CURRENT
V_Us	$-9.997E-01$
VF_F3	$9.997E-01$

TOTAL POWER DISSIPATION 6.00E+00 WATTS

4. 观察各节点电压和各支路电流

仿真结束后，在绘图区面板中单击按钮 $\boxed{V}$，电路图中将显示各节点的电压值，如图 A-18 所示。若单击按钮 $\boxed{I}$，电路图中将显示各支路的电流值，如图 A-19 所示。

从图 A-18 中可以看出各节点的电压值，从图 A-19 中可以看出各条支路上的电流值，结果都和理论计算值相同。

例 2　电路如图 A-20 所示，试计算电路的网孔电流。

解　1. 绘制原理图

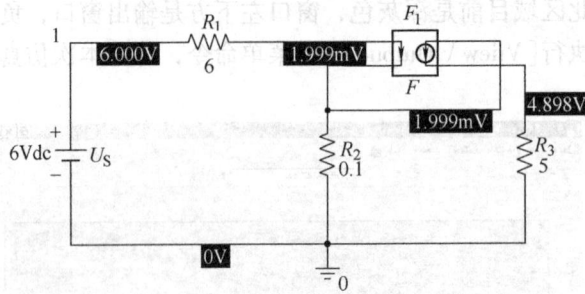

图 A-18　显示电压值

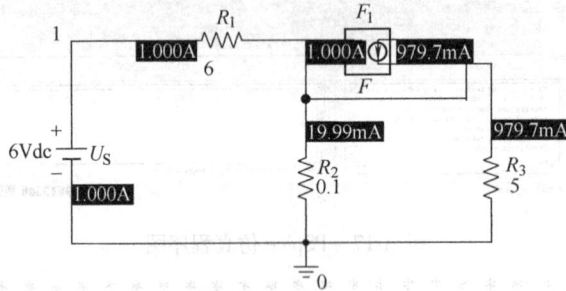

图 A-19　显示电流值

（1）各个元件的参数，如图 A-20 所示。在 PSpice 中绘制的电路图，如图 A-21 所示。其中压控电压源（VCVS）在 PSpice 库中为 E/ANALOG。

（2）设置网络别名。在绘制好的电路图上标上 1、2、3、4 节点号码。

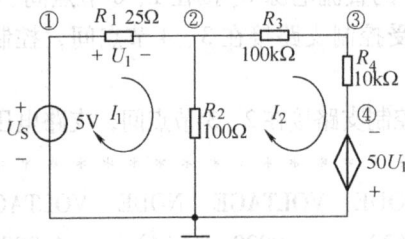

图 A-20　例 2 图

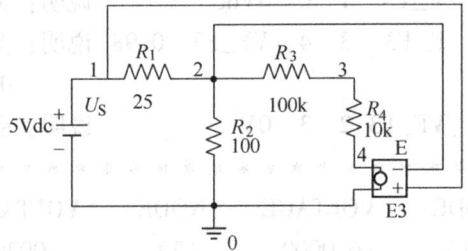

图 A-21　PSpice 绘制的电路图

2. 设置参数进行直流分析

方法与例 1 相同。

3. 进行仿真

方法与例 1 相同。打开记录本次仿真结果的文本文件如下：

* *

NODE	VOLTAGE	NODE	VOLTAGE	NODE	VOLTAGE	NODE	VOLTAGE
(1)	5.0000	(2)	3.9901	(3)	−45.5420	(4)	−50.4950

VOLTAGE　SOURCE　CURRENTS

NAME　　　　CURRENT

V_Us　　　　−4.040E−02

TOTAL　POWER　DISSIPATION　2.02E−01　WATTS

4. 分析网孔电流

仿真结束后，在绘图区面板中显示各节点电压值和各支路的电流值，如图 A-22 所示。由直流分析后输出文件所给的各个节点电压值，可以求得流过 R1、R3 的电流值，即两个网孔电流为

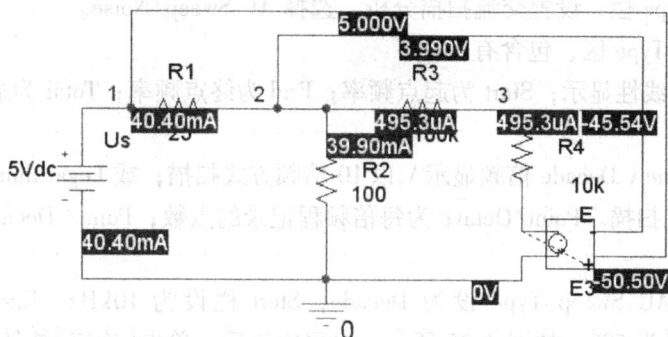

图 A-22　显示电压、电流值

$$I_1 = \frac{U_1 - U_2}{R_1} = \frac{5 - 3.99}{25}\text{A} = 40.4\text{mA}$$

$$I_2 = \frac{U_2 - U_3}{R_3} = \frac{3.99 - (-45.54)}{100 \times 10^3}\text{A} = 495.3\mu\text{A}$$

从图 A-22 中可以看出，流过 R1 的电流值为 40.40mA，流过 R3 的电流为 495.3μA，和所求结果完全一致。也可以通过列网孔电流方程进一步验证该结果。

A.2.2　交流分析

交流分析(AC Analysis)是计算电路的交流频率响应。首先计算电路的直流工作点，然后使电路中交流信号源的频率在一定范围内变化，计算电路输出交流信号的变化。该分析可以显示电路的幅频特性和相频特性曲线。

例3　电路如图 A-23 所示，$u_S = 70\text{V}$，观察 u_C 的波形，以及当 $R = 3\Omega$ 和 $R = 0.1\Omega$ 时 u_C 的波形。

解　1. 绘制原理图

(1)各个元件的参数如图 A-23 所示。在 PSpice 中绘制的电路图如图 A-24 所示，其中在 PSpice 库中电感为 L/ANALOG，电容为 C/ANALOG，交流电压源为 VAC/SOURCE。

(2)设置网络别名，在绘制好的电路图上标上 V_i 和 V_0。

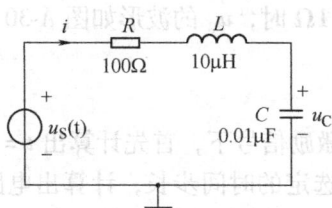

图 A-23　例3 图

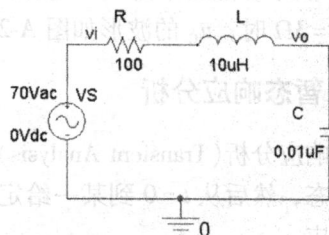

图 A-24　PSpice 绘制的电路图

2. 设置交流扫描分析参数

绘制好电路图之后，单击工具栏内的 按钮或者执行[PSpice \ New Simulation Profile]菜单命令，打开如图 A-15 所示的 New Simulation 对话框，在 Name 栏内输入 DC，然后单击[Create]按钮。弹出如图 A-25 所示的对话框。各项设置为

1）Analysis type 栏，设置交流扫描分析，选择 AC Sweep/Noise。

2）AC Sweep Type 区，包含有：

① Linear 为线性显示；Start 为起点频率；End 为终点频率；Total 为显示时总的记录点数。

② Logarithmic \ Decade 倍频显示 \ 以 10 倍频方式扫描；或 Logarithmic \ Octave 倍频显示 \ 以 2 倍频方式扫描。Point/Octave 为每倍频程记录的点数；Point/ Decade 为每 10 倍频程记录的点数。

本例中，将 AC Sweep Type 设为 Decade，Start 栏设为 10kHz，End 栏设为 10MHz，Points/Decade 栏设为 500，如图 A-25 所示。设置完毕后，单击[确定]按钮。

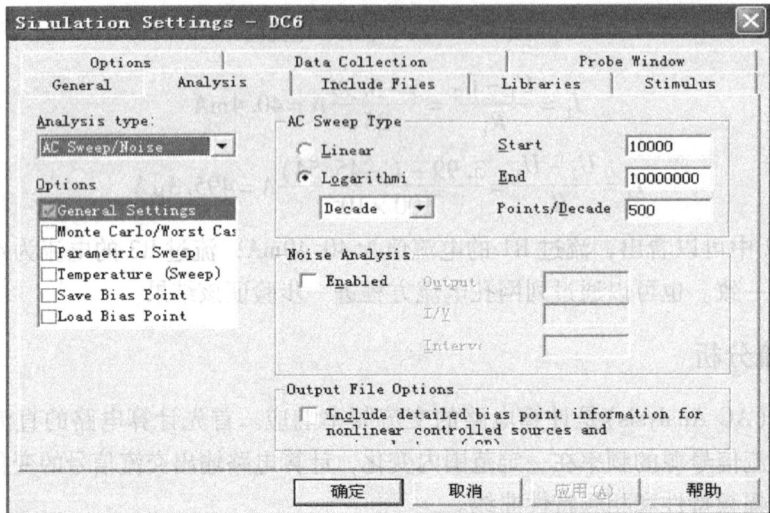

图 A-25　Simulation Settings 对话框

3. 进行交流仿真

执行[File \ Save]菜单命令或单击 按钮进行存档。运行[Pspice \ Run]菜单命令，启动仿真程序，出现如图 A-26 所示的 Probe 窗口。执行[Trace \ Add Trace]菜单命令或单击 按钮，打开如图 A-27 所示的 Add Trace 对话框，选择要观看的节点，电容两端的电压 $V(V_0)$ 如图 A-27 所示，然后单击"OK"按钮，便得到该节点的特性曲线，如图 A-28 所示。

当 $R = 3\Omega$ 时，u_C 的波形如图 A-29 所示；当 $R = 0.1\Omega$ 时，u_C 的波形如图 A-30 所示。

A.2.3　暂态响应分析

暂态响应分析(Transient Analysis)是在给定的输入激励信号下，首先计算出 $t = 0$ 时的电路初始状态，然后从 $t = 0$ 到某一给定的时间范围内按选定的时间步长，计算出电路输出端的暂态响应。

例 4　二阶零输入响应电路，如图 A-31 所示，当 $t = 1ms$ 时开关从 1 扳向 2。观察 u_C、

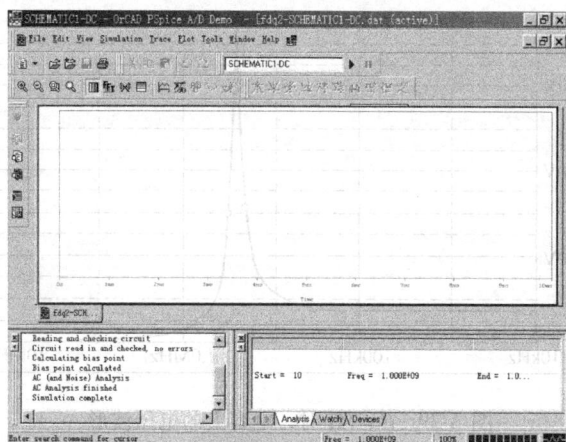

图 A-26 Probe 窗口

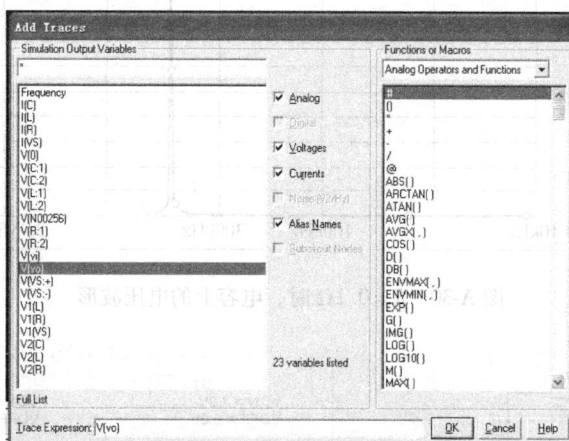

图 A-27 Add Trace 对话框

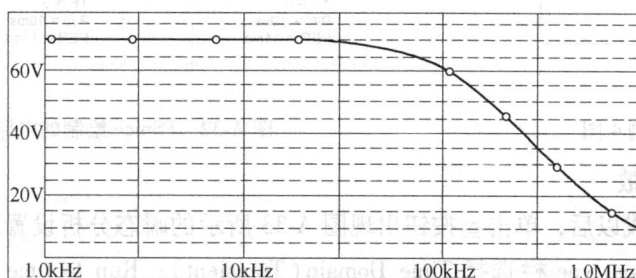

图 A-28 $R = 100\Omega$ 时，电容上的电压波形

u_L 和 i_L 的波形。

解 1. 绘制原理图

在 PSpice 中绘制的图形，如图 A-32 所示。开关 S1 打开之前向电容充电，使电容的初始电压为 10V。两个开关 S1、S2 分别用脉冲信号 V1、V2 来控制。当 $t = 1\text{ms}$ 时刻，开关 S1 由闭合变为断开状态，同时开关 S2 由断开变为闭合状态。其中在 PSpice 库中开关为 S/ANALOG，脉冲信号为 VPULSE/SOURCE。

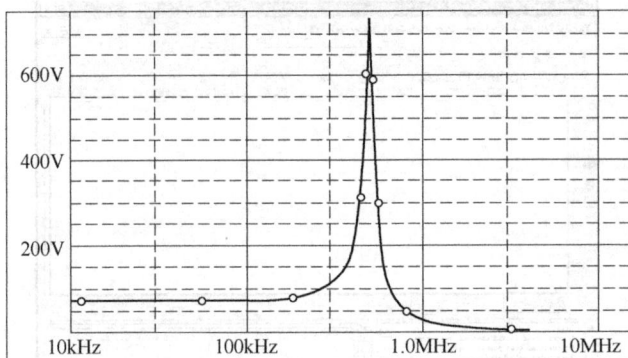

图 A-29　$R=3\Omega$ 时，电容上的电压波形

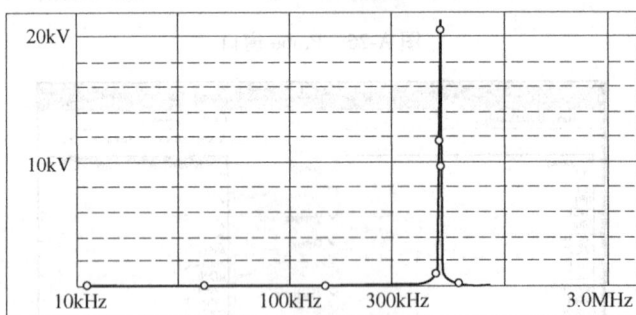

图 A-30　$R=0.1\Omega$ 时，电容上的电压波形

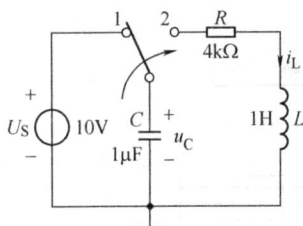

图 A-31　例 4 图

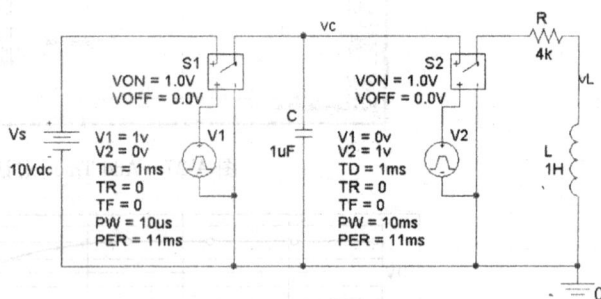

图 A-32　PSpice 绘制的电路图

2. 设置分析参数

电路图绘制完成以后，单击 ▣ 按钮出现图 A-33 所示的瞬态分析设置对话框，参数设置如图中所示：Analysis type 栏选择 Time Domain（Transient）；Run to time 栏设为 5ms；Start saving data after 栏设为 0；Maximum step size 栏设为 100μs。参数设置说明从 0s 开始观察到 5ms 结束，每 100μs 记录一次。

3. 进行暂态响应仿真

参数设置好以后，执行[File \ Save]菜单命令或单击 🖫 按钮进行存档。运行[Pspice \ Run]菜单命令，启动仿真程序，出现图 A-26 所示的 Probe 窗口，执行[Trace \ Add Trace]菜单命令或单击 ⊟ 按钮，打开如图 A-27 所示的 Add Trace 对话框，在对话框中选择所需观察的变量。若需观察 u_C 和 u_L 的波形，则选择 V(C:2) 和 V(L:2)，便得到如图 A-34 所示的波

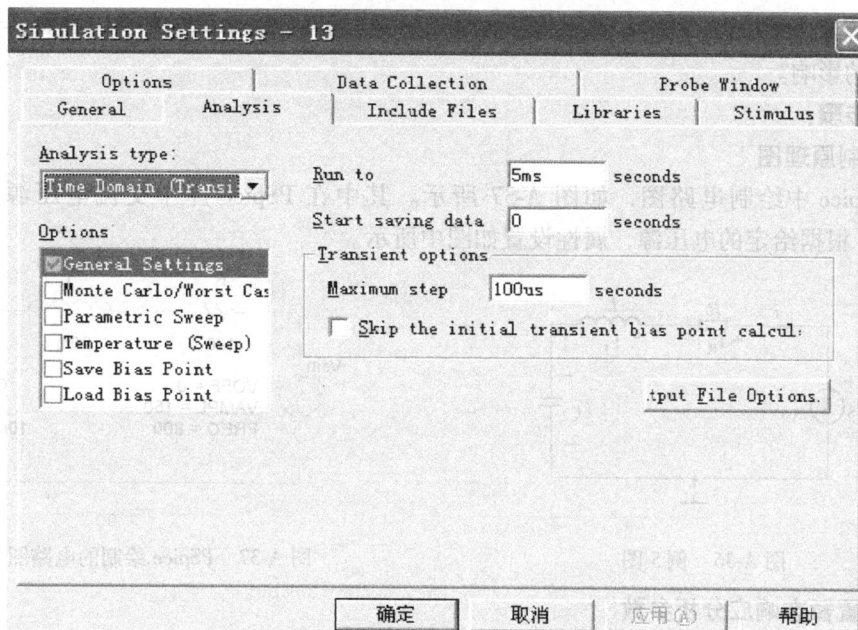

图 A-33 Simulation Settings 对话框

形。若需观察 i_L 的波形，则选择 I(L)，便得到如图 A-35 所示的波形。

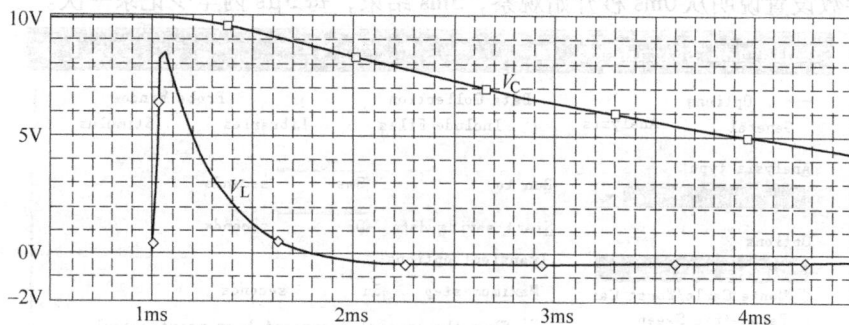

图 A-34 电容和电感电压的波形

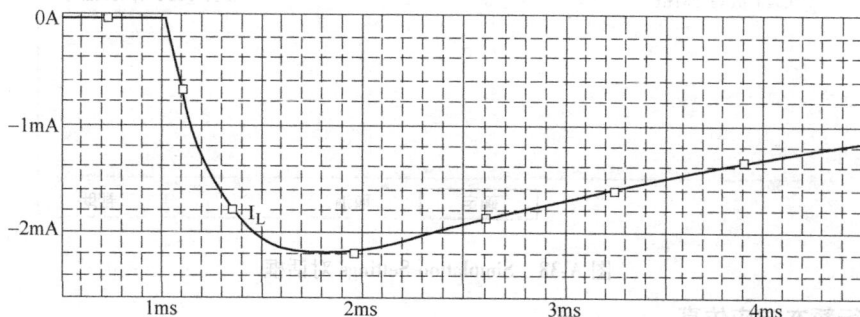

图 A-35 电感电流的波形

A. 2. 4 暂态交流响应分析

例 5 电路如图 A-36 所示，电路中电压源 $u_S = 150\cos5024t$ V，电阻 $R = 100\Omega$，电感 $L =$

20mH，电容 $C = 10\mu\text{F}$。观察各元件两端的电压波形，并观察当电阻值变化时对各元件两端电压波形的影响。

分析步骤：

1. 绘制原理图

在 PSpice 中绘制电路图，如图 A-37 所示。其中在 PSpice 库中交流电压源为 VSIN/SOURCE，根据给定的电压源，属性设置如图中所示。

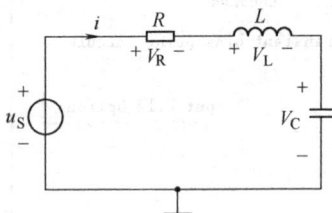

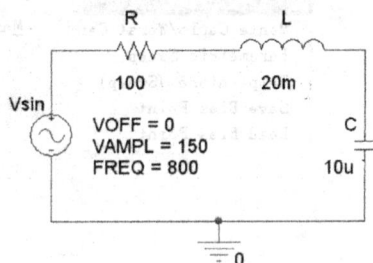

图 A-36　例 5 图　　　　　　　　　图 A-37　PSpice 绘制的电路图

2. 设置暂态响应分析参数

电路图绘制完成以后，单击 ▣ 按钮出现图 A-38 所示的瞬态分析设置对话框，设置参数如图中所示：Run to time 栏设为 5ms；Start saving data after 栏设为 0；Maximum step size 栏设为 5μs。参数设置说明从 0ms 秒开始观察，5ms 结束，每 5μs 内至少记录一次。

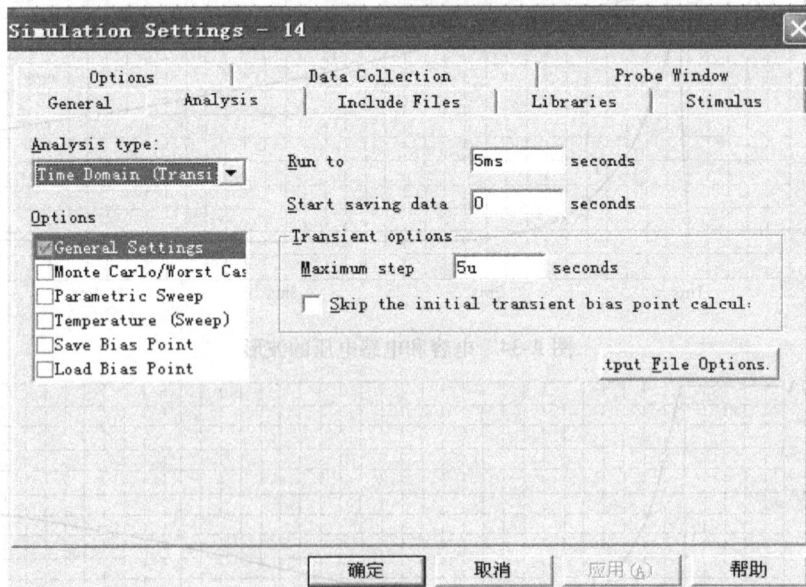

图 A-38　Simulation Settings 对话框

3. 进行暂态响应仿真

参数设置好以后，执行[File \ Save]菜单命令或单击 ▣ 按钮进行存档。运行[Pspice \ Run]菜单命令，启动仿真程序，出现图 A-26 所示的 Probe 窗口，执行[Trace \ Add Trace]菜单命令或单击 ▬ 按钮，打开如图 A-27 所示的 Add Trace 对话框，在对话框中选择 V(C: 2)、V(L: 1) 和 V(R: 1)，便得到如图 A-39 所示的波形。从图中可以看出电容和电感的电压波形，经过一段时间后，慢慢进入稳定状态。

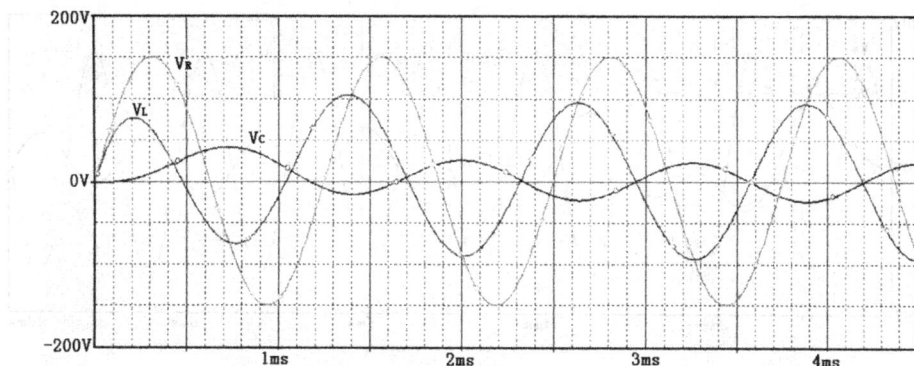

图 A-39　电容、电感和电阻的电压波形

单击━━按钮，在图 A-27 的 Add Trace 对话框中选择 I(C)、I(L) 和 I(R)，便得到如图 A-40 所示的电流波形。

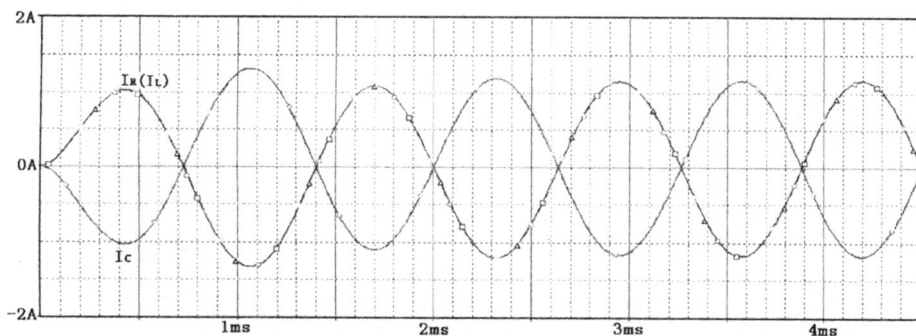

图 A-40　电容、电感和电阻的电流波形

4. 结果分析

如果改变电阻值，使 $R = 200\Omega$ 时，各元件的电压波形如图 A-41 所示。

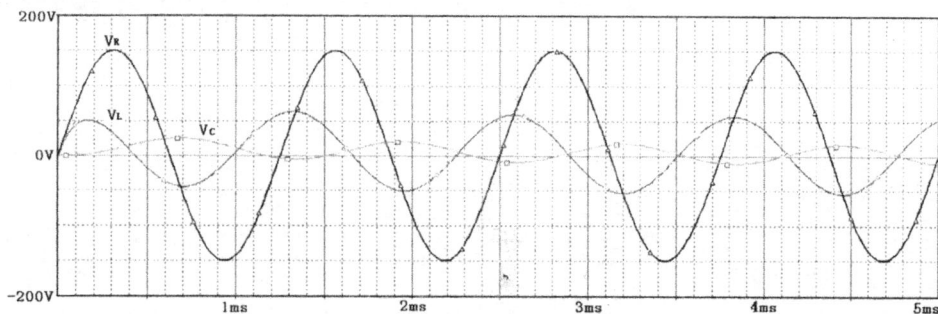

图 A-41　电容、电感和电阻的电压波形

如果使 $R = 10\Omega$ 时，各元件的电压波形如图 A-42 所示(为了便于观察，将 A-39 图中的 Run to time 栏设为 10ms)。

从图 A-41 可以看出，当 R 的值较大时，电感及电容的电压波形在一开始时会向电压的正值方向偏移，随后慢慢进入稳态，而电阻的电压几乎不受影响。从图 A-42 可以看出，电阻和电感的电压基本上一开始就可以进入稳态，而电容的电压要经过一段时间后才进入稳态，且电感电压与电容电压相位相反。这和实际情况是一致的。

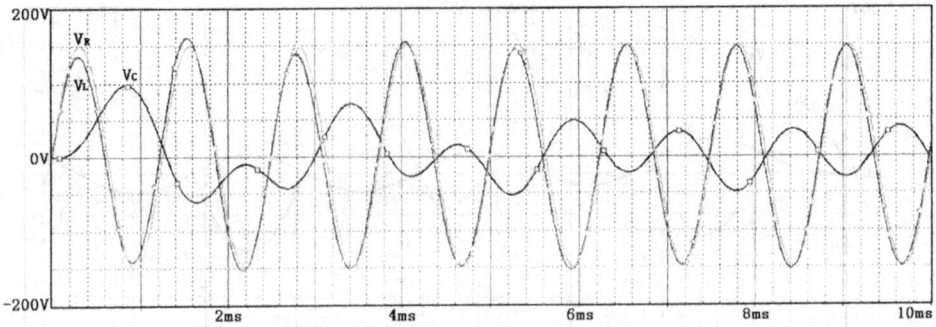

图 A-42　电容、电感和电阻的电压波形

习题参考答案

第 1 章

1-1　a) $U = 16V$, $P_{I_S} = -96W$, $P_R = 128W$; b) $U = 30V$, $P_{U_S} = 75W$, $P_{I_S} = 250W$, $P_R = 125W$; c) $U = 15V$, $P_{U_S} = -20W$, $P_{I_S} = -30W$, $P_R = 80W$

1-2　$P_1 = -6W$, 产生; $P_2 = 3W$, 吸收; $P_3 = -21W$, 产生; $P_4 = 28W$, 吸收; $P_5 = -4W$, 产生

1-3　$I = -3A$, $U_1 = 2V$, $U_2 = 1V$

1-4　a) $I = 5A$; b) $I = 4A$

1-5　a) $I = 1A$, $U_{ab} = 0V$; b) $I = 0A$, $U_{ab} = -5V$

1-6　$I_1 = -2A$, $I_2 = 3A$

1-7　$R = 1\Omega$

1-8　$R_1 = 3\Omega$, $R_2 = 2\Omega$

1-9　$I = -0.4A$, $U_{ab} = 10V$, $U_{cd} = 0V$

1-10　$U = -5V$, $P_{10A左} = 50W$, $P_{5V左} = -100W$, $P_R = 100W$, $P_{10A} = -100W$, $P_{5V} = 50W$

1-11　$u = 8V$, $i_S = 1A$

1-12　$i_S = 7A$

1-13　$u_S = 6.002V$, $P_受 = -4.8W$

1-14　$i_1 = 2.22A$, $u_{ab} = 0.89V$

1-15　$U_a = 160V$, $U_b = 205V$, $U_c = 0V$

1-16　U_o 升高 10V

1-17　$P_L = 9.46 \times 10^8 W$, $\eta = 94.6\%$

第 2 章

2-1　a) $U = \dfrac{I_S R_1 R_3}{R_1 + R_2 + R_3}$; b) $U = \dfrac{(U_S - I_S R_1) R_2}{R_1 + R_2}$; c) $U = I(R_1 + R_2) - u_S - I_S R_1$

2-2　$R_1 = 300\Omega$, $R_2 = 300\Omega$, $R_3 = 1k\Omega$

2-3　$U = 90V$, $I = 0.9A$

2-4　a) $R_i = 35\Omega$; b) $R_i = 2\Omega$; c) $R_i = -12.66\Omega$

2-5　a) $18V$; b) $1A$; c) $1A$

2-6　a) $8V$, 3Ω; b) $-10V$, 15Ω; c) $8A$, 5Ω

2-7　$I = 0.5A$

2-8　$U_{ab} = 5V$

2-9　$R = 2.67\Omega$

2-10　$R_{ab} = 2\left[(R + R /\!/ R) /\!/ (R + R /\!/ R)\right] = \dfrac{3}{2}R$

2-11　$P_S = 16\text{W}$，$I_2 = 4\text{A}$

2-12　$U_1 = 1.5\text{V}$，$U_2 = 26.5\text{V}$

2-13　$U_S = 16.5\text{V}$，$I = 2.5\text{A}$

2-14　$i = 0$，$i_S = 1.66\text{A}$，$i_1 = 1.245\text{A}$，$i_2 = 1.245\text{A}$，$i_3 = 0.415\text{A}$，$i_4 = 0.415\text{A}$

2-15　$k = 0.3$

2-16　$u_{R2} = 40\text{V}$，$u_0 = 38.76\text{V}$，$\delta = 3.2\%$

第 3 章

3-1　4 条树支，4 条连支，4 个基本回路

3-2　$\{4,\ 2,\ 5\}\{1,\ 3,\ 5,\ 2\}\{1,\ 6,\ 2\}$

3-3　$I_a = -\dfrac{6}{7}\text{A}$，$I_b = \dfrac{9}{70}\text{A}$，$I_c = \dfrac{6}{70}\text{A}$

3-4　$u = 8\text{V}$

3-5　$I_1 = 1\text{A}$，$I_2 = -\dfrac{2}{3}\text{A}$，$I_3 = \dfrac{5}{3}\text{A}$

3-6　$I_A = 20\text{mA}$，$P_{受} = 80\text{mW}$

3-7　$P_{U_S} = 1\text{W}$，$P_{I_S} = -2\text{W}$

3-8　$I_1 = 3\text{A}$，$I_2 = 1\text{A}$，$I_3 = 5\text{A}$，$I_4 = 1\text{A}$

3-9　$U = 27.63\text{V}$

3-10　$I = -2\text{A}$

3-11　$U_o = 6.2\text{V}$

3-12　$U_1 = -17.14\text{V}$

3-13　$\begin{cases} \left(\dfrac{1}{R_1} + \dfrac{1}{R_2} + \dfrac{1}{R_4}\right)u_1 - \dfrac{1}{R_2}u_2 = \dfrac{u_{S1}}{R_1} - i \\[2mm] -\dfrac{1}{R_2}u_1 + \left(\dfrac{1}{R_2} + \dfrac{1}{R_3}\right)u_2 - \dfrac{1}{R_3}u_3 = -\beta i \\[2mm] -\dfrac{1}{R_3}u_2 + \left(\dfrac{1}{R_3} + \dfrac{1}{R_5}\right)u_3 = i \\[2mm] u_1 - u_3 = 0 \end{cases}$

3-14　$\begin{cases} u_1 = 10 \\ -0.3u_1 + 0.4u_2 + 0.2u_3 = 2 \\ u_2 - u_3 = 5 \end{cases}$

3-15　$\begin{cases} (G_1 + G_2 + G_4)U_1 - G_3 U_o - G_2 U_3 = G_1 U_S \\ -(G_2 + G_3)U_1 + (G_3 + G_5)U_o + (G_2 + G_4)U_3 = 0 \\ -\mu U_1 + U_o - (1 - \mu)U_3 = 0 \end{cases}$

3-16　$U_x = -0.868\text{V}$

3-17　$U_1 = \dfrac{4}{15}\text{V}$，$U_2 = \dfrac{8}{15}\text{V}$，$U_3 = \dfrac{2}{5}\text{V}$，$I = -\dfrac{4}{15}\text{A}$

3-18　$P_{6A} = 120\text{W}$，$P_{8V} = 24\text{W}$

第 4 章

4-1　$I_x = 1.36\text{A}$

4-2　$U = \dfrac{R_4}{R_2 + R_4}(R_2 I_S + U_S)$

4-3　a) $U_3 = 19.6\text{V}$；b) $U_2 = 8\text{V}$

4-4　$u_1 = 10\text{V}$，$u_{ab} = -13\text{V}$

4-5　$u_S = -4\text{V}$，$P_{受} = 12\text{W}$

4-6　a) $U_{OC} = 5\text{V}$，$I_{SC} = 2\text{A}$，$R_{eq} = 2.5\Omega$；b) $U_{OC} = -\dfrac{4}{15}\text{V}$；$I_{SC} = \dfrac{1}{2}\text{A}$，$R_{eq} = -\dfrac{8}{15}\Omega$

4-7　$U_o = -\dfrac{15}{2}\text{V}$

4-8　$I_x = 156\text{mA}$

4-9　$U_{OC} = 10\text{V}$，$R_{eq} = 5\text{k}\Omega$

4-10　a) $U_{OC} = 40\text{V}$，$R_{eq} = 10\Omega$；b) $U_{OC} = 6\text{V}$，$R_{eq} = 4\Omega$

4-11　a) $R_L = 2\Omega$，$P_{Lmax} = 0.5\text{W}$；b) $R_L = 1\Omega$，$P_{Lmax} = 4\text{W}$

4-12　$U = 1\text{V}$

4-13　$U_1 = 7.2\text{V}$

第 5 章

5-1　$u_C = (20t^2 + 10)\text{V}$

5-2　$i_L = \begin{cases} 250t^2\ \text{A} & 0 \leqslant t \leqslant 1\text{s} \\ (250t^2 - 1000t + 1000)\text{A} & 1 < t \leqslant 2\text{s} \end{cases}$

5-3　$u_C = \begin{cases} 2t\ \text{V} & 0 \leqslant t < 1\text{s} \\ 2\text{V} & 1 \leqslant t < 3\text{s} \\ (t-1)\text{V} & 3 \leqslant t < 4\text{s} \\ 3\text{V} & t \geqslant 4\text{s} \end{cases}$；$p_C = 0$，$W_C = 4\text{J}$

5-4　$u_L = 15\text{e}^{-10^4 t}\text{V}$，$u_S = 15\text{V}$

5-5　$i(t) = (1-t)\text{e}^{-t}\text{A}$，$u_L(t) = (t-2)\text{e}^{-t}\text{V}$

5-6　$R = 1\text{k}\Omega$，$L = 1\text{H}$，串联

5-7　$i_C(0_+) = -2.25\text{A}$，$i_R(0_+) = 2.5\text{A}$

5-8　$i(0_+) = 4\text{A}$，$u(0_+) = 4\text{V}$

5-9　$i_C = -1\text{mA}$，$u_R = 1\text{V}$

5-10　$i_L(0_+) = 2\text{A}$，$u_C(0_+) = 6\text{V}$，$i(0_+) = 1.5\text{A}$，$u(0_+) = 9\text{V}$

5-11　$u_C(t) = 18\text{e}^{-0.5t}\text{V}$，$u_C(t) = 4.8(1 - \text{e}^{-0.5t})\text{V}$，$i_R(t) = 0.24(1 - \text{e}^{-0.5t})\text{A}$

5-12　$\tau = 2/9\text{s}$，$i_L(t) = (1 - \text{e}^{-4.5t})\text{A}$

5-13　$i(t) = (1 - 4\text{e}^{-2t})\text{A}$

5-14　$i_L(t) = 1.25(1 - \text{e}^{-800t})\text{A}$

5-15 $i(t) = -0.2\mathrm{e}^{-2t}\mathrm{A}$

5-16 $i_\mathrm{L}(t) = 1.25(1 - \mathrm{e}^{-800t})\mathrm{A}$

5-17 $u_\mathrm{L}(t) = -12\mathrm{e}^{-2t}\mathrm{V}$

5-18 (1) $u_\mathrm{C}(t) = \left[\dfrac{1}{2}\left(U_\mathrm{o} + \dfrac{I_\mathrm{o}}{C}\right)\mathrm{e}^{-t} - \dfrac{1}{2}\left(U_\mathrm{o} + \dfrac{I_\mathrm{o}}{C}\right)\mathrm{e}^{-3t}\right]\mathrm{V}$, $i_\mathrm{L}(t) = -\dfrac{1}{2}\left(\dfrac{U_\mathrm{o}}{C} + I_\mathrm{o}\right)(\mathrm{e}^{-t} -$

$3\mathrm{e}^{-3t})\mathrm{A}$;

(2) $u_\mathrm{C}(t) = \left[U_\mathrm{o}\mathrm{e}^{-2t} + \left(\dfrac{I_\mathrm{o}}{C} + 2U_\mathrm{o}\right)t\mathrm{e}^{-2t}\right]\mathrm{V}$, $i_\mathrm{L}(t) = \left[I_\mathrm{o}\mathrm{e}^{-2t} - 2(I_\mathrm{o} + 2CU_\mathrm{o})t\mathrm{e}^{-2t}\right]\mathrm{A}$;

(3) $u_\mathrm{C}(t) = \sqrt{U_\mathrm{o}^2 + \left(\dfrac{I_\mathrm{o}}{2C}\right)^2}\cos(2t)\mathrm{V}$, $i_\mathrm{L}(t) = -2C\sqrt{U_\mathrm{o}^2 + \left(\dfrac{I_\mathrm{o}}{2C}\right)^2}\sin(2t)\mathrm{V}$;

(4) $u_\mathrm{C}(t) = \sqrt{U_\mathrm{o}^2 + \left(\dfrac{I_\mathrm{o}}{3C} + \dfrac{2U_\mathrm{o}}{3}\right)^2}\,\mathrm{e}^{-2t}\cos\left[3t - \arctan\left(\dfrac{I_\mathrm{o}}{3CU_\mathrm{o}} + \dfrac{2}{3}\right)\right]\mathrm{V}$,

$i_\mathrm{L}(t) = -2C\sqrt{U_\mathrm{o}^2 + \left(\dfrac{I_\mathrm{o}}{3C} + \dfrac{2U_\mathrm{o}}{3}\right)^2}\,\mathrm{e}^{-2t}\cos\left[3t - \arctan\left(\dfrac{I_\mathrm{o}}{3CU_\mathrm{o}} + \dfrac{2}{3}\right)\right]$

$-3C\sqrt{U_\mathrm{o}^2 + \left(\dfrac{I_\mathrm{o}}{3C} + \dfrac{2U_\mathrm{o}}{3}\right)^2}\,\mathrm{e}^{-2t}\sin\left[3t - \arctan\left(\dfrac{I_\mathrm{o}}{3CU_\mathrm{o}} + \dfrac{2}{3}\right)\right]\mathrm{V}$

5-19 $R = 50\Omega$; $u_\mathrm{C}(t) = 0.202(\mathrm{e}^{-4.98t} - \mathrm{e}^{-0.02t})\mathrm{V}$

5-20 $i(0) = 0$, $u(0) = 15\mathrm{V}$, $k = -8$

5-21 a) $u_\mathrm{C}(t) = 247\mathrm{e}^{-20t}\cos(45.8t - 23.6°)\mathrm{V}$, $i_\mathrm{L}(t) = -0.91\mathrm{e}^{-20t}\sin(45.8t - 23.6°)\mathrm{A}$;

b) $u_\mathrm{C}(t) = 3165\cos316t\ \mathrm{V}$, $i_\mathrm{L}(t) = -10\sin316t\ \mathrm{A}$

5-22 (1) $i_\mathrm{L}(t) = 1.561\cos(0.3122t)\mathrm{A}$; (2) $i_\mathrm{L}(t) = 1.675\mathrm{e}^{-0.05(t-1)}\cos\left[0.3122(t-1) -\right.$

$72.93°]\mathrm{A}$

5-23 $A = 3$, 等幅振荡; $A < 3$, 稳定; $A > 3$, 不稳定

5-24 $u_\mathrm{C}(t) = (8\mathrm{e}^{-2t} - 6\mathrm{e}^{-3t})\mathrm{V}$

5-25 $u(t) = \left[(6 + 3\mathrm{e}^{-t})\varepsilon(t) - (10 + 5\mathrm{e}^{-(t-1)})\varepsilon(t-1)\right]\mathrm{V}$

5-26 $i_1(t) = 8 - 0.667\mathrm{e}^{-4.17\times10^5 t}\varepsilon(t)\mathrm{A}$, $i_\mathrm{C}(t) = 0.833\mathrm{e}^{-4.17\times10^5 t}\varepsilon(t)\mathrm{A}$, $u_\mathrm{C}(t) = 4 -$

$2\mathrm{e}^{-4.17\times10^5 t}\varepsilon(t)\mathrm{V}$

5-27 $i(t) = \left[0.2\mathrm{e}^{-1.2(t-1)}\varepsilon(t-1) - 0.2\mathrm{e}^{-1.2(t-2)}\varepsilon(t-2)\right]\mathrm{A}$

第 6 章

6-1 (1) $\dot{U}_{1\mathrm{m}} = 50\ \underline{/-30°}\mathrm{V}$, $\dot{U}_1 = 35.36\ \underline{/-30°}\mathrm{V}$; $\dot{U}_{2\mathrm{m}} = 10\sqrt{2}\underline{/75°}\mathrm{V}$, $\dot{U}_2 = 10\ \underline{/75°}$

V; (2) $u(t) = 34.16\sqrt{2}\cos(10t - 13.54°)\mathrm{V}$

6-2 $u_1(t) = 50\sqrt{2}\cos(314t - 30°)\mathrm{V}$, $u_2(t) = 100\sqrt{2}\cos(314t - 60°)\mathrm{V}$, $\varphi = 30°$

6-3 $\dot{U} = (22.32 - \mathrm{j}16)\mathrm{V}$

6-4 $\dot{U}_\mathrm{L} = 19.026\mathrm{V}$

6-5 $Z_\mathrm{i} = (1 - \mathrm{j}2)\Omega$; $Z_\mathrm{i} = (2 - \mathrm{j})\Omega$; $Z_\mathrm{i} = 10\ \underline{/53.1°}\Omega$; $Z_\mathrm{i} = 3\ \underline{/0°}\Omega$

6-6 $i = 10\cos(10t - 45°)\,\text{A}$, $u_{ab} = 100\cos(10t - 45°)\,\text{V}$, $u_{bc} = 200\cos(10t + 45°)\,\text{V}$, $u_{cd} = 100\cos(10t - 135°)\,\text{V}$

6-7 $\dot{U}_{ab} = (40 + j20)\,\text{V}$, $\dot{U}_{bc} = (60 - j20)\,\text{V}$

6-8 $7.07\,\text{A}$

6-9 $u_S(t) = 25\sqrt{2}\cos(314t - 53°)\,\text{V}$

6-10 $r = 381\,\Omega$, $L = 0.7\,\text{H}$

6-11 $r = 2.14\,\Omega$, $L = 0.18\,\text{H}$

6-12   a) $R = 3\,\Omega$, $L = 29.33\,\text{H}$;   b) $R = 4\,\Omega$, $C = 0.125\,\text{F}$

6-13 $Z_{ab} = \left[\dfrac{R_1}{1 + (\omega C_1 R_1)^2} - j\,\dfrac{\omega C_1 R_1^2}{1 + (\omega C_1 R_1)^2}\right]\Omega$; $Z_{ab} = \left[\dfrac{g_m(\omega L)^2}{1 + (g_m \omega L)^2} + j\,\dfrac{\omega L}{1 + (g_m \omega L)^2}\right]\Omega$;

6-14   a) $\dot{U} = 50\sqrt{2}\underline{/45°}\,\text{V}$;   b) $\dot{U} = 4\underline{/90°}\,\text{V}$

6-15 $\dot{I}_1 = 0.2\underline{/0°}\,\text{A}$, $\dot{I}_2 = 2\underline{/-90°}\,\text{A}$, $\dot{U}_o = 1\underline{/-90°}\,\text{V}$

6-16 $\dot{I}_1 = 10\underline{/0°}\,\text{A}$, $\dot{I}_2 = 18\underline{/33.7°}\,\text{A}$, $\dot{U}_C = 100\underline{/-90°}\,\text{V}$

6-17 $u_{12}(t) = 22.36\sqrt{2}\cos(t + 63.4°)\,\text{V}$

6-18 $\dot{U}_1 = 2.236\underline{/116.57°}\,\text{V}$, $\dot{U}_2 = 4.44\underline{/-63.55°}\,\text{V}$

6-19 $u_C = -10\,\text{V}$, $i_L = 10 - \sqrt{2}\cos(10^6 t)\,\text{A}$

6-20 $\dot{U}_{OC} = 3\underline{/0°}\,\text{V}$, $Z_{ab} = 3\,\Omega$

6-21 $C = 50\,\mu\text{F}$

6-22 $\omega = \dfrac{1}{\sqrt{LC}}$

6-23 $Z_{ab} = \dfrac{R}{(\omega C R)^2 + 1} + j\left[\omega L - \dfrac{\omega C R^2}{(\omega C R)^2 + 1}\right]$, $\omega = \sqrt{\dfrac{1}{LC} - \dfrac{1}{(RC)^2}}$

6-24 $C = 0.0069 \sim 195.6\,\mu\text{F}$

6-25 $I = 1901\,\text{A}$, $P = 3630\,\text{W}$

6-26 $C = 2.8\,\mu\text{F}$

6-27 $C = 528\,\mu\text{F}$

6-28 $Z_L = (2 - j2)\,\text{k}\Omega$ 时 $P_{Lmax} = 11.25\,\text{W}$, $Z_L = 2\sqrt{2}\,\text{k}\Omega$ 时, $P_{Lmax} = 9.32\,\text{W}$

6-29 $Z_L = (1.86 + j0.56)\,\Omega$, $P_{Lmax} = 8.115\,\text{W}$

6-30 $\bar{S}_i = (250 + j250)\,\text{V}\cdot\text{A}$, $\bar{S}_u = (250 - j250)\,\text{V}\cdot\text{A}$

第 7 章

7-1   a) $Z_{ab} = \dfrac{j2\omega - 3\omega^2}{2 + j4\omega}$;   b) $Z_{ab} = j3.78\omega \mathbin{/\!/} - j\dfrac{1}{\omega}$

7-2 $i_2 = 3.44\cos(1000t - 149.37°)\,\text{mA}$

7-3 $i_1 = 1.08\cos(314t - 48.3°)\,\text{A}$, $i_2 = 0.42\cos(314t - 9.5°)\,\text{A}$

7-4 $\dot{U}_{\text{OC}} = 56.56\ \underline{/45^\circ}\text{V},\ Z_{\text{eq}} = 1002\ \underline{/85.5^\circ}\Omega$

7-5 $\dot{U}_{\text{OC}} = 5.05\ \underline{/0^\circ}\text{V},\ Z_{\text{eq}} = 3.4\ \underline{/71^\circ}\Omega$

7-6
$$\begin{cases}\left(\dfrac{1}{R} + j\omega C_3 + j\omega C_5\right)\dot{U}_1 - j\omega C_5\dot{U}_2 + \dot{I}_1 = \dfrac{\dot{U}_S}{R_1} \\[2mm] -j\omega C_5\dot{U}_1 + \left(\dfrac{1}{R_2 + j\omega L}j\omega C_4 + j\omega C_5\right)\dot{U}_2 + \dot{I}_2 = 0 \\[2mm] \dot{U}_1 = n\dot{U}_2;\quad \dot{I}_1 = -\dfrac{1}{n}\dot{I}_2\end{cases}$$

7-7 $\dot{U}_{R_{\text{L}}} = \sqrt{5}\ \underline{/-26.57^\circ}\text{V}$

7-8   a) $Z_{\text{ab}} = 2.7\ \underline{/90^\circ}\text{k}\Omega$;   b) $Z_{\text{ab}} = 5.9\ \underline{/90^\circ}\text{k}\Omega$

7-9 $Z_{\text{ab}} = R_1 + j\omega(L_1 - M) + \dfrac{(R_0 + j\omega M)[R_2 + j\omega(L_2 - M)]}{R_2 + R_0 + j\omega L_2}$

第 8 章

8-1 $Y = \begin{pmatrix} Y_1 + Y_2 & -Y_2 \\ -Y_2 + Y & Y_2 + Y_3 \end{pmatrix}$

8-2 $Z = \begin{pmatrix} 2 - j3 & -j \\ -j & -j3 \end{pmatrix}$

8-3   a) $Y = \begin{pmatrix} 0 & \alpha \\ \beta & 0 \end{pmatrix}$,   b) $Y = \begin{pmatrix} \dfrac{1}{R_1} + \dfrac{1}{R_3} & -\dfrac{1}{R_3} \\[2mm] \dfrac{\mu}{R_2} - \dfrac{1}{R_3} & \dfrac{1}{R_2} + \dfrac{1}{R_3} \end{pmatrix}$

8-4   a) $H = \begin{pmatrix} R + j\dfrac{\omega L}{1 - \omega^2 LC} & \dfrac{1}{1 - \omega^2 LC} \\[2mm] -\dfrac{1}{1 - \omega^2 LC} & \dfrac{j\omega C}{1 - \omega^2 LC} \end{pmatrix}$,   b) $H = \begin{pmatrix} 0 & -\dfrac{1}{R_3} \\[2mm] \beta & \dfrac{1 + \beta}{R_1} + \dfrac{1}{R_2} \end{pmatrix}$

8-5   a) $H = \begin{pmatrix} 0.5 & 1 \\ 0 & -1 \end{pmatrix}$,   b) $H = \begin{pmatrix} -1.67 & -0.667 \\ -2.33 & -0.333 \end{pmatrix}$

8-6   a) $T = \begin{pmatrix} 0.6 & 0.6 \\ 0.267 & 0.6 \end{pmatrix}$,   b) $T = \begin{pmatrix} 1 + j3.14 & j3.14 \\ 0.01 & 1 \end{pmatrix}$

8-7 $Z = \begin{pmatrix} j\omega L_1 & j\omega M \\ j\omega M & j\omega L_2 \end{pmatrix}$, $Y = \begin{pmatrix} \dfrac{jL_2}{\omega(M^2 - L_1 L_2)} & \dfrac{-jM}{\omega(M^2 - L_1 L_2)} \\[2mm] \dfrac{-jM}{\omega(M^2 - L_1 L_2)} & \dfrac{jL_1}{\omega(M^2 - L_1 L_2)} \end{pmatrix}$, $T = \begin{pmatrix} \dfrac{L_1}{M} & j\omega\dfrac{L_1 L_2 - M^2}{M} \\[2mm] \dfrac{1}{j\omega M} & \dfrac{L_2}{M} \end{pmatrix}$

8-8 $T = \begin{pmatrix} 11 & 8 \\ 4 & 3 \end{pmatrix}$, $P_{\text{L}} = 1.02\text{W}$

8-9   (1) $A_u = 0.67$, $A_i = -0.25$;   (2) $R_{\text{L}} = 4.2\Omega$, $P_{\text{Lmax}} = 0.95\text{W}$

8-10 $Z_i = 43.3\Omega$; $Z_i = j55.9\Omega$

8-11 $R_1 = 5\Omega$, $R_2 = 5\Omega$, $R_3 = 5\Omega$, $r = 3\Omega$

8-12 $Z_i = 600\Omega$, $\dot{U}_2 = 1.5V$

8-13 $\dot{U}_o = 4.63 \underline{/157.54°}V$

8-14 $Z = \begin{pmatrix} 5 & -10 \\ -5 & 10 \end{pmatrix} + \begin{pmatrix} 16 & 0 \\ 0 & 16 \end{pmatrix} = \begin{pmatrix} 21 & -10 \\ -5 & 26 \end{pmatrix}$

第 9 章

9-1 (1) $\dot{I}_A = 5.5 \underline{/0°}A$, $\dot{I}_B = 5.5 \underline{/-120°}A$, $\dot{I}_C = 5.5 \underline{/120°}A$; (2) 3267W

9-2 (1) $\dot{U}_{A灯} = 225.8 \underline{/0°}V$, $\dot{I}_A = 2.27 \underline{/0°}A$; $\dot{U}_{B灯} = 225.8 \underline{/-120°}V$, $\dot{I}_B = 2.27 \underline{/-120°}A$; $\dot{U}_{C灯} = 225.8 \underline{/120°}V$, $\dot{I}_C = 4.54 \underline{/120°}A$; (2) $\dot{U}_{A灯} = 0V$, $\dot{U}_{B灯} = 253.62 \underline{/-90°}V$, $\dot{U}_{C灯} = -126.81 \underline{/-90°}V$; A 相上灯完全不亮, B 相上灯比 C 相上灯亮得多, 都不正常; (3) $\dot{U}_{A灯} = 0V$, $\dot{U}_{B灯} = \dot{U}_{C灯} = 380V$, B 相和 C 相上的灯被烧毁。

9-3 (1) $I_1 = 22 \underline{/0°}A$, $I_2 = 12.7 \underline{/30°}A$; (2) $I_1 = I_2 = 12.7 \underline{/30°}A$

9-4 $L = 110.32mH$, $C = 91.93\mu F$

9-5 $\dot{U}_{BC} = 380 \underline{/-120°}V$

9-6 $\dot{I}_A = 22 \underline{/-36.9°}A$, $\dot{I}_B = 22 \underline{/-156.9°}A$, $\dot{I}_C = 22 \underline{/83.1°}A$; $P = 11.6kW$

9-7 $U_P = 100V$

参 考 文 献

[1] 邱关源，罗先觉. 电路[M]. 5 版. 北京：高等教育出版社，2006.
[2] 李瀚荪. 电路分析基础[M]. 4 版. 北京：高等教育出版社，2006.
[3] 胡翔骏. 电路分析[M]. 2 版. 北京：高等教育出版社，2007.
[4] 刘崇新，罗先觉. 电路学习指导与习题分析[M]. 北京：高等教育出版社，2006.
[5] 黄学良. 电路基础[M]. 北京：机械工业出版社，2007.
[6] 毕淑娥. 电路分析基础[M]. 北京：机械工业出版社，2010.
[7] 王金矿，李心广，张晶，等. 电路与电子技术基础[M]. 北京：机械工业出版社，2009.
[8] 张永瑞，陈生潭，高建宁. 电路分析基础[M]. 北京：电子工业出版社，2009.
[9] 燕庆明. 电路分析基础教程[M]. 北京：电子工业出版社，2009.
[10] 俎云霄，李魏海，吕玉琴. 电路分析基础[M]. 北京：电子工业出版社，2009.
[11] 刘健. 电路分析[M]. 2 版. 北京：电子工业出版社，2010.
[12] 窦建华. 电子设计自动化——电路仿真与 PCB 设计[M]. 北京：国防工业出版社，2006.
[13] Charles K. Alexander. 电路基础[M]. 3 版. 关欣，等译. 北京：人民邮电出版社，2009.
[14] 弗洛伊德. 电路基础[M]. 6 版. 夏琳，施惠琼，译. 北京：清华大学出版社，2006.
[15] Buchla D. M，Floyd，T. l. 电子学：电路分析基础[M]. 施惠琼，夏琳，译. 北京：清华大学出版社，2006.
[16] 刘景夏，孙建红，郑学瑜，等. 电路基础学习指导与习题全解[M]. 西安：西安电子科技大学出版社，2005.
[17] 江晓安，杨有瑾，陈生潭. 计算机电子电路技术——电路与模拟电子部分[M]. 西安：西安电子科技大学出版社，2009.
[18] 窦建华. 电路分析教程[M]. 合肥：中国科技大学出版社，2001.